“十四五”普通高等教育本科部委级规划教材

环境工程综合实验技术

主　编◎张洛红　王理明　周育红

中国纺织出版社有限公司

内 容 提 要

本书作为环境工程专业综合实验教材，注重应用型工程技术人才的能力培养，在对环境工程专业相关的实验理论基础进行完善的基础上，补充相关实验设备设计、选型，以及专用实验设备加工制作等相关内容，让学生不仅依托现有实验设备按部就班进行实验，而且能够根据专业知识选择合适的材料，通过自行设计计算、制作实验设备来完成实验内容，锻炼其工程设计、解决问题的能力。实验侧重选择纺织染整行业废水、废气等污染物为对象，可为纺织类、纺织相关专业学生及从业人员提供可供参考的污染治理实验方法。

图书在版编目（CIP）数据

环境工程综合实验技术 / 张洛红，王理明，周育红主编．-- 北京：中国纺织出版社有限公司，2023.1
“十四五”普通高等教育本科部委级规划教材
ISBN 978-7-5180-9523-0

Ⅰ．①环… Ⅱ．①张… ②王… ③周… Ⅲ．①环境工程—实验—高等学校—教材 Ⅳ．①X5-33

中国版本图书馆CIP数据核字（2022）第076265号

责任编辑：段子君　　责任校对：高　涵　　责任印制：储志伟

中国纺织出版社有限公司出版发行
地址：北京市朝阳区百子湾东里 A407 号楼　邮政编码：100124
销售电话：010—67004422　传真：010—87155801
http://www.c-textilep.com
中国纺织出版社天猫旗舰店
官方微博 http://weibo.com/2119887771
三河市宏盛印务有限公司印刷　各地新华书店经销
2023 年 1 月第 1 版第 1 次印刷
开本：710 × 1000　1/16　印张：21
字数：536 千字　定价：68.00 元

前言

新时代高等教育对环境工程专业人才培养提出了新的要求，当前复杂环境问题的解决需要综合素质高、实践能力强的专业人才。实验教学是人才培养的重要环节，是连接理论知识和实践的关键纽带，也是培养学生观察、分析和解决环境工程专业问题综合能力的良好教学载体。

本书作为环境工程专业综合实验教材，注重应用型工程技术人才的能力培养，在对环境工程专业相关的实验理论基础进行完善的基础上，补充相关实验设备设计、选型，以及专用实验设备加工制作等相关内容，让学生不仅依托现有实验设备按部就班进行实验，而且能够根据专业知识选择合适的材料，通过自行设计计算、制作实验设备来完成实验内容，锻炼其工程设计、解决问题的能力。实验侧重选择纺织染整行业废水、废气等污染物为对象，可为纺织类、纺织相关专业学生及从业人员提供可供参考的污染治理实验方法。

本书是编者在数十年本科教学研究的基础上编写的，共分为八章。第一、第二、第三章主要由张洛红编写，第四、第五、第六章由王理明编写，第七、第八章和附录由周育红编写。

本书可作为高等院校环境工程、环境科学等相关专业本科实验用书，也可供相关专业的研究生和工程技术人员参考。

由于编者时间和水平有限，疏漏之处在所难免，敬请广大读者批评指正。

编　者

2022 年 2 月

目录

第1章
概 论

环境类专业的课程大多都是以实验为基础的，如环境微生物、环境监测、水污染控制工程、大气污染控制工程等，这些课程之间是相互联系的，单独的某一门课程实验不能将学生所学的专业知识贯穿起来，因而也无法综合运用所学知识去解决实际遇到的环境问题。

环境工程综合实验是集环境科学、环境工程和其他相关学科的实验为一体的课程，其实践性和应用性很强，也是环境类专业教学中非常重要的一门专业基础课。其研究内容主要涉及水污染控制、大气污染控制、固体废物处理与处置、噪声与振动防治、环境监测等课程的实验。因此，环境工程综合实验是环境类专业课程教学过程中培养学生理论联系实际的重要教学环节，即培养和训练学生应用所学理论知识，解决实际环境工程问题而进行的科学研究和实验操作等方面的能力。

环境工程综合实验技术属于工程学实验范畴，通过环境工程实验，不仅可以验证专业课中所学的基础理论，而且能培养学生的科研能力和技术开发能力，提高相关专业课的理论教学质量，从而真正起到理论联系实际的作用。

1.1 教学目的

环境工程综合实验是环境科学与工程学科教学的重要组成部分。环境科学与工程学科中所涉及的控制技术、工艺与处理设备的设计参数，以及操作运行方式与条件等，一般需要通过实验来确定。只有建立在实验基础之上的技术与工艺方案设计，才能更合理地进行工程放大。

通过这些实验，可以达到如下教学目的：

①培养学生对实验现象的敏锐观察能力和正确获取实验数据的能力；培养学生重视工程实验，从事技术性研究与开发的能力。

②培养学生对实验数据、现象和结果的归纳分析和总结能力。学生通过对实验结果数据的分析和归纳整理，进一步掌握数据的分析处理技术；运用实验结果可以验证已有的基本概念、理论或观点等。

③使学生掌握环境工程学的基本原理和方法，了解如何进行实验方案的设计，并得到工程学实验技能的基本训练。

④在理论与实际相结合的实验过程中，加深学生对环境工程学中基本概念的理解，巩固课堂上的理论教学内容，培养运用所学知识来分析和解决实际问题的能力。

1.2 实验课程体系

在专业实验教学方面构建“交互式三层次”的实验教学体系，“交互式”是指实验内容、实验方法、实验手段和实验涉及领域相互交叉、相互渗透，“三层次”是指将实验类型分为以基本技能培养为主的基础性实验、以能力培养为主的综合设计型实验和以素质培养为主的研究创新型实验。

为了落实新的实验课程体系，采取了以下具体措施：

①既考虑环境科学与工程学科实验课程本身的独立性，又考虑学科的整体性和系

统性，统筹安排。整个实验根据学时与人数可分为四个组进行，分别为水污染控制工程组、大气污染控制工程组、固废与噪声污染控制组、环境评估与监测组。在每个组中对实验项目及内容进一步细化。

②根据大纲要求将实验分为必选实验和选做实验。必选实验包括专业基础性实验、综合设计型实验和研究创新型实验；选做实验也包括专业基础性实验、综合设计型实验和研究创新型实验。在所开实验课中，综合设计型及研究创新型实验课门数所占比例在 80% 以上。

1.3　实施过程

环境工程综合实验在具体的教学实践中宜分层次进行：如基础性实验、专业性实验和综合性实验等。其中，基础性实验主要针对环境工程中的原理性问题进行实验；在实验教学时可设定为必做实验。专业性实验为环境工程中的主要工艺、设备的运行实验；在实施教学过程中，学生可根据自己对某个工艺或设备的偏爱或兴趣有倾向性地选做这些实验。在综合性实验中，学生可以对具体的（废）水、（废）气或固体废弃物等进行处理或处置工艺的设计（包括实验方法、实验步骤、实验装置构建、实验目的等内容的选定）并运行实验。在实验教学的具体实施过程中应注意以下三个方面：

①在基础性实验中，根据提供的实验目的和实验原理，结合实验装置、操作要领和难点讲解和组织实验。

②在专业性实验中，结合已有的实验装置，对所涉及的处理设备以及水、电、气管路的环境工程实验构成建立一个初步认识；通过实验操作，培养学生对处理工艺的进一步理解，提高对相应环保设备操作技术的掌握与认知能力。

③在综合性实验中，学生通过给定的实验目的和要求，结合所学的理论知识，适当收集资料、查阅文献，掌握实验原理，通过设计实验流程、实验方案、实验步骤和实验目标等内容，组建实验装置，最后以具体的实验操作和实验结果来验证。这类实验可以更好地检验学生对环境工程学知识的掌握和理解程度，提高学生的实验技能、科研水平和实践动手能力；同时也能对学生素质及其综合运用所学知识能力进行全面考察。

1.4 考核方式

由于三个层次的实验在整个实验教学中的重要性不同，因此在考核学生成绩时可按各层次实验分别计算，其中每一实验成绩中平时成绩分可占50%（包括平时出勤率，实验态度，实验操作表现，提出问题、解决问题的能力等），实验报告成绩分可占50%（包括报告的完整性、数据处理的正确性以及问题讨论等）。在学时数和实验周期的安排上，也可参照以上的成绩考核比例根据具体情况合理地选择实验。综上所述，在环境工程学实验的教学过程中，既要注重环境工程实践能力的全面培养，还须兼顾学生对技术与科研工作的兴趣性和主观能动性。这是环境类专业教学过程中的一个重要环节。

1.5 基本要求

1.5.1 实验前的准备工作

准备工作主要包括课前预习和熟悉实验流程或实验设备等。一般应做到如下5个方面：

①认真阅读实验教材，明确所做实验的目的、任务和要求。

②结合实验目的和任务，搞清需要收集的实验数据，以及如何收集这些数据。

③全面熟悉实验所用设备、流程和连接管路等，弄清其所在位置，根据实验操作步骤熟悉操作方法等。

④按实验应得到的结论及实验中要注意的事项等内容进行相关基础知识的预习与准备。

⑤编写实验预习报告，简明扼要地说明实验目的、要求、原理，以及设计和绘制

实验过程中所获取数据的记录表格等。

在基础性实验中，要求掌握与实验有关的原理、基本理论知识；在专业性实验中，根据实验流程图可以构思实验操作，熟悉实际的实验装置；而在综合性实验中，要求了解实验目的和实验内容，通过调研掌握国内外研究动态，提出一整套实验设计方案，包括具体的操作步骤等。

1.5.2　实验过程中的要求

①严格操作、规范进行。实验时首先要仔细检查实验装置及仪器仪表是否完整。准备完备，经指导老师允许后方可进行实验。一般地，实验时要求按照实验教材中所列的操作步骤、具体的操作方法和规范严格执行；未经指导老师认可不得随意变更。

②认真观察、客观记录。实验中要仔细观察所发生的实验现象，认真记录实验过程中监测到的各项数据。实验中所测数据，应该是实验结果或者数据整理过程中所必需的数据，如有关环境条件、设备有关尺寸和特性参数、运行效果或监测指标等。数据测量一般是在实验要求运行条件下的真实数据。有些数据不能直接测取时，可通过一些可测取指标，再结合某些关系式计算或通过有关资料查得。

实验过程中，必须学会有关测量仪器的使用方法及操作规范，密切注意仪器的数值稳定性，使整个实验操作过程在可接受的条件下进行，尽量减少偶然误差。环境工程学实验大多为实验装置或设备的运行实验，一般在同一实验条件（或工况）下至少稳定运行 2~3 个周期后方可改变运行条件。记录数据时需要注明计量单位，同时必须真实反映仪器仪表的精确度。

实验中如果出现不正常情况或数据有明显误差，应说明产生不正常现象的原因，并提出改进或避免该现象发生的合理化建议。

③实验结果处理要求。实验完成后，应对所测取的数据、观察到的实验现象和发现的问题进行分析或解决，并得出实验结论。所有这些工作，应以实验报告的形式进行综合整理。实验报告是对学生实验成绩考核的重要依据。

在编写实验报告时，必须坚持实事求是的态度，不随便记录任何一个数据，更不能以任何理由为借口随意更改所测得的数据。任何编造、修改或歪曲实际所测数据的行为都是错误的。尊重实验现象和认真分析实测数据，寻找产生误差的原因，才是从事实验研究的正确态度。

实验报告一般应以实验目的、实验原理和实验装置为基础，依据规定和合理的操作步骤，测取准确、可靠的实验数据，经过分析、讨论后得到实验结论。实验报告的编写要求简单明了，数据完整，文字、步骤清晰，结论明确，并附有分析讨论和合理化建议。另外，实验得出的公式或绘制的图表应注明实验条件。整个报告应以便于指导教师的审阅或验证为准。

实验报告的具体格式可参照表1–1。实验报告的重点应放在实验数据的处理和实验结果的讨论与分析上。

表1–1　实验报告的撰写格式

<table>
<tr><td colspan="2">实验名称：
姓名：　　　　　　　　班级：
同组人：　　　　　　　实验日期：
实验地点：　　　　　　环境条件：</td></tr>
<tr><td>实验目的</td><td>指出实验所要达到的主要目的</td></tr>
<tr><td>实验原理</td><td>简述实验所依据的有关原理和相关的理论基础</td></tr>
<tr><td>实验装置
（实验设计）</td><td>绘制实际的实验装置流程简图，并注明主要设备和检测仪器或设备的种类与型号。
对于自行设计的实验，学生设计实验流程，选择合适的装置并动手进行组装</td></tr>
<tr><td>实验步骤</td><td>结合实验操作过程，对操作方法、程序进行简单阐述</td></tr>
<tr><td>实验数据记录与整理</td><td>用表格形式记录实测数据，依据实验原理完成数据的计算和处理，计算过程、步骤要求全面、清楚。类型相同的多组数据处理，计算时可用一组数据处理的全过程为例进行整理，其他数据的计算、处理过程可省略，并把计算结果列于表中</td></tr>
<tr><td>实验结果与分析讨论及合理化建议</td><td>主要包括实验结果总结、实验结果与理论值间的误差及相关分析、回答有关问题，并针对产生误差的原因提出合理化建议等</td></tr>
</table>

1.6　教学步骤

实施实验教学时一般可根据具体的实验性质，要求学生有选择性地遵从以下几个步骤。

①提出问题。根据已掌握的基本知识，提出打算验证的基本概念或需探索研究的主要问题。

②实验方案设计。一般须根据所具有的人力、设备、药品和技术能力等实际情况

来确定。其内容应包括实验目的、装置、步骤、计划、测试项目和测试方法等。

③实验研究。按拟订的实验方案进行实验。主要包括获取可靠的实验数据、定期收集、整理与分析实验结果，以加深对现有基本概念的理解，发现实验设备、操作运行、测试方法和实验方法等存在的问题并及时予以修正等。

④实验总结。对实验结果进行实事求是的评价。主要涉及实验数据的合理性、实验结果对已有工艺设备和操作运行条件的改进或新处理设备设计的可利用性以及该实验结果是否证明了原有论点或新论点等。

从以上论述不难看出，对于基础性实验，实施教学时的重点应放在第④点上；专业性实验的重点在第③点上；而综合性实验则需兼顾这4个方面。其中第①点问题的提出决定了学生对实验或某些基本概念的理解程度和通过实验操作想达到的期望值；第②点的方案设计正确与否则决定了该实验的成败；第③点的实验运作与有效数据的获取则可以考察和培养学生的基本实验技能；第④点则考察了学生对整个实验过程的理解与掌握程度以及对大量数据的归纳处理和评价能力。

通过环境工程实验的教学，使学生能更好地将环境工程学的理论与方法同治理技术的实际运作联系起来，了解环境污染控制领域的基本防治技术，掌握环境工程的实验研究方法并得到初步的培养和训练，为今后从事环境工程的实验研究和技术开发打下坚实的基础。

第2章
实验设计与实验数据处理

2.1 工艺实验设计基本原理

实验设计的目的是选择一种对所研究的特定问题最有效的实验安排，以便用最少的人力、物力和时间获得满足要求的实验结果。从广义上说，它包括明确实验目的、确定测定参数、确定需要控制或改变的条件、选择实验方法和测试仪器、确定测量精度要求，以及实验方案设计和数据处理步骤等。实验设计是实验研究过程的重要环节，通过实验设计可以使我们的实验安排在最有效的范围内，以保证通过较少的实验得到预期的实验结果。例如，在进行生化需氧量（BOD）的测定时，为了能全面地描述废水有机污染的情况，往往需要估计最终生化需氧量（BOD_u 或 L_u）和生化反应速率常数 K_1。完成这一实验需对 BOD 进行大量和较长时间（约 20 天）的测定，既费时又费钱。此时如有较合理的实验设计，就可能以较少的时间得到正确的结果。表 2-1 是三种不同的实验设计得到的结果。图 2-1、图 2-2 是实验得到的 BOD 曲线。从上述图、表中可以看出，30 个测点的一组实验设计是不合适的，它不能给出满意的参数估算值。原因在于 BOD 是一级反应模型，因此，如果要使实验曲线与实测数据拟合得好，要同时调整 K_1 和 L_u。由图 2-2 可以看出，如果只调整 K_1，会使 L_u 的值变化很大，但模型对前 30 个数据的拟合情况却无显著差异，也就是说，两组截然不同的参数，其前 30 个点的拟合情况差别不大。可见在这种实验设计条件下，在一定的实验误差范围内，虽然两个实验所得的结果都是对的，但结论可能相差很大。20 天 59 次观测的结果虽然好，但需要大量人力与物力。而 20 天 12 次观测的实验安排（图 2-1 中第 4 天 6 个点，第 20 天 6 个点）测试次数最少，而其参数估算结果与 20 天 59 次观测所得结果相接近。这个例子说明，只要实验设计合理，不必进行大量观测便可得到精确的参数估算值，使实验工作显著减少。如果实验点安排不好（例如，全部安排在早期），虽然得到的参数估算值高度相关，但实验不能达到预期目的。此外，即使实验观测的次数完全相同，如果实验点的安排不同，所得结果也可能截然不同。因此，正确的实验设计不仅可以节省人力、物力和时间，并且是得到可信的实验结果的重要保证。

表2-1　三种BOD实验设计所得结果

实验安排	参数估算值		参数的均方值
	K_1/d^{-1}	L_u/（mg/L）	
20天59次观测	0.22	10100	-0.85
30次观测，0~5天	0.19	11440	-0.9989
第4天6次，第20天6次	0.22	10190	-0.63

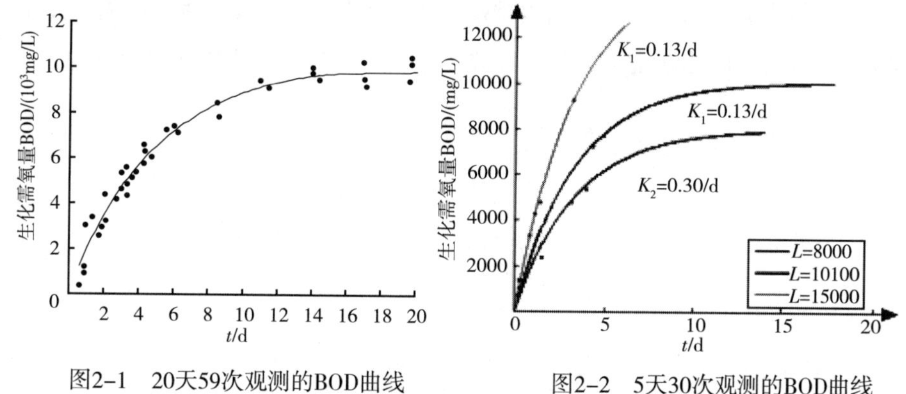

图2-1　20天59次观测的BOD曲线　　图2-2　5天30次观测的BOD曲线

在生产和科学研究中，实验设计方法已得到广泛应用，概括地说，包括三个方面的应用。

①最佳运行参数选择。在生产过程中，人们为了达到优质、高产、低消耗等目的，常需要对有关因素的最佳点进行选择，一般是通过实验来寻找这个最佳点。实验的方法很多，需要通过实验设计，合理安排实验点，才能最迅速地找到最佳点。例如，混凝剂是水污染控制常用的化学药剂，其投加量因具体情况不同而异，因此常需要多次实验确定最佳投药量，此时便可以通过实验设计来减少实验的工作量。

②数学模型中的参数估算。在实验前，若通过合理的实验设计安排实验点、确定变量及其变化范围等，可用较少的时间获得较精确的参数。例如，已知 BOD 一级反应模型 $Y=L_u(1-10^{-k_{1/t}})$，要估计 K_1 和 L_u。由于 $\left.\frac{dy}{dx}\right|_{t=0}=K_1L_u$，说明在反应的前期参数 K_1 和 L_u 相关性很好。所以如果在 t 靠近 0 的小范围内进行实验，就难以得到正确的 K_1 和 L_u，因为在此范围内，K_1 的任何偏差都会由于 L_u 的变化而得补偿（见图 2-2）。因此，只有通过正确的实验设计，把实验安排在较大的时间范围内进行，才能较精确地获得 K_1 和 L_u 的值。

③竞争模型筛选。当可以用几种形式来描述某一过程的数学模型时，常需要通过实验来确定哪一种模型是较恰当的，此时也需要通过实验设计来保证实验提供可靠的

信息，以便正确地进行模型筛选。例如，判断某化学反应是按 A ⇀ B ⇌ C 进行，还是按 A ⇀ B ⇀ C 进行时，要做许多实验。根据这两种反应动力学特征，B 的浓度与时间 t 的关系分别为图 2–3 所示的两条曲线。从图中可以看出，要区分表示这两种不同反应机理的数学模型，应该观测反应后期 B 的浓度变化，在均匀的时间间隔内进行实验是没有必要的。如果把实验安排在前期，用所得到的数据进行鉴别，则无法达到筛选模型的目的。这个例子说明，实验设计对于模型筛选是十分重要的，如果实验点位置选得不好，即使实验数据很多，数据很精确，也得不到预期的实验目的。相反，选择适当的实验点位置后，即使测试精度稍差些或者数据少一些，也能达到实验目的。

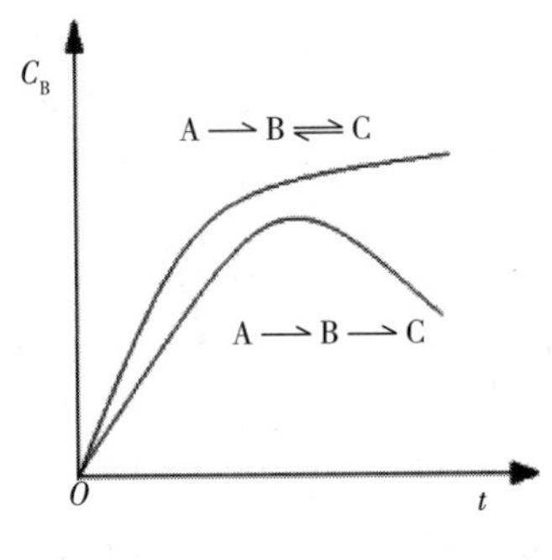

图2–3　C_B与t的关系

实验设计的方法很多，有单因素实验设计、双因素实验设计、正交实验设计、均匀分析实验设计、序贯实验设计等。各种实验设计方法的目的和出发点不同，因此，在进行实验设计时，应根据研究对象的具体情况决定采用哪一种方法。

生活过程和科学研究中，对实验指标有影响的条件通常称为因素。有一类因素，在实验中可以人为地加以调节和控制，叫作可控因素。例如，混凝实验中的投药量和 pH 值是可以人为控制的，属于可控因素。另一类因素，由于技术、设备和自然条件的限制，暂时还不能人为控制，叫作不可控因素。例如，气温、风速对沉淀效率的影响都是不可控因素。实验方案设计一般只适用于可控因素。下面涉及的因素，凡没有特别说明的都是指可控因素。在实验中，影响因素通常不止一个，但往往不是对所有的因素都加以考察。有的因素在长期实验中已经比较清楚，可暂时不考察，固定在某一状态上，只考察一个因素。这种考察一个因素的实验，叫作单因素实验。考察两个因素的实验称双因素实验。考察两个以上因素的实验称多因素实验。

在实验设计中，用来衡量实验效果好坏所采用的标准称为实验指标，简称指标。例如，在进行地面水的混凝实验时，为了确定最佳投药量和最佳 pH 值，选定浊度作为评定比较各次实验效果好坏的标准，即浊度是混凝实验的指标。

进行实验方案设计的步骤如下。

①明确实验目的、确定实验指标。研究对象需要解决的问题一般不止一个。例如，在进行混凝效果的研究时，要解决的问题有最佳投药量问题、最佳 pH 值问题和水流速度梯度问题。不可能通过一次实验把所有这些问题都解决，因此，实验前应首先确定这次实验的目的究竟是解决哪一个或者哪几个主要问题，然后确定相应的实验指标。

②挑选因素。在明确实验目的和确定实验指标后，要分析研究影响实验指标的因素。从所有的影响因素中排除那些影响不大或者已经掌握的因素，让它们固定在某一状态上；挑选那些对实验指标可能有较大影响的因素来进行考察。例如，在进行 BOD 模型的参数估计时，影响因素有温度、菌种数、硝化作用及时间等。通常是把温度和菌种数控制在一定状态上，并排除硝化作用的干扰，只通过考察 BOD 随时间的变化来估计参数。

③选定实验设计方法。因素选定后，可根据研究对象的具体情况决定选用哪一种实验设计方法。例如，对于单因素问题，应选用单因素实验设计法；对于 3 个以上因素的问题，可以用正交实验设计法；若要进行模型筛选或确定已知模型的参数估计，可采用序贯实验设计法。

④实验安排。上述问题都解决后，便可以进行实验点位置安排，开展具体的实验工作。

下面我们仅介绍单因素实验设计、双因素实验设计及正交实验设计的部分基本方法，实验原理部分可根据需要参阅有关书籍。

2.1.1　单因素实验设计

单因素实验设计方法有 0.618 法（黄金分割法）、对分法、分数法、分批实验法、爬山法和抛物线法等。前 3 种方法可以用较少的实验次数迅速找到最佳点，适用于一次只能出一个实验结果的情况。对分法的效果最好，每做一个实验就可以去掉实验范围的一半。分数法应用较广，因为它可以应用于实验点只能取整数或某特定数的情况，以及限制实验次数和精确度的情况。分批实验法适用于一次可以同时得出许多个实验结果的情况。爬山法适用于研究对象不适宜或者不易大幅度调整的情况。

下面主要介绍对分法、分数法和分批实验法。

（1）对分法

采用对分法时，首先要根据经验确定实验范围。设实验范围在 a 至 b 之间，第一次实验点安排在（a，b）的中点 $x_1$$\left(x_1=\dfrac{a+b}{2}\right)$。若实验结果表明 x_1 取大了，则丢掉大于 x_1 的一半，第二次实验点安排在（a，x_1）的中点 $x_2$$\left(x_2=\dfrac{a+x_1}{2}\right)$。如果第一次实验结果表明 x_1 取小了，便丢掉小于 x_1 的一半，第二次实验点就取在（x_1，b）的中点 $x_2$$\left(x_2=\dfrac{x_1+b}{2}\right)$。这个方法的优点是每做一次实验便可以去掉实验范围的一半，直到取得满意的实验结果为止，且取点方便。这种方法适用于预先已经了解所考察因素对指标的影响规律，能够从一个实验的结果直接分析出该因素的值是取大了或取小了的情况。例如，确定消毒时加氯量的实验，可以采用对分法。

（2）分数法

分数法又叫菲波那契数列法，它是利用菲波那契数列进行单因素优化实验设计的一种方法。在实验点只能取整数或者限制实验次数的情况下，采用分数法较好。例如，如果只能做一次实验，就在 1/2 处做，其精确度为 1/2，即这一点与实际最佳点的最大可能距离为 1/2。如果只能做两次实验，第一次实验在 2/3 处做，第二次在 1/3 处做，其精确度为 1/3。如果能做三次实验，则第一次在 3/5 处做实验，第二次在 2/5 处做，第三次在 1/5 或 4/5 处做，其精确度为 1/5。以此类推，做几次实验就在实验范围内$\left(\dfrac{F_n}{F_{n+1}}\right)$处做，其精度为$\left(\dfrac{F_1}{F_{n+1}}\right)$，如表 2–2 所示。

表2–2　分数法实验点位置与精确度

实验次数	2	3	4	5	6	7	…	n
等分实验范围的分数	3	5	8	13	21	34	…	F_{n+1}
第一次试验点的位置	$\left(\frac{2}{3}\right)$	$\left(\frac{3}{5}\right)$	$\left(\frac{5}{8}\right)$	$\left(\frac{8}{13}\right)$	$\left(\frac{13}{21}\right)$	$\left(\frac{21}{34}\right)$	…	$\left(\frac{F_n}{F_{n+1}}\right)$
精确度	$\left(\frac{1}{3}\right)$	$\left(\frac{1}{5}\right)$	$\left(\frac{1}{8}\right)$	$\left(\frac{1}{13}\right)$	$\left(\frac{1}{21}\right)$	$\left(\frac{1}{34}\right)$	…	$\left(\frac{1}{F_{n+1}}\right)$

表 2–2 中的 F_n 及 F_{n+1} 叫“菲波那契数”，它们可由下列递推式确定：

$$F_0=F_1=1$$

……

$$F_k=F_{k-1}+F_{k-2}\ (k=2,\ 3,\ 4,\ \cdots)$$

由此得：

$$F_2=F_1+F_0=2$$

$$F_3=F_2+F_1=3$$

$$F_4=F_3+F_2=5$$

$$\cdots\cdots$$

$$F_{n+1}=F_n+F_{n-1}$$

因此，表 2–2 第三行中各分数，从分数 $\frac{2}{3}$ 开始，以后的每一分数，其分子都是前一分数的分母，而其分母都等于前一分数的分子与分母之和，照此方法不难写出所需要的第一次实验点位置。

分数法各实验点的位置可用下列公式求得：

$$\text{第一个实验点}=(\text{大数}-\text{小数})\times\left(\frac{F_n}{F_{n+1}}\right)+\text{小数} \tag{2-1}$$

$$\text{新实验点}=(\text{大数}-\text{中数})+\text{小数} \tag{2-2}$$

式中：中数为已实验的实验点数值。

上述两式推导如下：

首先由于第一个实验点 x_1 取在实验范围内的 $\left(\frac{F_n}{F_{n+1}}\right)$ 处，所以 x_1 与实验范围左端点（小数）的距离等于实验范围总长度的 $\left(\frac{F_n}{F_{n+1}}\right)$ 倍。

即第一实验点 − 小数 = [大数（右端点）− 小数] × $\frac{F_n}{F_{n+1}}$，移项后，即得式（2–1）。

其次，由于新实验点（x_1，x_2，…）安排在余下范围内与已实验点相对称的点上，因此不仅新实验点到余下范围的中点的距离等于已实验点到中点的距离，而且新实验点到左端点的距离也等于已实验点到右端点的距离（图 2–4），即：

$$\text{新实验点}-\text{左端点}=\text{右端点}-\text{已实验点}$$

移项后即得式（2–2）。

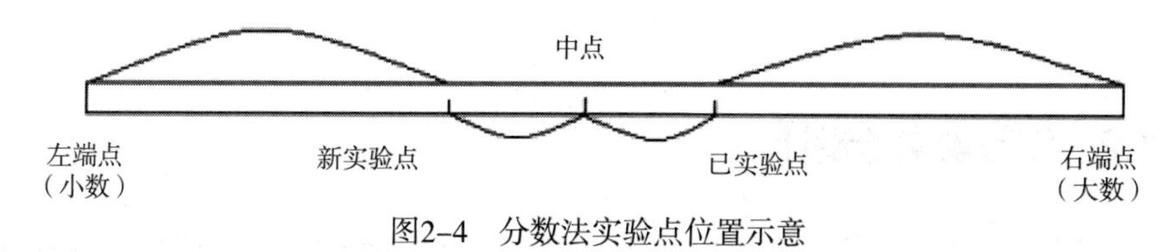

图2–4　分数法实验点位置示意

下面以一具体例子说明分数法的应用。

[例 2–1] 某污水厂准备投加三氯化铁来改善污泥的脱水性能，根据初步调查投药量在 160mg/L 以下，要求通过 4 次实验确定最佳投药量。

解：①根据式（2–1）得到第一个实验点位置：

$$(160-0) \times \frac{5}{8} + 0=100\ (\text{mg/L})$$

②根据式（2–2）得到第二个实验点位置：

$$(160-100) + 0=60\ (\text{mg/L})$$

③假定第一点比第二点好，所以在 60 ~ 160 之间找第三点，丢去 0 ~ 60 的一段，即：

$$(160-100) + 60=120\ (\text{mg/L})$$

④第三点与第一点结果一样，此时要用对分法进行第四次实验，即$\frac{100+120}{2}=110$（mg/L）处进行实验得到的效果最好。

（3）分批实验法

当完成实验需要较长的时间，或者测试一次需要花很大代价，而且每次同时测试几个样品和测试一个样品所花的时间、人力和费用相近时，采用分批实验法较好。分批实验法又可分为均匀分批实验法和比例分割实验法。这里仅介绍均匀分批实验法。这种方法是每批实验均匀地安排在实验范围内。例如，每批要做 4 次实验，我们可以先将实验范围（a，b）均分为 5 份，在其 4 个分点 x_1、x_2、x_3、x_4 处做 4 次实验。将 4 次实验样品同时进行测试分析，如果 x_3 好，则去掉小于 x_2 和大于 x_4 的部分，留下（x_2，x_4）范围。然后将留下部分再分成 6 份，在未做过实验的 4 个分点实验，这样一直做下去，就能找到最佳点。对于每批要做 4 次实验的情况，用这种方法，第一批实验后范围缩小 2/5，以后每批实验后都能缩小为前次余下的 1/3（图 2–5）。

图2–5　分批实验法示意

例如，测定某种有毒物质进入生化处理构筑物的最大允许浓度时，可以用这种方法。

2.1.2　双因素实验设计

对于双因素问题，往往采取把两个因素变成一个因素的办法（降维法）来解决，也就是先固定第一个因素做第二个因素的实验，然后固定第二个因素做第一个因素的实验。这里介绍两种双因素实验设计。

（1）从好点出发法

这种方法是先把一个因素，例如 x 固定在实验范围内的某一点 x_1（0.618 点处或其他点处），然后用单因素实验设计对另一因素 y 进行实验，得到最佳实验点 A_1（x_1，y_1）；再把因素 y 固定在好点 y_1 处，用单因素方法对因素 x 进行实验，得到最佳点 A_2（x_2，y_1）。若 $x_2 < x_1$，则 A_2 比 A_1 好，可以去掉大于 x_1 的部分，如果 $x_2 > x_1$，则去掉小于 x_1 的部分。然后，在剩下的实验范围内，再从好点 A_2 出发，把 x 固定在 x_2 处，对因素 y 进行实验，得到最佳实验点 A_3（x_2，y_2），于是再沿直线 $y=y_1$ 把不包含 A_3 的部分范围去掉，这样继续下去，能较好地找到需要的最佳点（图 2–6）。

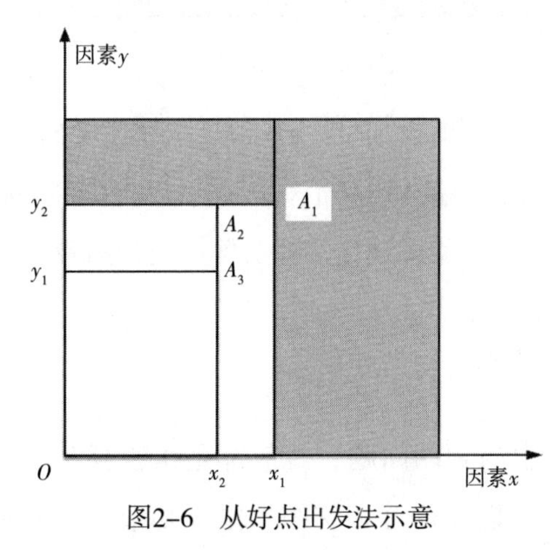

图2–6　从好点出发法示意

这个方法的特点是对某一因素进行实验选择最佳点时，另一个因素都是固定在上次实验结果的好点上（第一次除外）。

（2）平行线法

如果双因素问题的两个因素中有一个因素不易改变，宜采用平行线法。具体方法如下：

设因素 y 不易调整，把 y 先固定在其实验范围的 0.5（或 0.618）处，过该点作平行于 x 轴的直线，并用单因素方法找出另一因素 x 的最佳点 A_1。再把因素 y 固定在 0.25 处，用单因素方法找出因素 x 的最佳点 A_2。比较 A_1 和 A_2，若 A_1 比 A_2 好，则沿直线 y=0.25 将下面的部分去掉，然后在剩下的范围内再用对分法找出因素 y 的第三点 0.625。第三次实验将因素 y 固定在 0.625 处。用单因素法找出因素 x 的最佳点 A_3。若 A_1 比 A_3 好，则又可将直线 y=0.625 以上的部分去掉。这样一直做下去，就可以找到满意的结果

（图 2–7）。

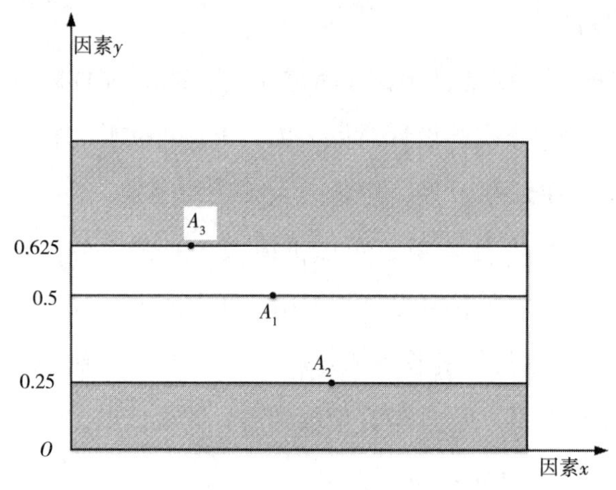

图2–7　平行线法示意

例如，混凝效果与混凝剂的投加量、pH 值、水流速度梯度三因素有关。根据经验分析，主要的影响因素是投药量和 pH 值，因此可以根据经验把水流速度梯度固定在某一水平上，然后用双因素实验设计法选择实验点进行实验。

2.1.3　正交实验设计

在生产和科学研究中遇到的问题，一般都是比较复杂的，包含多种因素且各个因素又有不同的状态，它们往往互相交织、错综复杂。要解决这类问题，常常需要做大量实验。例如，某工业废水欲采用厌氧消化处理，经过分析研究后，决定考察 3 个因素（如温度、时间、负荷率），而每个因素又可能有 3 种不同的状态（如温度因素为 25℃、30℃、35℃ 3 个水平），它们之间可能有 3^3=27 种不同的组合，也就是说，要经过 27 次实验才能知道哪一种组合最好。显然，这种全面进行实验的方法，不但费时费钱，有时甚至是不可能的。对于这样的问题，如果采用正交设计法安排实验，只要经过 9 次实验便能得到满意的结果。对于多因素问题，采用正交实验设计可以达到事半功倍的效果。这是因为，可以通过正交设计合理地挑选和安排实验点，较好地解决多因素实验中的两个突出问题：一是全面实验的次数与实际可行的实验次数之间的矛盾。二是实际所做的少数实验与要求掌握的事物的内在规律之间的矛盾。

正交实验设计法是一种研究多因素实验问题的数学方法。它主要是使用正交表这一工具从所有可能的实验搭配中挑选出若干必要的实验，然后用统计分析方法对实验结果进行综合处理，从而得出结果。

（1）有关概念

①水平因素变化的各种状态叫因素的水平。某个因素在实验中需要考察它的几种状态，就叫它是几种水平的因素。因素在实验中所处状态（水平）的变化，可能引起指标发生变化。例如，在污泥厌氧消化实验中要考察 3 个因素：温度、泥龄和负荷率。温度因素选择 25℃、30℃、35℃这 3 种状态，这里的 25℃、30℃、35℃就是温度因素的 3 个水平。

因素的水平有的能用数量表示（如温度），有的则不能用数量表示。例如，在采用不同混凝剂进行印染废水脱色实验时，要研究哪种混凝剂较好，在这里各种混凝剂就表示混凝剂这个因素的各个水平，不能用数量表示。凡是不能用数量表示水平的因素，叫作定性因素。在多因素实验中，有时会遇到定性因素。对于定性因素，只要对每个水平规定具体含义，就可与定量因素一样对待。

②正交表。正交表是正交实验设计法中合理安排实验，以及对数据进行统计分析的工具。用正交设计法安排实验都要用正交表，如 L_4（2^3）（图 2–8）。字母 L 代表正交表；L 右下角的数字“4”表示正交表有 4 行，即要安排 4 次实验；括号内的指数“3”表示表中有 3 列，即最多可以考察 3 个因素；括号内的底数“2”表示表中每列有 1、2 两种数据，即安排实验时，被考察的因素有两种水平 1 与 2，称为 1 水平与 2 水平（表 2–3）。

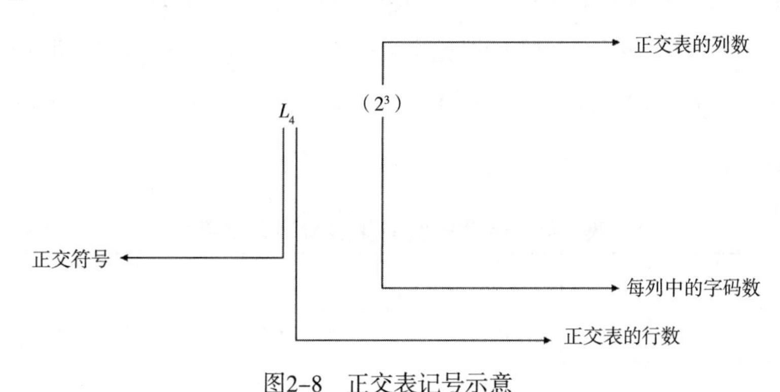

图2–8　正交表记号示意

表2–3　L^4（2^3）正交表

实验号	列号			实验号	列号		
	1	2	3		1	2	3
1	1	1	1	3	2	1	2
2	1	2	2	4	2	2	1

如果被考察各因素的水平不同，应采用混合型正交表，其表示方式略有不同。例如，L_8（4×2^4），表示有8行（要做8次实验）5列（有5个因素）；而括号内的第一项“4”，表示被考察的第一个因素是4水平，在正交表中位于第一列，这一列由1、2、3、4四种数字组成；括号内第二项的指数“4”表示还有4个考察因素；底数“2”表示后4个因素是2水平，即后4列由1、2两种数字组成。用L_8（4×2^4）安排实验时，最多可以考察一个具有5个因素的问题，其中1个因素为4水平，另4个因素为2水平，共要做8次实验。

（2）正交设计法安排多因素实验的步骤

①明确实验目的，确定实验指标。根据工程实践明确本次实验要解决的问题，同时结合工程实际选用能定量、定性表达的突出指标作为实验分析的评价指标。

②挑因素选水平，列出因素水平表。影响实验成果的因素很多，但我们不是对每个因素都进行考察。例如，对于不可控因素，由于无法测出因素的数值，因而看不出不同水平的差别，难以判断该因素的作用，所以不能列为被考察的因素。对于可控因素，则应挑选那些对指标可能影响较大但又没有把握的因素来进行考察，特别注意不能把重要因素固定（固定在某一状态上不进行考察）。

对于选出的因素，可以根据经验定出它们的实验范围，在此范围内选出每个因素的水平，即确定水平的个数和各个水平的数量。因素水平选定后，便可列成因素水平表。例如，某污水厂进行污泥厌氧消化实验，经分析后决定对温度、泥龄、投配率三因素进行考察，并确定了各因素均为2水平和每个水平的数值。此时可以列出因素水平表（表2-4）。

表2-4　污泥厌氧消化实验因素水平表

水平	因素		
	温度/℃	泥龄/d	污泥投配率/%
1	25	5	5
2	35	10	8

③选用正交表。常用的正交表有几十个，究竟选用哪个正交表，需要综合分析后决定，一般是根据因素和水平的多少、实验工作量大小和允许条件而定。实际安排实验时，挑选因素、水平和选用正交表等步骤有时是结合进行的。例如，根据实验目的

选好 4 个因素，如果每个因素取 4 水平，则需用 L_{16}（4^4）正交表，要做 16 次实验。但是由于时间和经费等原因，希望减少实验次数，因此，改为每个因素取 3 水平，则改为 L_9（3^4）正交表，做 9 次实验就够了。

④表头设计。表头设计就是根据实验要求，确定各因素在正交表中的位置，如表 2–5 所示。

表2–5　污泥厌氧消化实验的表头

因素	温度/℃	泥龄/d	污泥投配率/%
列号	1	2	3

⑤列出实验方案。根据表头设计，从 L_4（2^3）正交表（表 2–3）中把 1、2、3 列的 1 和 2 换成表 2–4 所给的相应水平，即得实验方案表（表 2–6）。

表2–6　污泥厌氧消化实验方案表

实验号	因素（列号）			
	A 温度/℃（1）	B 泥龄/d（2）	C 污泥投配率/%（3）	D 实验指标：产气量/（L/kgCOD）
1	25（1）	5（1）	5（1）	
2	25（1）	10（2）	8（2）	
3	35（2）	5（1）	8（2）	
4	35（2）	10（2）	5（1）	

常用正交实验正交表见附录 1。

（3）实验结果的分析——直观分析法

通过实验获得大量实验数据后，如何科学地分析这些数据，从中得到正确的结论，是实验设计法不可缺少的组成部分。

正交实验设计法的数据分析要解决：

①挑选的各影响因素中，哪些因素影响大些，哪些影响小些，各因素对实验目的影响的主次关系如何。

②各影响因素中，哪个水平能得到满意的结果，从而找到最佳的管理运行条件。

直观分析法是一种常用的分析实验结果的方法，其具体步骤如下。

①填写实验指标。表 2–7 是采用直观分析法时的实验结果分析表示例。实验结束后，应归纳各组实验数据，填入表 2–7 中的“实验结果”栏中，并找出实验中结果最

好的一个，计算实验指标的总和并填入表内。

表2-7　L_4（2^3）正交表的实验结果分析

水平		列号			实验结果（实验指标）x_i
		1	2	3	
实验号	1	1	1	1	x_1
	2	1	2	2	x_2
	3	2	1	2	x_3
	4	2	2	1	x_4
K_1 K_2 $\overline{K}_1$ $\overline{K}_2$ $R=K_1-\overline{K}_2$ 极差					$\sum_{i=1}^{n} x_1$ （n=实验次数）

［例 2-2］将某污水厂厌氧消化实验所取得的 4 次产气量结果填入表 2-8 中，找出第 3 号实验的产气量最高（817L/kgCOD），它的实验条件是 $A_2B_1C_2$，并将产气量的总和 2854（2854=627 + 682 + 817 + 728）也填入表内。

②计算各列的 K_1、K_1 和 R 值，并填入表 2-8 中。

$$K_i（第\ m\ 列）= 第\ m\ 列中数字与“i”对应的指标值之和$$

$$\overline{K}_i（第\ m\ 列）= \frac{K_1（第\ m\ 列）}{第\ m\ 列中“i”水平的重复次数}$$

$$R（第\ m\ 列）= 第\ m\ 列的\ \overline{K}_i 中最大值与最小值之差$$

式中：R 称为极差。极差是衡量数据波动大小的重要指标，极差越大的因素越重要。例如，表 2-8 的第一列中与水平（1）和（2）相应的实验指标分别为“627”“682”和“817”“728”，所以：

$$K_1（第\ 1\ 列）=627+682=1309（L/kgCOD）$$

$$\overline{K}_1（第\ 1\ 列）=817+728=1545（L/kgCOD）$$

表 2-8 中第一列中的水平（1）和（2）重复次数均为 2 次，所以：

$$K_1（第\ 1\ 列）= \frac{K_1（第\ 1\ 列）}{2} = \frac{1309}{2} =654.5（L/kgCOD）$$

$$K_2（第\ 1\ 列）= \frac{K_2（第\ 1\ 列）}{2} = \frac{1545}{2} =772.5（L/kgCOD）$$

$$R（第\ 1\ 列）=772.5-654.5=118（L/kgCOD）$$

③制作因素与指标的关系图。以指标 $\bar{K}$为纵坐标，因素水平为横坐作图。该图反映了在其他因素基本上是相同变化的条件下，该因素与指标的关系。

例如，表 2–8 中所列的 $\bar{K}$与 A、B、C 三因素的关系可以很直观地看出，三因素中对产气量影响最大的是温度，影响最小的是泥龄。

表2–8　厌氧消化实验结果分析

实验号	因素（列号）			
	A 温度/℃ （1）	B 泥龄/d （2）	C 污泥投配率/% （3）	实验结果（实验指标） 产气量/（L / kgCOD）
1	25（1）	5（1）	5（1）	627
2	25（1）	10（2）	8（2）	682
3	35（2）	5（1）	8（2）	817
4	35（2）	10（2）	5（1）	728
K_1 K_2 $\bar{K}_1$ $\bar{K}_2$ R	1309 1545 654.5 772.5 118	1444 1410 722 705 17	1355 1499 677.5 749.5 72	2854

④比较各因素的极差 R，排出因素的主次顺序。例如，根据表 2–8，厌氧消化过程中影响产气量大小的三因素的主次顺序是：温度→污泥投配率→泥龄。

应该注意，实验分析得到的因素的主次、水平的优劣，都是相对于某具体条件而言的。在一次实验中是主要因素，在另一次实验中，如果条件变了，就可能成为次要因素。反过来，原来次要的因素，也可能由于条件的变化而转化为主要因素。

⑤选取较好的水平组。从表 2–8 可以看出，4 个实验中产气量最高的操作条件是 $A_2B_1C_2$，通过计算分析找出好的操作条件也是 $A_2B_1C_2$。因此，可以认为 $A_2B_1C_2$ 是一组好的操作条件。如果计算分析结果与按实验安排进行实验后得到的结果不一致，应将各自得到的好的操作条件再各做 2 次实验加以验证，最后确定哪一组操作条件最好。

2.2 实验误差分析

2.2.1 真值与平均值

（1）真值

真值是指某物理量客观存在的确定值。测量它时，由于测量仪器、方法、环境、人员及程序等都不可能完美无缺，实验误差难于避免，所以它是一个理想值。在分析实验测定误差时，一般用如下方法替代真值。

①实际值，是现实中可以知道的一个量值，用它可以替代真值。例如理论上证实的值——平面三角形内角之和为 180°；又如计量学中经国际计量大会决议的值，像热力学温度单位——绝对零度等于 −273.15K；或将准确度高一级的测量仪器所测得的值视为真值。

②平均值，是指对某量经多次测量算出的平均结果，用它可以替代真值。当然测量次数无限多时，算出的平均值应该是很接近真值的。实际上测量次数是有限的（比如 10 次），所得的平均值只能说是近似地接近真值。

（2）平均值

由于实验方法和实验设备的不完善，周围环境的影响，以及人的观察力、测量程序等限制，我们无法测得真值（真实值）。真值是待测量物客观存在的确定值，也称理论值或定义值。通常真值是无法测得的。若在实验中，测量的次数无限多，根据误差的分布定律，正负误差的出现几率相等。再经过细致地消除系统误差，将测量值加以平均，可以获得非常接近于真值的数值。但是实际上实验测量的次数总是有限的。用有限测量值求得的平均值只能是近似真值，常用的平均值有下列几种。

①算术平均值。算术平均值是最常见的一种平均值。设 x_1、x_2、…、x_n 为各次测量值，n 代表测量次数，则算术平均值为：

$$\bar{x}=\frac{x_1+x_2+\cdots+x_n}{n}=\frac{1}{n}\sum_{i=1}^{n}x_i \tag{2-3}$$

凡测量值的分布服从正态分布时，用最小二乘法原理可证明：在一组等精度的测量中，算术平均值最接近真值，是一个最佳值或最可信赖值。

②几何平均值。几何平均值是将一组 n 个测量值连乘并开 n 次方求得的平均值。即：

$$\bar{x} = \sqrt[n]{x_1 x_2 \cdots x_n} \tag{2-4}$$

式中，符号意义同前。

③均方根平均值。均方根值应用较少，其定义为：

$$\bar{x}_{均} = \sqrt{\frac{x_1^2 + x_2^2 + \cdots + x_n^2}{n}} = \sqrt{\frac{\sum_{i=1}^{n} x_i^2}{n}} \tag{2-5}$$

式中，符号意义同前。

④加权平均值。若对同一事物用不同的方法或者由不同的实验人员测定，则这组数据中不同值的精度与可靠度不一致，为了突出可靠性高的数值，通常用加权平均值。计算公式为：

$$\bar{x} = \frac{w_1 x_1 + w_2 x_2 + \cdots + w_n x_n}{w_1 + w_2 + \cdots + w_n} = \frac{\sum_{i=1}^{n} w_i x_i}{\sum_{i=1}^{n} w_i} \tag{2-6}$$

式中：w_i 为与各观测值相应的权重，其余符号意义同前。

各观测值的权重 w_i，可以是观测值的重复次数，也可以是观测值在总数中所占的比例，或者根据经验确定。

［例 2-3］某工厂测定含铬废水浓度的结果如表 2-9 所示，试计算其平均浓度。

表2-9　某工厂含铬废水浓度及出现次数表

铬/（mg/L）	0.3	0.4	0.5	0.6	0.7
出现次数	3	5	7	7	5

解：

$$\bar{x} = \frac{0.3\times3 + 0.4\times5 + 0.5\times7 + 0.6\times7 + 0.7\times5}{3+5+7+7+5} = 0.52\ (\text{mg/L})$$

⑤中位数。中位数是指一组观测值按大小次序排列，位于中间的数据。若观测次数为偶数，则中位数取中间两数的平均值。中位数的最大优点是求法简单。只有当观测值的分布呈正态分布时，中位数才能代表一组观测值的中心趋向，近似于真值。

⑥几何平均值。如果一组观测值呈非正态分布，对这组数据取对数后，所得图形

的分布曲线更对称时，常用几何平均值，几何平均值是一组 n 个观测值连乘并开 n 次方求得的值，计算公式如下：

$$\bar{x}=\sqrt[n]{x_1 x_2 \cdots x_n} \tag{2-7}$$

也可用对数表示：

$$\lg\bar{x}=\frac{1}{n}\sum_{i=1}^{n}\lg x_i \tag{2-8}$$

可见，几何平均值的对数等于这些测量值 x_i 的对数的算术平均值。几何平均值常小于算术平均值。

［例 2-4］某工厂测得污水的 BOD_5 数值分别为 100mg/L、120mg/L、110mg/L、115mg/L、190mg/L、170mg/L。求其平均浓度。

解：该厂所测得的 BOD_5 大部分在 100~120mg/L，少数数据的数值较大，此几何平均值才能较好地代表这组数据的中心趋向。

$$\bar{x}=\sqrt[6]{100\times120\times110\times115\times190\times170}=130.3\ (\text{mg/L})$$

⑦对数平均值。在化学反应、热量和质量传递中，其分布曲线多具有对数的特性，在这种情况下，表征平均值常用对数平均值。

设两个量 x_1、x_2，其对数平均值为：

$$\bar{x}_{对}=\frac{x_1-x_2}{\ln x_1-\ln x_2}=\frac{x_1-x_2}{\ln\frac{x_1}{x_2}} \tag{2-9}$$

当 $x_1/x_2=2$ 时，$\bar{x}_{对}=1.443$，$\bar{x}=1.50$,（$\bar{x}_{对}-\bar{x}$）/ $\bar{x}_{对}=4.2\%$，即 $x_1/x_2\leqslant2$，引起的误差不超过 4.2%。也就是说，当 $x_1/x_2\leqslant2$ 时，可以用算术平均值代替对数平均值。

⑧调和平均值。设有 n 个正试验值：x_1，x_2，…，x_n，则它们的调和平均值为：

$$H=\frac{n}{\frac{1}{x_1}+\frac{1}{x_2}+\cdots+\frac{1}{x_n}}=\frac{n}{\sum_{i=1}^{n}x_i} \tag{2-10}$$

$$\frac{1}{H}=\frac{\frac{1}{x_1}+\frac{1}{x_2}+\cdots+\frac{1}{x_n}}{n}=\frac{\sum_{i=1}^{n}\frac{1}{x_i}}{n} \tag{2-11}$$

以上介绍各平均值的目的是要从一组测定值中找出最接近真值的那个值。在环境科学与工程的实验和科学研究中，数据较多呈正态分布，所以通常采用算术平均值。

2.2.2 误差和误差分类

在环境科学与工程实验过程中，各项指标的监测常需要通过各种测试方法来完成。由于被测量的数值形式通常不能以有限位数表示，而且因认识能力的不足和科学技术水平的限制，测量值与其真值并不完全一致，这种差异表现在数值上称为误差。任何监测结果均具有误差，误差存在于一切实验中。

（1）绝对误差与相对误差

观测值的准确度一般用误差来量度。个别观测值（x_i）与真值（μ）之差称为个别观测值的误差，即绝对误差，用公式表示为：

$$E_i=x_i-\mu \tag{2-12}$$

绝对误差反映了试验值偏离真值的大小，这个偏差可正可负。通常所说的误差一般是指绝对误差。绝对误差 E_i 的数值越大，说明观测值 x_i 偏离真值 μ 越远。若观测值大于真值，说明存在正误差；反之，存在负误差。

显然，只有绝对误差的概念是不够的，因为它没有同真值联系起来。相对误差是指绝对误差与真值之比，常用于不同观测结果的可靠性的对比，用百分数表示，用公式表示为：

$$E_r=\frac{x_i-\mu}{\mu}\times 100\% \tag{2-13}$$

由于真值 μ 不易测得，在实际应用中常用观测值的平均值 $\bar{x}=\frac{1}{n}\sum_{i=1}^{n}x_i$ 来代替真值 μ。因此，绝对误差又可表示为：

$$E_i=x_i-\bar{x} \tag{2-14}$$

绝对误差虽很重要，但仅用它还不足以说明测量的准确程度。换句话说，它还不能给出测量准确与否的完整概念。相对误差常用来进行两组不同准确度的比较。此外，有时测量得到相同的绝对误差可能导致准确度完全不同的结果。例如，要判别称量的好坏，仅知道最大绝对误差等于 1 克是不够的。因为如果所称量物体本身的质量有几十千克，那么，绝对误差 1 克，表明此次称量的质量是高的；同样，如果所称量的物质本身仅有 2 ~ 3 克，那么，表明此次称量的结果毫无用处。

显而易见，为了判断测量的准确度，必须将绝对误差与所测量值的真值相比较，即求出其相对误差，才能说明问题。

（2）偏差

在实际应用中由于真值不易测得，所以常用观测值与平均值之差（称为偏差）表示绝对误差。偏差是指个别测量值与多次测量均值之偏离，分为绝对偏差、相对偏差、平均偏差、相对平均偏差、标准偏差和相对标准偏差。

①绝对偏差是指测量值与均值（$\bar{x}$）之差，表示为：

$$d_i = x_i - \bar{x} \tag{2-15}$$

②相对偏差是指绝对偏差与均值之比，表示为：

$$d_r = \frac{d_i}{\bar{x}} \times 100\% \tag{2-16}$$

③平均偏差是绝对偏差绝对值之和的平均值，表示为：

$$\bar{d} = \frac{1}{n}\sum_{i=1}^{n}|d_i| = \frac{1}{n}(|d_1| + |d_2| + \cdots + |d_n|) \tag{2-17}$$

④相对平均偏差是平均偏差与均值之比（常以百分数表示）：

$$相对平均偏差 = \frac{\bar{d}}{x} \times 100\% \tag{2-18}$$

⑤标准偏差和相对标准偏差：

A. 差方和，亦称离差平方或平方和，是指绝对偏差的平方之和，以 S 表示：

$$S = \sum_{i=1}^{n}(x_i - \bar{x})^2 \tag{2-19}$$

B. 样本方差，用 s^2 或 V 表示：

$$s^2 = \frac{1}{n-1}\sum_{i=1}^{n}(x_i - \bar{x})^2 = \frac{1}{n-1} \tag{2-20}$$

C. 样本标准偏差，用 s 或 s_D 表示：

$$s = \sqrt{\frac{1}{n-1}\Sigma_{i=1}^{n}(x_i - \bar{x})^2} = \sqrt{\frac{1}{n-1}S} = \sqrt{\frac{\Sigma x_i^2 - \frac{(\Sigma x_i)^2}{n}}{n-1}} \tag{2-21}$$

D. 样本相对标准偏差，又称变异系数，是样本标准偏差在样本均值中所占的百分比，记为 C_v：

$$C_v = \frac{3}{\bar{x}} \times 100\% \tag{2-22}$$

E. 总体方差和总体标准偏差分别以 σ^2 和 σ 表示：

$$\sigma^2 = \frac{1}{n}\sum_{i=1}^{n}(x_1 - \mu)^2 \tag{2-23}$$

$$\sigma = \sqrt{\sigma^2} = \sqrt{\frac{1}{N}\sum_{i=1}^{n}(x_1 - \mu)^2} = \sqrt{\frac{\Sigma x_i^2 - \frac{(\Sigma x_i)^2}{N}}{N}} \tag{2-24}$$

（3）误差及分类

误差是实验测量值（包括直接和间接测量值）与真值（客观存在的准确值）之差。误差的大小，表示每一次测得值相对于真值不符合的程度。误差有以下含义：

A. 误差永远不等于零。不管人们的主观愿望如何，也不管人们在测量过程中怎样精心细致地控制，都会产生误差，误差不会消除，其存在是绝对的。

B. 误差具有随机性。在相同的实验条件下，对同一个研究对象反复进行多次的实验、测试或观察，所得到的竟不是一个确定的结果，即实验结果具有不确定性。

C. 误差是未知的。通常情况下，由于真值是未知的，在研究误差时，一般都从偏差入手。

根据误差的性质和产生的原因，误差可分为系统误差、随机误差和过失误差三种。

①系统误差。系统误差也称为可测误差，是指在测量和实验中由于未发觉或未确认的因素所引起的误差。其特征是：单向性，即误差的符号与大小恒定，或按照一定的规律变化；系统性，即在相同的条件下进行同样的测定时误差会重复出现。实验条件一经确定，系统误差就获得一个客观上的恒定值。在一般情况下，如果能找到误差产生的原因，可对其进行校正或设法加以消除。产生系统误差的原因有以下几个方面：

A. 方法误差：这是由于分析方法不当造成的，是比较严重的误差，一般都能找到物理或化学的原因。

B. 仪器或试剂误差：这是由于测量仪器不良，如刻度不准、仪表零点未校正或标准本身存在偏差等及试剂不纯引起的误差。

C. 操作误差：主要是操作者不遵守操作规程造成的误差，有时也称手法误差。

D. 环境改变引起的误差：主要是由于周围环境的改变，如温度、压力、湿度等变化引起的误差。

E. 实验人员的习惯和偏向引起的误差：如读数偏高或偏低等引起的误差。针对仪器的缺点、外界条件变化影响的大小、个人的偏向，分别加以校正后，系统误差是可以消除的。

②随机误差。在已消除系统误差的一切量值的观测中，所测数据仍在末一位或末两位数字上有差别，而且它们的绝对值时大时小，其符号时正时负，没有确定的规律，这类误差称为偶然误差或随机误差。它是由难以控制的因素引起的，通常并不能确切地知道这些因素，也无法说明何时发生或者不发生，它的出现纯粹是偶然

的、独立的和随机的。倘若对某一量值作足够多次的等精度测量，就会发现偶然误差完全服从统计规律，误差的大小或正负的出现完全由概率决定。因此，随着测量次数的增加，随机误差的算术平均值趋近于零，所以多次测量结果的算术平均值将更接近真值，这样随机误差就可用统计的方法对测定结果作出正确的表述。实验数据的精确度主要取决于随机误差，随机误差是由研究方案和研究条件总体所固有的一切因素引起的。

③过失误差。过失误差又称错误，往往是由于操作人员粗心大意、过度疲劳或操作不正确等因素引起的，是一种显然与事实不符的误差，此类误差无规则可寻，但只要加强操作者责任感、多方警惕、细心操作，就可以避免。

上述三种误差在一定条件下可以相互转化。

例如，尺子刻度划分有误差，对制造尺子者来说是随机误差；一旦用它进行测量，尺子的分度对测量结果将形成系统误差。随机误差和系统误差之间并不存在绝对的界限。同样，对于过失误差，有时也难以和随机误差相区别，从而当作随机误差来处理。

（4）误差的表示方法

利用任何量具或仪器进行测量都存在误差，测量结果不可能准确地等于被测量物的真值，而只是它的近似值。测量的质量高低以测量精确度作指标，根据测量误差的大小来估计测量的精确度。测量结果的误差越小，则认为测量越精确。

①绝对误差：测量值X和真值μ_0之差为绝对误差，通常称为误差。记为：

$$D=X-\mu_0 \tag{2-25}$$

由于真值μ_0一般无法求得，因而上式只有理论意义。常用高一级标准仪器的示值作为实际值μ代替真值μ_0。由于高一级标准仪器存在较小的误差，因而μ不等于μ_0，但总比X更接近μ_0。X与μ之差称为仪器的示值绝对误差。记为：

$$d=X-\mu \tag{2-26}$$

与d相反的数称为修正值，记为：

$$C=-d=\mu-X \tag{2-27}$$

通过检定，可以由高一级标准仪器给出被检仪器的修正值C。利用修正值便可以求出该仪器的实际值μ，即：

$$\mu=X+C \tag{2-28}$$

②相对误差：衡量某一测量值的准确程度，一般用相对误差来表示。示值绝对误差d与被测量的实际值μ的百分比值称为实际相对误差。记为：

$$\delta_A = \frac{d}{\mu} \times 100\% \tag{2-29}$$

以仪器的示值X代替实际值 μ 的相对误差称为示值相对误差。记为：

$$\delta_X = \frac{d}{X} \times 100\% \tag{2-30}$$

一般来说，除了某些理论分析外，用示值相对误差较为适宜。

③引用误差：为了计算和划分仪表精确度等级，提出引用误差概念。其定义为仪表示值的绝对误差与量程范围之比。

$$\delta_A = \frac{\text{示值绝对误差}}{\text{量程范围}} \times 100\% = \frac{d}{X_n} \times 100\% \tag{2-31}$$

式中：d 为示值绝对误差；X_n 为标尺上限值与标尺下限值之差。

④算术平均误差：算术平均误差是各个测量点的误差的平均值。

$$\delta_{\text{平}} = \frac{\sum |d_i|}{n}\ (i=1,\ 2,\ \cdots,\ n) \tag{2-32}$$

式中：n 为测量次数；d_i 为第 i 次测量的误差。

⑤标准误差：标准误差亦称为均方根误差。其定义为：

$$\sigma = \sqrt{\frac{\sum d_i^2}{n}} \tag{2-33}$$

式（2–33）适用于无限测量的场合。实际测量工作中，测量次数是有限的，则改用式（2–34）：

$$\sigma = \sqrt{\frac{\sum d_i^2}{n-1}} \tag{2-34}$$

标准误差不是一个具体的误差，σ 的大小只说明在一定条件下等精度测量集合所属的每一个观测值对其算术平均值的分散程度。如果 σ 的值较小，则说明每一次测量值对其算术平均值分散度较小，测量的精度较高；反之精度较低。

在环境工程与科学实验中最常用的 U 形管压差计、转子流量计、秒表、量筒、电压等仪表，原则上均取其最小刻度值为最大误差，而取其最小刻度值的一半作为绝对误差计算值。

2.2.3　精密度、准确度和精确度

（1）基本概念

反映测量结果与真实值接近程度的量，称为精度（亦称精确度）。它与误差大小相对应，测量的精度越高，其测量误差就越小。精度应包括精密度和准确度两层

含义。

①精密度：测量中所测得数值重现性的程度，称为精密度。它反映偶然误差的影响程度。精密度高，表示偶然误差小。

②准确度：测量值与真值的偏移程度，称为准确度。它反映系统误差的影响精度。准确度高，表示系统误差小。

③精确度（精度）：它反映测量中所有系统误差和偶然误差综合的影响程度。

在一组测量中，精密度高的测量值准确度不一定高，准确度高的测量值精密度也不一定高，但精确度高，则精密度和准确度都高。

如果实验数据的相对误差为 0.01% 且误差纯由随机误差引起，则可认为精密度为 1.0×10^{-4}。因此，评定观测数据的好坏，首先要考察精密度，然后考察准确度。通常实验室内精密度是指平行性和重复性的总和。

（2）精密度与准确度的关系

精密度与准确度的关系，可用下述打靶例子来说明，如图 2-9 所示。

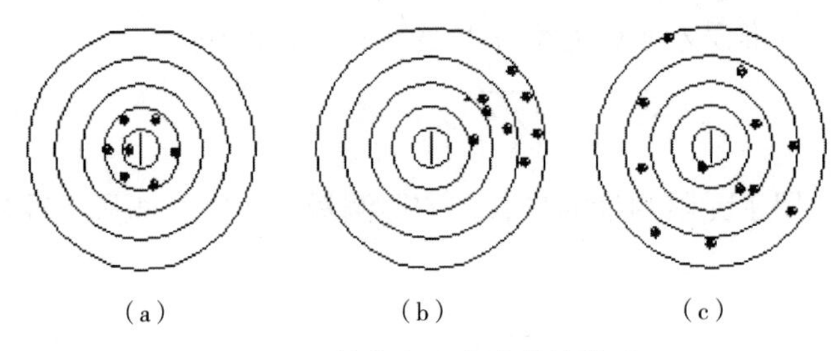

图2-9　精密度和准确度的关系

图 2-9（a）中表示精密度和准确度都很好，则精确度高；图 2-9（b）表示精密度高，但准确度却不高；图 2-9（c）表示精密度与准确度都不高。在实际测量中没有像靶心那样明确的真值，而是设法去测定这个未知的真值。

学生在实验过程中，往往满足于实验数据的重现性，而忽略了数据测量值的准确程度。绝对真值是不可知的，人们只能订出一些国际标准作为测量仪表准确性的参考标准。随着人类认识运动的推移和发展，可以逐步逼近绝对真值。

为了提高实验方法的准确度和精密度，必须减少和消除系统误差和随机误差，主要应做到：减少系统误差，增加测量的次数，选择合适的实验方案。

（3）精密度的表示方法

若在某一条件下进行多次测试，其误差分别为 σ_1，σ_2，…，σ_n。因为单个误差可大可小、可正可负，无法表示该条件下的测定精密度，因此常用极差、算术平均误差、标准误差等表示精密度的高低。

①极差：极差也称为范围误差，是指一组观测值中的最大值与最小值之差，是用来描述实验数据分散程度的一种特征参数。其计算公式为：

$$R=x_{max}-x_{min} \tag{2-35}$$

极差的缺点是只与两极值有关，而与观测次数无关。用极值反映精密度的高低比较粗糙，但计算方便。在快速检验中可以度量数据波动的大小。

②算术平均误差：算术平均误差是观测值与平均值之差的绝对值的算术平均值。其表达式为：

$$\delta_{平}=\frac{\sum|x_i-\bar{x}|}{n}(i=1,\ 2,\ \cdots,\ n) \tag{2-36}$$

［例 2-5］有一组观测值与平均值的偏差分别为 +4、+3、−3、−2、+2、+4，试求其算术平均误差。

解：由算术平均误差公式（2-36）得：

$$\delta_{平}=\frac{|+4|+|+3|+|-3|+|-2|+|+2|+|+4|}{6}=3$$

算术平均误差的缺点是无法表示各次测试间彼此符合的情况。彼此接近的情况下，与另一组测试中偏差有大、中、小三种情况下可能完全相等（参阅例 2-6）。

③标准误差：标准误差也称为均方根或均方根误差，是指各观测值与平均值之差的平方和的算术平均值的平方根。其计算公式为：

$$\sigma=\sqrt{\frac{1}{n}\sum_{i=1}^{n}(x_i-\bar{x})^2}=\sqrt{\frac{\sum_{i=1}^{n}d_i^2}{n}} \tag{2-37}$$

在有限的观测次数中，标准误差常表示为：

$$\sigma_{n-1}=\sqrt{\frac{1}{n-1}\sum_{i=1}^{n}(x_i-\bar{x})^2} \tag{2-38}$$

由式（2-35）可以看出，当观测值越接近平均值时，标准误差越小；当观测值与平均值偏差越大时，标准误差越大。即标准误差对测试中的较大误差或较小误差比较灵敏，所以它是表示精密度的较好方法，是表明实验数据分散程度的一个特征参数。

［例 2-6］已知两组测试的偏差为别为 +4、+3、−2、+2、+4 和 +1、+5、0、−3、−6，试计算其误差。

解：由式（2-36）计算算术平均误差：

$$\delta_1=\frac{|+4|+|+3|+|-2|+|+2|+|+4|}{5}=3$$

$$\delta_2=\frac{|+1|+|+5|+|0|+|-3|+|-6|}{5}=3$$

由式（2–37）计算标准误差：

$$\sigma_1=\sqrt{\frac{(-4)^2+3^2+(-2)^2+2^2+4^2}{5}}=3.1$$

$$\sigma_2=\sqrt{\frac{1^2+5^2+0^2+(-3)^2+(-6)^2}{5}}=3.8$$

上述计算结果表明，虽然第一组测试所得的偏差彼此比较接近，第二组测试所得的偏差较离散，但用算术平均误差表示时，两者所得结果相同；而标准误差则能较好地反映出测试结果与真实值的离散程度，从这个意义上讲，采用标准误差更有效。

2.2.4　误差分析

（1）单次测量值误差分析

环境科学与工程实验的影响因素多且测试量大，有时由于条件限制或准确度要求不高，特别是在动态实验中不容许对被测物做重复测量，故实验中往往对某些指标只能进行一次测量。这些测量值的误差应根据具体情况进行具体分析。例如，对偶然误差较小的测量值，可按仪器上注明的误差范围进行分析计算；未注明时，可将仪器最小刻度的 1/2 作为单次测量的误差。例如某溶解氧测定仪，仪器精度为 0.5 级。当测得 DO 浓度为 3.2mg/L 时，其误差值为 3.2×0.005mg/L=0.016mg/L；若仪器未给出精度，由于仪器最小刻度为 0.2mg/L 时，每次测量的误差可按 0.1mg/L 考虑。

（2）重复多次测量值误差分析

在条件允许的情况下，进行多次测量得到比较准确可靠的测量值，并用测量结果的算术平均值近似替代真值。误差的大小可用算术平均误差和标准误差来表示。工程中多用标准偏差来表示。

（3）间接测量值误差分析

实验过程中，经常要将实测值代入公式计算后获得另外一些测得值，用于表达实验结果或进一步分析，这些值称为间接测量值。由于实测值均存在误差，间接测量值也存在误差，称为误差的传递。表达各实测值误差与间接测量值之间关系的公式称为误差传递公式。

①间接测量值算术平均误差计算。采用算术平均误差时，需考虑各项误差同时出

现最不利的情况，将算术平均误差或算术平均相对误差的绝对值相加。

A. 加、减法运算中间接测量值误差分析。

设 $N=A+B$ 或 $N=A-B$，则有：

$$\delta_N=\delta_A+\delta_B \tag{2-39}$$

式中：δ_N 为间接测量值 N 的算术平均误差；δ_A、δ_B 分别为直接测量值 A、B 的算术平均误差，即和、差运算的绝对误差等于各直接测得值的绝对误差值之和。

B. 乘、除法运算中间接测量值误差分析。

设 $N=AB$ 或 $N=\frac{A}{B}$，则有：

$$\frac{\delta_N}{N}+\frac{\delta_A}{A}+\frac{\delta_B}{B} \tag{2-40}$$

即乘、除运算的相对误差等于各直接测得值的相对误差之和。

②间接测量值标准误差计算。

若 $N=f(x_1, x_2, \cdots, x_n)$，采用标准误差时，间接测量值 N 的标准误差传递公式为：

$$\sigma_N=\sqrt{\left(\frac{\partial f}{\partial x_1}\right)^2\sigma_{x_1}^2+\left(\frac{\partial f}{\partial x_2}\right)^2\sigma_{x_2}^2+\cdots+\left(\frac{\partial f}{\partial x_n}\right)^2\sigma_{x_n}^2} \tag{2-41}$$

式中：σ_N 为间接测量值 N 的标准误差；σ_{x_1}，σ_{x_2}，$\cdots$，σ_{x_n} 分别为直接测量值 x_1，x_2，$\cdots$，x_n 的标准偏差；$\frac{\partial f}{\partial x_1}$，$\frac{\partial f}{\partial x_2}$，$\cdots$，$\frac{\partial f}{\partial x_n}$ 分别为函数 $f(x_1, x_2, \cdots, x_n)$ 对变量 x_1，x_2，$\cdots$，x_n 的偏导数，并以 $\bar{x}_1$，$\bar{x}_2$，$\cdots$，$\bar{x}_n$ 代入求其值。

2.3　实验数据处理——有效数字及可疑数据处理

2.3.1　有效数字及其运算规则

每个实验都要记录大量的原始数据，并对它们进行分析运算。但是这些直接测量数据都是近似数，存在一定的误差。因此，这就存在实验时数据记录应取几位数，运算后又应保留几位数的问题。数字是分析结果的表现形式，它不仅表示结果的大小，而且反映检测的准确程度。在分析上，常用有效数字表示。

（1）有效数字

有效数字，即表示数字的有效意义。它是在准确测定的数字后加上一位估读数字所得的数字。例如，用20mL刻度为0.1mL的滴管测定水中溶解氧的含量，其消耗一定浓度的硫代硫酸钠的体积为3.63mL时，其中3.6mL为准确读数，而0.03mL为估读数字。因此，由有效数字构成的测量值必然是近似值（最后一位数是不准确的），在数字运算时也必须反映出这个情况。

在确定有效数字的位数时，首先要弄清楚数字“0”的意义，因为“0”既可作为数字的定位，也可作为有效数字。

①非零数字之前的“0”在数值中只起定位作用，不是有效数字。例如：0.012有二位有效数字，“0”的作用只表示非零数字“1”处于小数点后第二位的位置；又如，0.008有一位有效数字，“0”的作用只表示非零数字“8”处于小数点后第三位的位置。所以，以上两个数值可以分别改写成1.2×10^{-2}、8×10^{-3}。

②非零数字的中间和末尾的“0”，均为有效数字，计算有效数字的位数时应计算在内。例如，0.102有三位有效数字，0.120也有三位有效数字。如果数字末端的“0”不作为有效数字，要改写为乘以10^n的形式。例如，12300取三位有效数字，应写成1.23×10^4或12.3×10^3。

（2）数字修约规则

前面讲过有效数字的概念就是实际能测得的数字。有效数字保留的位数，应根据分析方法和仪器的准确度来确定，一个数字只能是最后一位为可疑的。根据这些原则，数据的记录、数字的运算都不能任意增加或减少有效数字的位数。

我们在实际工作中常常会碰到这种情况，一个分析结果常常是由许多原始数据经过许多步数学运算才得出来的，那么在这些运算过程中，中间数字如何记录？最后的结果应保留多少位有效数字呢？实验结果最终要以实验报告的形成反映实验的内容、数据的分析与处理，实验报告中的每一位数字，除最后一位数可能有疑问外，都不希望带来误差。如果可疑数不止一位，其他一位或几位就应剔除，那么怎样才能剔除没有意义的位数？要解决这些问题，我们必须了解数字的修约规则和有效数字的运算规则。计算的数据需要修约时，应遵守下列规则：

四舍六入五考虑，五后非零则进一,五后皆零视奇偶，五前为偶应舍去，五前为奇则进一。

具体来说，数字修约可根据GB/T 8170—2008的规定来进行：

①在拟舍弃的数字中，若左边第一个数字小于5（不包括5），应舍去；若左边第

一个数字大于 5（不包括 5），则进 1。

②在拟舍弃的数字中，若左边第一个数字等于 5，其右边的数字并非全部为零，则进 1；若右边数字皆为零，所拟保留的末位数字若为奇数则进 1，若为偶数（包括 0）则不进。

③拟舍弃的数字，若为两位以上数字，不得连续进行多次修约，应根据拟舍弃的数字中左边第一个数字的大小，按上述规定一次修约出结果。

[例 2–7] 将下列数据修约到只保留一位小数。

14.3426　14.2631　14.2501　14.2500　14.0500　14.1500

解：按照上述修约规则求解。

①修约前　　修约后

14.3426　　14.3

因保留一位小数，而小数点后第二位数小于或等于 4 者应舍弃。

②修约前　　修约后

14.2631　　14.3

因保留一位小数，而小数点后第二位数小于或等于 6，应予进 1。

③修约前　　修约后

14.2501　　14.3

小数点后第二位数为 5，但 5 的右面并非全部为零，则进 1。

④修约前　　修约后

14.2500　　14.2

14.0500　　14.0

14.1500　　14.2

[例 2–8] 将 15.4546 修约成整数。

解：①正确的做法：

修约前　　修约后

15.454 6　　15

②不正确的做法：

修约前	一次修约	二次修约	三次修约	四次修约
15.454 6	15.455	15.46	15.5	16

（3）有效数字运算规则

在确定了有效数字应保留的位数后，先对各个数据进行修约，然后计算，具体规定如下：

①记录观测值时，只保留一位可疑数，其余一律弃去。

②加减法计算的结果，其小数点后保留的位数应与参与运算各数中小数点后为数最少的相同。

［例 2–9］求 0.012 3+23.45+2.023。

解：以上数据中，23.45 的小数点后位数最少（小数点后有二位），故运算后的结果应为小数点后有二位数。运算前先将各数修约至小数点后二位再多一位，然后相加。

修约前	修约后	正确计算
0.012 3	0.012	0.012
23.45	23.45	+23.45
2.023	2.023	+2.023
		=25.485

修约至小数点后两位为 25.48。也可将所有数值相加后，再修约至小数点后两位。又如，将 24.65、0.0082、1.632 三个数字相加时，应写为 24.65+0.01+1.63=26.29。

③在乘除运算中，各数所保留的位数，以各数中有效数字位数最少的那个数为准；其结果的有效数字位数亦应与原来各数中有效数字最少的那个数相同。例如：$0.0121 \times 25.64 \times 1.05782$ 写成 $0.0121 \times 25.6 \times 1.06=0.328$。上例说明，虽然这三个数的乘积为 0.3281823，但只应取其积为 0.328。

［例 2–10］求 $1.08794 \times 0.0136 \times 25.32$。

解：参加运算的三个数字有效数字最少的为 0.0136，其为三位，它的相对误差最大，故以此数为标准确定其他数字的有铲数字位数，然后相乘：$1.09 \times 0.0136 \times 25.3=0.375$，如果计算结果为 0.374634 就不合理了。

④在乘方、开方运算中，运算后所得的有效数字的位数与其底的有效数字位数相同。

⑤计算平均值时，若为 4 个数或超过 4 个数相平均，则平均值的有效数字可增加一位。

⑥在对数运算中，对数的有效位数应与真数的有效位数相同。

⑦计算有效数字位数时，若首位有效数字是 8 或 9，则有效数字要多计一位，例如，9.35 虽然实际上只有三位有效数字，但在计算有效数字时，可按四位计算。

⑧计算有效数字位数时，若公式中某些系数不是由实验测得的，计算中不用考虑其位数。

2.3.2　可疑数据的检验与取舍

当对同一量进行多次重复测定时，常常发现一组测定值中某一两个测定值比其余测定值明显偏大或偏小，我们将这种与一组测定值中其余测定值明显偏离的测定值称为离群数据。将可能歪曲实验结果，但尚未经验证断定其是离群数据的测量数据称为可疑数据。

离群数据可能是测定值随机波动的极度表现，即极值。它虽然明显偏离其余测定值，但是仍然处于统计上所允许的合理误差范围之内，与其他测定值属于同一总体；离群数据亦可能是与其余测定值不属于同一总体的异常值。对于离群数据，必须首先从技术上设法弄清其出现的原因，如果查明确由检测技术上的失误造成，不管这样的测定值是否为异常值，都应该舍弃，而不必进行统计检验。但是有时由于各种原因未必能从技术上找出它出现的原因，在这种情况下，既不能轻易保留它，也不能随意舍弃它，而应对它进行统计检验，以便从统计上判明离群数据是否为异常数据。如果统计检验表明它为异常数据，应将其从这组测定值中舍去，只有这样才能使测定结果符合客观实际情况；如果统计检验表明它不是异常数据，即便是极值也应该将其保留。如果将本来不是异常数据的测定值主观地作为异常数据舍弃，表面上看来得到的测定值精度提高了，但这是一种虚假的高精度，并非客观情况的真实反映。因此，在考察和评价测定数据本身的可靠性时，绝不可将测定值的正常离散与异常数据混淆起来。

在数据处理时必须剔除离群数据，以使测量结果更符合客观实际。正确数据会有一定的分散性，如果人为地删去一些误差较大但并非离群的测量数据，由此得到精密度很高的测量结果但并不符合客观实际。因此，对可疑数据的取舍必须遵循一定的原则。

测量中如果有明显的系统误差和过失误差，由此产生的数据应随时剔除，而可疑数据的舍取应采用统计方法判别，即离群数据的统计检验。

检验的方法很多，现介绍最常用的三类方法。

（1）一组测量值中离群数据的检验

常用的方法有三种。

①狄克逊（Dixon）检验法。此法适用于一组测量值的一致性检验和剔除离群值。本方法中对最小可疑值和最大可疑值进行检验的公式因样本容量（n）不同而异，检验方法如下：

A. 将一组测量数据从小到大顺序排列为 x_1，x_2，⋯，x_n，x_1 和 x_n 分别为最小可疑值和最大可疑值。

B. 按表（2–10）中的计算公式求 Q 值。

C. 根据给定的显著性水平（α）和样本容量（n），从临界值表中查得临界值。

D. 若 $Q \leqslant Q_{0.05}$ 则可疑值为正常值；若 $Q_{0.05} < Q \leqslant Q_{0.01}$ 则可疑值为偏离值；若 $Q > Q_{0.01}$ 则可疑值为离群值。

表2–10　狄克逊检验统计量Q的计算公式

n值范围	可疑数据为最小值x_1时	可疑数据为最大值x_n时	n值范围	可疑数据为最小值x_1时	可疑数据为最大值x_n时
3~7	$Q=\frac{x_2-x_1}{x_n-x_1}$	$Q=\frac{x_n-x_{n-1}}{x_n-x_1}$	11~13	$Q=\frac{x_3-x_1}{x_{n-3}-x_1}$	$Q=\frac{x_n-x_{n-2}}{x_n-x_2}$
8~10	$Q=\frac{x_2-x_1}{x_{n-1}-x_1}$	$Q=\frac{x_n-x_{n-1}}{x_n-x_2}$	14~25	$Q=\frac{x_3-x_1}{x_{n-2}-x_1}$	$Q=\frac{x_n-x_{n-2}}{x_n-x_3}$

［例 2–11］一组测量值从小到大顺序排列为：14.65、14.90、14.90、14.92、14.95、14.96、15.00、15.01、15.01、15.02，检验最小值和最大值是否为离群值。

解：检验最小值 x_1=14.65，n=10，x_2=14.90，x_{n-1}=15.01：

$$Q=\frac{x_2-x_1}{x_{n-1}-x_1}=0.69$$

查临界值表（表 2–11）知，当 n=10，给定显著性水平 α=0.01 时，$Q_{0.01}$=0.597。

$Q > Q_{0.01}$，故最小值 14.65 为离群值，应予以剔除。

检验最大值 x_n=15.02：

$$Q=\frac{x_n-x_{n-1}}{x_n-x_2}=0.083$$

查临界值表知，当 n=10，给定显著性水平 α=0.05 时，$Q_{0.05}$=0.477。

$Q \leqslant Q_{0.05}$，故最大值 15.02 为正常值。

表2–11　狄克逊检验临界值（Q_α）

n	显著性水平（α）		n	显著性水平（α）	
	0.05	0.01		0.05	0.01
3	0.941	0.988	15	0.525	0.616
4	0.765	0.899	16	0.507	0.595
5	0.642	0.780	17	0.490	0.577
6	0.560	0.698	18	0.475	0.561

续表

n	显著性水平（α）		n	显著性水平（α）	
	0.05	0.01		0.05	0.01
7	0.507	0.637	19	0.462	0.547
8	0.554	0.683	20	0.450	0.535
9	0.512	0.635	21	0.440	0.524
10	0.477	0.597	22	0.430	0.514
11	0.576	0.679	23	0.421	0.505
12	0.546	0.642	24	0.413	0.497
13	0.521	0.615	25	0.406	0.489
14	0.546	0.641			

② 3σ 法则。实验数据的总体是正态分布（一般实验数据多为此分布）时，先计算出数列的标准误差，求其极限误差 $K_\sigma=3\sigma$，此时测量数据落于 $\bar{x}\pm3\sigma$ 范围内的概率为 99.7%，也就是说，数据落于此区间外的可能性只有 0.3%，这在一般测量次数不多的实验中是不易出现的，若出现了这种情况则可认为是由于某种错误造成的。因此，这些特殊点的误差超过极限误差后，可以舍弃。一般把依次进行可疑数据取舍的方法称 3σ 法则。

③肖维涅准则。实验工程中常根据肖维涅准则利用表 2–12 决定可疑数据的取舍。表中 n 为测量次数，K 为系数，$K_\sigma=K\sigma$ 为极限误差，当可疑数据的误差大于极限误差 K_σ 时，即可舍弃。

表2–12　肖维涅准则

n	K	n	K	n	K
4	1.53	10	1.96	16	2.16
5	1.65	11	2.00	17	2.18
6	1.73	12	2.04	18	2.20
7	1.79	13	2.07	19	2.22
8	1.86	14	2.10	20	2.24
9	1.92	15	2.13		

（2）多组测量值均值的离群数据检验

常用的是格鲁勃斯（Grubbs）检验法，此法适用于检验多组测量值均值的一致性和剔除多组测量值中的离群均值；也可用于检验一组测量值的一致性和剔除一组测量值中的离群值，方法如下。

①有 m 组测定值，每组 n 个测定值的均值分别为$\bar{x}_1$，$\bar{x}_2$，…，$\bar{x}_n$其中最大均值记为

$\bar{x}_{max}$，最小均值记为$\bar{x}_{min}$。

②由 n 个均值计算总均值（$\bar{\bar{x}}$）和标准偏差（$s_{\bar{x}}$）：

$$\bar{\bar{x}} = \frac{1}{m}\sum_{i=1}^{m}\bar{\bar{x}}_i \tag{2-42}$$

$$s_{\bar{x}} = \sqrt{\frac{1}{m-1}\sum_{i=1}^{m}(\bar{x}_i - \bar{\bar{x}})^2} \tag{2-43}$$

③可疑均值为最大值（$\bar{x}_{max}$）时，按下式计算统计量（T）：

$$T = \frac{\bar{x}_{max} - \bar{\bar{x}}}{s_{\bar{x}}} \tag{2-44}$$

可疑均值为最大值（$\bar{x}_{min}$）时，按下式计算统计量（T）：

$$T = \frac{\bar{\bar{x}} - \bar{x}_{min}}{s_{\bar{x}}} \tag{2-45}$$

④根据测定值组数和给定的显著性水平（α），从表 2-13 中查得临界值（T_{α}）。

表2-13　格鲁勃斯检验临界值（T_{α}）

n	显著性水平（α）		n	显著性水平（α）	
	0.05	0.01		0.05	0.01
3	1.153	1.155	15	2.409	2.705
4	1.463	1.492	16	2.443	2.747
5	1.672	1.749	17	2.475	2.785
6	1.822	1.944	18	2.504	2.821
7	1.938	2.097	19	2.532	2.854
8	2.032	2.221	20	2.557	2.884
9	2.110	2.322	21	2.580	2.912
10	2.176	2.410	22	2.603	2.939
11	2.234	2.485	23	2.624	2.963
12	2.285	2.050	24	2.644	2.987
13	2.331	2.607	25	2.633	3.009
14	2.371	2.695			

⑤若 $T \leqslant T_{0.05}$，则可疑均值为正常均值；若 $T_{0.05} < T \leqslant T_{0.01}$，则可疑均值为偏离均值；若 $T > T_{0.01}$，则可疑均值为离群均值，应予剔除，即剔除含有该均值的一组数据。

［例 2-12］10 个实验室分析同一样品，各实验室 5 次测定的平均值按大小顺序为：4.41、4.49、4.50、4.51、4.64、4.75、4.81、4.95、5.01、5.39，检验最大值 5.39 是否

为离群均值。

解：

$$\bar{\bar{x}} = \frac{1}{10}\sum_{i=1}^{10}\bar{\bar{x}}_i$$

$$= \frac{4.41+4.49+4.50+4.51+4.64+4.75+4.81+4.95+5.01+5.39}{10}$$

$$=4.746$$

$$s_{\bar{x}} = \sqrt{\frac{1}{10-1}\sum_{i-1}^{10}(\bar{x}_i-\bar{\bar{x}})^2} =0.305$$

$$\bar{x}_{max} =5.39$$

则统计量：

$$T\frac{\bar{x}_{max}-\bar{\bar{x}}}{s_{\bar{x}}} = \frac{5.39-4.746}{0.305} =2.11$$

当 n =10，给定显著性水平 α =0.05 时，查表 2–13 得临界值 $T_{0.05}$=2.176。

因 $T<T_{0.05}$，故 5.39 为正常值，即最大值为 5.39 的一组测量值为正常数据。

（3）“3*S*” 法

可疑值的检验除了上述两种方法外，还有一种简便易行的取舍方法，称为“3*S*” 法或“3 倍偏差与标准偏差比值法”。“3*S*” 法是指可疑值的偏差与标准偏差的比值若大于 3，可疑值可以舍去。应该指出，这里的测量值算术平均值不包括可疑值。

［例 2–13］在某分析中测得一组数据如下：25.24、25.30、25.18、25.56、25.23、25.35、25.32，检验最大值 25.56 是否为离群值。

解：先求出去掉可疑值后的平均值 x=25.27，

标准差：

$$s=\sqrt{\frac{1}{n-1}\sum_{i=1}^{n}(x_i-\bar{x})^2} =0.064$$

再求出可疑值的偏差与标准差的比值：

$$\frac{25.56-25.27}{0.064} =4.53$$

因为 4.53 ＞ 3，故最大值 25.56 应弃去。

2.4 实验数据处理——方差分析

2.4.1 方差分析

方差分析是分析实验数据的一种方法，它所要解决的基本问题是通过数据分析，搞清与实验研究有关的各个因素（可定量或定性表示的因素）对实验结果的影响及影响的程度、性质。

方差分析的基本思想是通过数据分析，将因素变化引起的实验结果的差异与实验误差波动引起的实验结果的差异区分开来，从而弄清楚因素对实验结果的影响，如果因素变化所引起的实验结果的变动落在误差范围以内，或者预计误差相关不大，就可以判断因素对实验结果无显著影响；反之，如果因素变化所引起实验结果的变动超过了误差范围，就可以判断因素变化对实验结果有显著影响。从以上方差分析的基本思路可以了解，用方差分析法来分析实验结果，关键是寻找误差范围，利用数理统计中的 F 检验法可以帮助解决这个问题。下面简要介绍应用 F 检验法进行方差分析的方法。

（1）单因素方差分析

这是研究一个因素对实验结果是否有影响及影响程度的方法。

①问题的提出。为研究某因素不同水平对实验结果有无显著影响，设有 A_1、A_2，…，A_n 个水平，在每个水平下进行 a 次实验，实验结果是 x_{ij}，x_{ij} 表示在 A_i 水平下进行的第 j 个实验。现在要通过对实验数据的分析，研究水平的变化对实验结果有无显著影响。

②几个常用统计名词。

A. 水平平均值：该因素下某个水平实验数据的算术平均值。

$$\bar{x}_i = \frac{1}{a}\sum_{j=1}^{a} x_{ij} \tag{2-46}$$

B. 因素总平均值：该因素下各水平实验数据的算术平均值。

$$\bar{x}_i = \frac{1}{n}\sum_{i=1}^{b}\sum_{j=1}^{a} x_{ij}\,(n = ab) \tag{2-47}$$

C. 总偏差平方和与组内、组间偏差平方和：总偏差平方和是各个实验数据与它们总平均值之差的平方和。

$$S_T = \sum_{i=1}^{b}\sum_{j=1}^{a}(x_{ij} - \bar{x})^2 \tag{2-48}$$

总偏差平方和反映了 n 个数据分散和集中的程度，S_T 大，说明这组数据分散，S_T 小，说明这组数据集中。

造成总偏差的原因有两个：一个是由于测试中误差的影响所造成的，表现为同一水平内实验数据的差异，用 S_E 组内差方和表示；另一个是由于实验过程中同一因素所处的水平不同引起的，表现为不同实验数据均值之间的差异，用因素的组间差方和 S_A 表示。

因此，有：

$$S_T = S_E + S_A$$

工程技术上，为了便于应用和计算，常用下式进行计算，将总偏差平方和分解成组间偏差平方和与组内偏差平方和，通过比较来判断因素影响的显著性。

组间差方和：

$$S_A = Q-P \tag{2-49}$$

组间差方和：

$$S_E = R-Q \tag{2-50}$$

总差方和：

$$S_T = S_E + S_A \tag{2-51}$$

式中：

$$P = \frac{1}{ab}\sum_{i=1}^{b}\sum_{j=1}^{a}(x_{ij} - \bar{x})^2 \tag{2-52}$$

$$Q = \frac{1}{a}\sum_{i=1}^{b}\left(\sum_{j=1}^{a} x_{ij}\right)^2 \tag{2-53}$$

$$R = \sum_{i=1}^{b}\sum_{j=1}^{a} {x_{ij}}^2 \tag{2-54}$$

D. 自由度。方差分析中，由于 S_A、S_E 的计算式为若干项的平方和，其大小与参与求和的项数有关，为了在分析中去掉项数的响应，故引入了自由度的概念。自由度是数理统计中的一个概念，主要反映一组数据中真正独立数据的个数。

S_T 的自由度为实验次数减 1，即：

$$f_T = ab-1 \tag{2-55}$$

S_A 的自由度为水平数减 1，即：

$$f_T=b-1 \tag{2-56}$$

S_E 的自由度为水平数与实验次数减 1 之积，即：

$$f_T=b\,(a-1) \tag{2-57}$$

③单因素方差分析步骤。对于具有 b 个水平的单因素，每个水平下进行 a 次重复实验得到一组数据，方差分析的步骤、计算如下。

A. 列成表 2-14。

表2-14　单因素方差分析计算表

水平	A_1	A_2	…	A_i	…	A_b	
1	x_{11}	x_{21}	…	x_{i1}	…	x_{b1}	
2	x_{12}	x_{22}	…	x_{i2}	…	x_{b2}	
…	…	…	…	…	…	…	
j	x_{1j}	x_{2j}	…	x_{ij}	…	x_{bj}	
…	…	…	…	…	…	…	
a	x_{1a}	x_{2a}	…	x_{ia}	…	x_{ba}	
$\sum$	$\sum_{j=1}^{a}x_{1j}$	$\sum_{j=1}^{a}x_{2j}$	…	$\sum_{j=1}^{a}x_{ij}$	…	$\sum_{j=1}^{a}x_{bj}$	$\sum_{i=1}^{b}\sum_{j=1}^{a}x_{ij}$
$(\sum)^2$	$\left(\sum_{j=1}^{a}x_{1j}\right)^2$	$\left(\sum_{j=1}^{a}x_{2j}\right)^2$	…	$\left(\sum_{j=1}^{a}x_{ij}\right)^2$	…	$\left(\sum_{j=1}^{a}x_{bj}\right)^2$	$\sum_{i=1}^{b}\left(\sum_{j=1}^{a}x_{ij}\right)^2$
$\sum^2$	$\sum_{j=1}^{a}x_{1j}^2$	$\sum_{j=1}^{a}x_{2j}^2$	…	$\sum_{j=1}^{a}x_{ij}^2$	…	$\sum_{j=1}^{a}x_{bj}^2$	$\sum_{i=1}^{b}\sum_{j=1}^{a}x_{ij}^2$

B. 计算有关的统计量 S_T、S_A、S_E 及相应的自由度。

C. 列成表 2-15 并计算 F 值。

表2-15　方差分析表

方差来源	差方和	自由度	均方差	F
组间误差	S_A	$B-1$	$\overline{S}_A=\dfrac{S_A}{b-1}$	$F=\dfrac{\overline{S}_A}{S_E}$
组内误差	S_E	$b\,(a-1)$	$S_E=\dfrac{S_E}{b(a-1)}$	
总合	$S_T=S_E+S_A$	$ab-1$		

F 值是因素的不同水平对实验结果所造成的影响和由于误差所造成的影响的比值。F 值越大，说明因素变化对实验结果影响越显著；F 值越小，说明因素影响越小，判

断影响显著与否的界限由 F 表给出（附录 2）。

D. 由附录 2 中的 F 分布表，根据组间与组内自由度 $n_1=f_A=b-1$，$n_2=f_E=b(a-1)$ 与显著性水平 α，查出临界值 λ_α。

E. 分析判断。若 $F>\lambda_\alpha$，则反映因素对实验结果（在显著性水平 α 下）有显著影响，是一个重要因素。反之，若 $F<\lambda_\alpha$，则因素对实验结果无显著影响，是一个次要因素。

在各种显著性检验中，常用 $\alpha=0.05$，$\alpha=0.01$ 两个显著水平，选取哪一个水平，取决于问题的要求。通常称在水平 $\alpha=0.05$ 下，当若 $F<\lambda_{0.05}$ 时，认为因素对实验结果影响不显著；当 $\lambda_{0.05}<F<\lambda_{0.01}$ 时，认为因素对实验结果影响显著，记为 *；当 $F>\lambda_{0.01}$ 时，认为因素对实验结果影响特别显著，记为 **。

对于单因素各水平不等重复实验，或者虽然是等重复实验，但由于数据整理中剔除了离群数据或其他原因造成各水平的实验数据不等，此时单因素方差分析，只要对公式做适当的参数修改即可，其他步骤不变。如果因素水平为 A_1，A_2，…，A_b 相应的实验次数为 a_1，a_2，…，a_b，则有：

$$P=\frac{1}{\sum_{i=1}^{b}a_i}\left(\sum_{i=1}^{b}\sum_{j=1}^{a_i}x_{ij}\right)^2 \tag{2-58}$$

$$Q=\sum_{i=1}^{b}\frac{1}{a_i}\left(\sum_{j=1}^{a_i}x_{ij}\right)^2 \tag{2-59}$$

$$R=\sum_{i=1}^{b}\sum_{j=1}^{a_i}x_{ij}^2 \tag{2-60}$$

④单因素方差分析计算举例。同一曝气设备在清水与污水中充氧性能不同，为了能根据污水生化需氧量正确地计算曝气设备在清水中所提供的氧量，引入了曝气设备充氧修正系统 α、β 值：

$$\alpha=\frac{K_{L\alpha(\text{污水})(20℃)}}{K_{L\alpha(\text{清水})(20℃)}}$$

$$\beta=\frac{\rho_{s(\text{污水})}}{\rho_{s(\text{清水})}}$$

式中：$K_{L\alpha(\text{污水})(20℃)}$、$K_{L\alpha(\text{清水})(20℃)}$ 分别为同条件下，20℃同一曝气设备在污水与清水中氧总转移系数，单位是 min^{-1}；$\rho_{s(\text{污水})}$、$\rho_{s(\text{清水})}$ 分别为同温度、同压力下污水与清水中氧饱和溶解氧浓度，单位是 mg/L。

影响 α 值的因素很多，例如，水质、水中有机物含量、风量、搅拌强度、曝气池内混合液污泥浓度等。现欲对混合液污泥浓度这一因素对 α 值的影响进行单因素方差分析，从而判定这一因素的显著性。

［例 2-14］实验在其他因素固定、只改变混合液污泥浓度的条件下进行。实验数据如表 2-16 所示，试进行方差分析，判断因素的显著性。

表2-16 不同污泥浓度对 α 值的影响

污泥浓度x/（g/L）	$K_{La（污水）（20℃）}$/min^{-1}			$\overline{K}_{La（污水）}$/min^{-1}	α
1.45	0.2199	0.2377	0.2208	0.2261	0.958
2.52	0.2165	0.2325	0.2153	0.2214	0.938
3.80	0.2259	0.2097	0.2165	0.2174	0.921
4.50	0.2100	0.2134	0.2164	0.2133	0.904

解：A. 按照表 2-14 的形式，列表 2-17。

表2-17 污泥影响显著性方差分析

x a n	1.45	2.52	3.80	4.50	
1	0.932	0.917	0.957	0.890	
2	1.007	0.985	0.889	0.904	
3	0.936	0.912	0.917	0.917	
Σ	2.875	2.814	2.763	2.711	11.163
（Σ）^{2}	8.266	7.919	7.643	7.350	31.169
Σ^2	2.759	2.643	2.543	2.450	10.399

B. 计算统计量与自由度：

$$P=\frac{1}{\sum_{i=1}^{b}a_i}(\sum_{i=1}^{b}\sum_{j=1}^{a_i}x_{ij})^2=\frac{1}{3\times4}\times11.163^2=10.384$$

$$Q=\sum_{i=1}^{b}\frac{1}{a_i}(\sum_{j=1}^{a_i}x_{ij})^2=\frac{1}{3}\times31.169=10.390$$

$$R=\sum_{i=1}^{b}\sum_{j=1}^{a_i}x_{ij}^2=10.399$$

$$S_A=Q-P=10.390-10.384=0.006$$

$$S_E=R-Q=10.399-10.390=0.009$$

$$S_T=S_E+S_A=0.006+0.009=0.015$$

$$f_T=ab-1=3\times4-1=11$$

$$f_A=b-1=4-1=3$$

$$f_E=b（a-1）=4\times（3-1）=8$$

C. 列表计算 F 值，见表 2–18。

表2–18　污泥影响显著性分析

方差来源	差方和	自由度	均方差	F
污泥S_A	0.006	3	0.002	
误差S_E	0.009	8	0.0011	1.82
总和S_T	0.015	11		

D. 查临界值 λ_{α}。

由附录 2 中的 F 分布表，根据给出的显著性水平 $\alpha = 0.05$，$n_1 = f_A = 3$，$n_2 = f_E = 8$，查出临界值 $\lambda_{0.05} = 4.07$。

由于 $1.82 < 4.07$，故污泥对 α 值有影响，但 95% 的置信度说明它不是一个显著因素。

（2）正交实验方差分析

①概述。对正交实验成果的分析，除了前面介绍的直观分析法外，还有方差分析法。直观分析法，优点是简单、直观，分析、计算量小，容易理解，但因缺乏误差分析，所以不能给出误差大小的估计，有时难以得出确切的结论，也不能提供一个标志，用来考察、判断因素影响是否显著。而使用方差分析法，虽然计算量大一些，却可以克服上述缺点，因而科研生产中广泛使用正交实验的方差分析法。

A. 正交实验方差分析基本思想。与单因素方差分析一样，正交实验方差分析的关键问题也是把实验数据总的差异即总偏差平方和分解为部分：一部分反映因素水平变化引起的差异，即组间（各因素的）偏差平方和；另一部分反映实验误差引起的差异，即组内偏差平方和。然后计算它们的平均偏差平方和即均方和，进行各因素组间均方和与误差均方和的比较，应用 F 检验法，判断各因素影响的显著性。由于正交实验是利用正交表所进行的实验，所以方差分析与单因素方差分析也有所不同。

B. 正交实验方差分析类型。利用正交实验法进行多因素实验，由于实验因素、正交表的选择、实验条件、精度要求等不同，正交实验结果的方差分析也有所不同，一般有以下几类：正交表各列未饱和情况下的方差分析；正交表各列饱和情况下的方差分析；有重复实验的正交实验方差分析。三种正交实验方差分析的基本思想、计算步骤等均一样，不同之处在于误差平方和 S_E 的求解，下面分别通过实例论述多因素正交实验的因素显著性判断。

②正交表各列未饱和情况下的方差分析。多因素正交实验设计中，当选择正交表的列数大于实验因素数目时，正交实验结果的方差分析即属于这类问题。

由于进行正交表的方差分析时，误差平方和 S_E 的处理十分重要，而且有很大的灵活性，因而在安排实验、进行显著性检验时，正交实验的表头设计应尽可能不把正交表的列占满，即要留有空白列，此时各空白列的偏差平方和及自由度，就分别代表误差平方和 S_E 与误差项自由度 f_E。

［例 2-15］研究同坡底、同回流比、同水平投影面积下，表面负荷及池形（斜板与矩形沉淀池）对回流污泥浓缩性能的影响。指标用回流污泥浓度 x_R 与曝气池混合液（进入二次沉淀池）的污泥浓度 x 之比表示，x_R/x 大，则说明污泥在二沉池内浓缩性能好，在维持曝气池内污泥浓度不变的前提下，可以减少污泥回流量，从而减少运行费用。

解：实验是一个 2 因素 2 水平的多因素实验，为了进行因素显著性分析，选择了 $L_4(2^2)$ 正交表，留有一空白项，以计算 S_E。实验及结果如表 2-19 所示。

A. 列表计算各因素不同水平的效应值 K 及指标 y 之和，如表 2-20 所示。

B. 根据表 2-20 中的计算公式，求组间、组内偏差平方和。

表2-19　斜板、矩形池回流污泥性能实验（污泥回流比为100%）

实验号	因素			指标
	水力负荷/［$m^3/(m^2 \cdot h)$］	池形	空白	（x_R/x）
1	0.45	斜	1	2.06
2	0.45	矩	2	2.20
3	0.60	斜	2	1.49
4	0.60	矩	1	2.04
K_1	4.26	3.55	4.10	$\sum y=7.79$
K_2	3.53	4.24	3.69	

表2-20　正交实验统计量与偏差平方和计算式

内容		计算式
统计量	P	$P=\frac{1}{n}\left(\sum_{z=1}^{n} y_z\right)^2$
	Q	$Q_i=\frac{1}{a}\sum_{j=1}^{b} K_{ij}^2$
	W	$W=\sum_{z=1}^{n} y_2^2$
偏差平方和	组间（某因素的）S_i	$S_i=Q_i-P$（$i=1, 2, \cdots, m$）
	组内（误差）S_E	$S_E=S_0=Q_0-P$ 或$S_E=S_T-\sum_{i=1}^{m} S_i$
	总偏差S_T	$S_T=W-P$ 或$S_T=\sum_{i=1}^{m} S_i+S_E$

表 2–20 中：n 为实验总次数，即正交表中排列的总实验次数；b 为某因素的水平数；a 为某因素下同水平的实验次数；m 为因素个数；i 为因素代号；S_0 为空列偏差平方和。

由表 2–20 可见，偏差平方和有两种计算方法：一种是由总偏差减去各因素的偏差和，另一种是由正交表中空余列的偏差平方和作为误差平方和。两种计算方法实质是一样的，因为根据方差理论，$S_T=\sum_{i=1}^{m}S_i+S_E$，自由度 $f_T=\sum_{i=1}^{m}f_i$ 总是成立的。正交实验中，已排上的因素列的偏差，就是该因素的偏差平方和，而没有排上的因素（或交互作用）列的偏差（空白列的偏差），就是由误差引起的因素的偏差平方和，即 $S_E=\sum S_0$，而 $f_E=\sum f_0$，故有 $S_E=S_T-\sum S_i=\sum S_0$。

本例中：

$$P=\frac{1}{n}(\sum_{z=1}^{n}y_z)^2=\frac{1}{4}\times 7.79^2=15.170$$

$$Q_A=\frac{1}{a}\sum_{j=1}^{b}K_{Aj}^2=\frac{1}{2}\times(4.26^2+3.53^2)=15.30$$

$$Q_B=\frac{1}{a}\sum_{j=1}^{b}K_{Bj}^2=\frac{1}{2}\times(3.55^2+4.24^2)=15.29$$

$$Q_C=\frac{1}{a}\sum_{j=1}^{b}K_{Cj}^2=\frac{1}{2}\times(4.10^2+3.69^2)=15.22$$

$$W=\sum_{z=1}^{n}y_2^2=2.06^2+2.20^2+1.49^2+2.04^2=15.47$$

则：

$$S_A=Q_A-P=15.30-15.17=0.13$$

$$S_B=Q_B-P=15.29-15.17=0.12$$

$$S_E=S_C=Q_C-P=15.22-15.17=0.05$$

或，

$$S_T=W-P=15.47-15.17=0.30$$

则：

$$S_E=S_T-\sum S_i=0.30-0.13-0.12=0.05$$

C. 计算自由度。

总和自由度为实验总次数减 1：

$$f_T=n-1$$

各因素自由度为水平次数减 1：

$$f_i=b-1$$

误差自由度 $f_E=f_T-\sum f_i=\sum f_i$

本例中：

$$f_T = 4-1=3$$

$$f_A = 2-1=1$$

$$f_B = 2-1=1$$

$$f_E=f_T-f_A-f_B=3-1-1=1$$

D. 列方差分析检验表（表 2-21）。根据因素与误差的自由度，n_1=1、n_2=1 和显著性水平 α=0.05，由附录 2 中以 F 分布表查得 $\lambda_{0.05}$=161.4，由于 $F<\lambda_{0.05}$，故这两个因素均为非显著性因素（这一结论可能是因为本实验中数据选择偏小且变化范围过窄）。

表2-21　方差分析检验表

方差来源	偏差平方和	自由度	均方差	F	$\lambda_{0.05}$
因素A（负荷）	0.13	1	0.13	2.6	161.4
因素B（池形）	0.12	1	0.12	2.4	161.4
误差	0.05	1	0.05		
总和	0.30	3			

③正交表各列饱和情况下的方差分析。当正交表各列全部被实验因素及要考虑的交互作用占满，即没有空白列时，方差分析中 $S_E=S_T-\sum S_i$，$f_E=f_T-\sum f_i$。由于无空白列，$S_E=\sum S_i$，$f_E=-\sum f_i$，而出现 S_E=0，f_E=0，此时，若一定要对实验数据进行方差分析，则只有用正交表中各因素偏差中几个最小的平方和来代替，同时，这几个因素不再作进一步的分析。或者是进行重复实验后，按有重复实验的方差分析法进行分析。

［例 2-16］为探讨制革消化污泥真空过滤脱水性能，确定过滤设备负荷与运行参数，利用 $L_9(3^4)$ 正交表进行了叶片吸滤实验。实验及结果如表 2-22 所示。

表2-22　叶片吸滤实验及结果

实验号	吸滤时间t_i/min	吸干时间t_d/min	滤布种类	真空柱/Pa	过滤负荷/[kg/(m^2·h)]
1	0.5	1.0	a	39990	5.03
2	0.5	1.5	b	53320	12.31
3	0.5	2.0	c	66650	10.87
4	1.0	1.0	a	66650	18.13
5	1.0	1.5	b	39990	12.86
6	1.0	2.0	c	53320	11.79

续表

实验号	吸滤时间t_i/min	吸干时间t_d/min	滤布种类	真空柱/Pa	过滤负荷/[kg/(m^2·h)]
7	1.5	1.0	a	53320	117.28
8	1.5	1.5	b	66650	14.04
9	1.5	2.0	c	39990	11.34
K_1	38.21	50.44	40.86	39.23	
K_2	42.78	39.21	41.78	41.38	$\sum y$=123.65
K_3	42.66	34.00	41.01	43.04	

注：*a* 为尼龙 6501-5226；*b* 为涤纶小帆布；*c* 为尼龙 6501-5236。

试利用方差分析判断影响因素的显著性。

解：A. 列表计算各因素不同水平的水平效应值 K 及指标 y 之和，如表 2-22 所示。

B. 根据表 2-20 中的公式，计算统计量与各项偏差平方和。

$$P=\frac{1}{n}(\sum_{z=1}^{n}y_z)^2=\frac{1}{9}\times 123.65^2=1698.81$$

$$Q_A=\frac{1}{a}\sum_{j=1}^{b}K_{Aj}^2=\frac{1}{3}\times(38.21^2+42.78^2+42.66^2)=1703.34$$

$$Q_B=\frac{1}{a}\sum_{j=1}^{b}K_{Bj}^2=\frac{1}{3}\times(50.44^2+39.21^2+34.00^2)=1745.78$$

$$Q_C=\frac{1}{a}\sum_{j=1}^{b}K_{Cj}^2=\frac{1}{3}\times(40.86^2+41.78^2+41.01^2)=1698.98$$

$$Q_D=\frac{1}{a}\sum_{j=1}^{b}K_{Dj}^2=\frac{1}{3}\times(39.23^2+41.38^2+43.04^2)=1701.25$$

$$W=\sum_{z=1}^{n}y_z^2$$

$$=15.03^2+12.31^2+10.87^2+18.13^2+12.86^2+11.79^2+17.28^2+14.04^2+11.34^2$$

$$=1752.99$$

则有：

$$S_A=Q_A-P=1703.34-1698.81=4.53$$

$$S_B=Q_B-P=1745.87-1698.81=47.06$$

$$S_C=Q_C-P=1698.98-1698.81=0.17$$

$$S_D=Q_D-P=1701.25-1698.81=2.44$$

总偏差 $S_T=W-P=1752.99-1698.81=54.18$

而：

$$S_T=S_A+S_B+S_C+S_D=4.53+47.06+0.17+2.44=54.20$$

由此可见，正交实验各列均排满因素，其误差平方和不能用 $S_E=S_T-\sum S_i$ 求得，此时只能将正交表中各因素偏差中几个小的偏差平方和代替误差平方和。本例中：

$$S_E = S_C + S_D = 0.17 + 2.44 = 2.61$$

C. 计算自由度。

$$f_A = f_B = 3-1 = 2$$

D. 列差方分析检验表，如表 2–23 所示。

$$f_E = f_C + f_D = 2+2 = 4$$

表2–23　叶片吸滤实验方案分析检验表

方差来源	差方和	自由度	均方差	F	$\lambda_{0.05}$	$\lambda_{0.01}$	显著性
因素A（吸滤时间）	4.53	2	2.27	3.49	6.94	18.00	
因素B（吸干时间）	47.06	2	23.53	36.20	6.94	18.00	不显著
误差	2.61	4	0.65				*
总和	54.20	8					

根据因素的自由度 n_1 和误差的自由度 n_2，由附录 2 中的 F 分布表知 $\lambda_{0.05}=6.94$，$\lambda_{0.01}=18.00$。

由于 $F_A < \lambda_{0.05}$，$\lambda_{0.01} > F_B > \lambda_{0.05}$，故只有因素 B 为显著性因素。

④有重复实验的正交实验方差分析。除了前面谈到的，在用正交表安排多因素实验时，各列均被各因素和要考察的交互作用排满，要进行正交实验方差分析时最好进行重复实验外，更多的时候重复实验是为了提高实验的精度，减少实验误差的干扰。所谓重复实验，是真正地将每次实验内容重复做几次，而不是重复测量，也不是重复取样。

有重复实验数据的方差分析，一种简单的方法是把同一实验的重复实验数据取算术平均值，然后和没有重复实验的正交实验方差分析一样进行。这种方法虽简单，但是由于没有充分利用重复实验所提供的信息，因此不太常用。下面介绍工程中常用的分析方法。

重复实验方差分析的基本思想、计算步骤与前述方法基本一致，由于它与无重复实验的区别就在于实验结果的数据的数目不同，因此，两者在方差分析上也有不同，其区别如下。

A. 在列正交实验成果表与计算各因素不同水平的效应及指标 y 之和时：将重复实验的结果（指标值）均列入成果栏内；计算各因素不同水平的效应值 K 时，是将相应的实验结果之和代入，个数为该水平重复数 a 与实验重复数 c 之积；指标 y 之和为全部实验结果之和，个数为实验次数 n 与重复次数 c 之积。

B. 求统计量与偏差平方和时：实验总次数 n' 为正交实验次数 n 与重复实验次数 c 之积；某因素下同水平实验次数 a' 为正交表中该水平出现次数 a 与重复实验次数 c

之积。

统计量 P、Q、W 按下列公式求解：

$$P = \frac{1}{nc}\left(\sum_{z=1}^{n} y_z\right)^2 \tag{2-61}$$

$$Q = \frac{1}{ac}\sum_{j=1}^{b} K_{ij}^2 \tag{2-62}$$

$$W = \frac{1}{c}\sum_{z=1}^{n} y_z^2 \tag{2-63}$$

C. 重复实验时，实验误差包括两部分，S_{E1} 和 S_{E2}，且 $S_E=S_{E1}+S_{E2}$。

S_{E1} 为空列偏差平方和，本身包含实验误差和模型误差两部分。由于无重复实验中误差项是指此类误差，故又称为第一类误差变动平方和，记为 S_{E1}。

S_{E2} 为反映重复实验造成的整个实验组内的变动平方和，它只反映实验误差大小，故又称为第二误差变动平方和，记为 S_{E2}，其计算式为：

$$S_{E2} = \sum_{i=1}^{n}\sum_{j=1}^{c} y_{ij}^2 - \frac{\sum_{i=1}^{n}\left(\sum_{j=1}^{c} y_{ij}\right)^2}{c} \tag{2-64}$$

［例 2–17］由于曝气设备在清水和污水中的充氧性能不同，在进行曝气系统设计时，必须引入修正系数 α 、β 。

根据国内外的实验研究：污水种类、有机物含量、混合液污泥浓度、风量（搅拌强度）、水温和曝气设备类型等，均影响 α 值，为了从中找出主要影响因素，从而确定 α 值与主要影响因素间的关系，进行了城市污水的 α 值影响实验，每次实验重复进行一次。

解：A. 正交实验成果见表 2–24。

表2–24　$L_9(3^4)$ 实验成果表

因素水平 实验号	有机物COD/ （mg/L）	风量/ （m^3/h）	温度/ ℃	曝气设备	α_1	α_2	$\alpha_1+\alpha_2$
1	293.5	0.1	15	微	0.712	0.785	1.497
2	293.5	0.2	25	大	0.617	0.553	1.170
3	293.5	0.3	35	中	0.576	0.557	1.133
4	66	0.1	15	中	0.879	0.690	1.569
5	66	0.2	25	微	1.016	1.028	2.044
6	66	0.3	35	大	0.769	0.872	1.641
7	136.5	0.1	15	大	0.870	0.891	1.761
8	136.5	0.2	25	中	0.832	0.683	1.515
9	136.5	0.3	35	微	0.738	0.964	1.702

续表

因素水平 实验号	有机物COD/ (mg/L)	风量/ (m^3/h)	温度/ ℃	曝气设备	α_1	α_2	$\alpha_1+\alpha_2$
K_1	3.800	4.827	4.653	5.243			
K_2	5.254	4.729	4.441	4.572	$\sum y$=14.032		
K_3	4.978	4.476	4.938	4.217			

注：表中 K_1=0.712+0.785+0.617+0.553+0.576+0.557=3.800。

B. 求统计量和各偏差平方和。

$$P=\frac{1}{nc}(\sum_{z=1}^{n}y_z)^2=\frac{1}{9\times2}\times14.032^2=10.939$$

$$Q_A=\frac{1}{ac}\sum_{j=1}^{b}K_{Aj}^2=\frac{1}{3\times2}\times(3.800^2+5.254^2+4.978^2)=11.138$$

$$Q_B=\frac{1}{ac}\sum_{j=1}^{b}K_{Bj}^2=\frac{1}{3\times2}\times(4.827^2+4.729^2+4.476^2)=10.950$$

$$Q_C=\frac{1}{ac}\sum_{j=1}^{b}K_{Cj}^2=\frac{1}{3\times2}\times(4.653^2+4.441^2+4.938)=10.959$$

$$Q_D=\frac{1}{ac}\sum_{j=1}^{b}K_{Dj}^2=\frac{1}{3\times2}\times(5.243^2+4.572^2+4.217^2)=11.029$$

则：

$$S_A=Q_A-P=11.138-10.939=0.199$$

$$S_B=Q_B-P=10.950-10.939=0.011$$

$$S_C=Q_C-P=10.959-10.939=0.020$$

$$S_D=Q_D-P=11.029-10.939=0.090$$

$$S_{E1}=S_B=0.011$$

$$S_{E2}=\sum_{i=1}^{n}\sum_{j=1}^{c}y_{ij}^2-\frac{\sum_{i=1}^{n}(\sum_{j=1}^{c}y_{ij})^2}{c}$$

$$=0.712^2+0.785^2+\cdots+0.738^2+0.964^2-\frac{1.497^2+1.170^2+\cdots+1.515^2+1.702^2}{2}$$

$$=0.065$$

于是：

$$S_E=S_{E1}+S_{E2}=0.011+0.065=0.076$$

C. 计算自由度。

各个因素的自由度为水平数减 1，故 f_A、f_B、f_C 均为：

$$f_i=b-1=3-1=2$$

总和的自由度：

$$f_T=nc-1=9\times2-1=17$$

误差 S_{E2} 的自由度：

$$f_{E2}=n(c-1)=9\times(2-1)=91$$

误差 S_{E1} 的自由度：

$$f_{E1}=f_T-\sum f_i\sum f_i-f_{E2}=17-9-2-2=4$$

D. 列方差分析检验表（表 2-25）。

根据因素与误差的自由度，由附录 2 中的 F 分布表知 $\lambda_{0.05}$=3.81，$\lambda_{0.01}$=6.93，与 F 值相比，有机物的量（COD）、不同曝气设备是非常显著性的因素。

表2-25　方差分析检验表

方差来源	平方和	自由度	均方	F	$\lambda_{0.05}$	$\lambda_{0.01}$	显著性
有机物S_A	0.199	2	0.0995	14.4	3.81	6.93	**
设备S_B	0.090	2	0.045	6.51	3.81	6.93	*
水温S_C	0.020	2	0.010	1.45	3.81	6.93	
S_E	0.076	813	0.0069				
S_T	0.365	17					

2.4.2　实验数据处理

在对实验数据进行误差分析、整理并剔除错误数据和分析各因素对实验结果的影响后，还要将实验所获得的数据进行归纳整理，用图形、表格或经验公式加以表示，以找出影响研究事物的各因素之间的规律，为得到正确的结论提供可靠的信息。

（1）列表法

列表法是将一组实验数据中的自变量、因变量的各个数值依照一定的形式和顺序一一对应列出来，借以反映各变量之间的关系。列表法具有简单易做、形式紧凑、数据容易参考比较等优点，但对客观规律的反映不如图形表示法和方程表示法明确，在理论分析方面使用不方便。

实验测得的数据，其自变量和因变量的变化有时是不规则的，使用起来不方便。此时，可通过数据的分度，使表中所列数据有规律地排列，即当自变量作等间距顺序变化时，因变量也随之顺序变化。这样的表格查阅较方便。数据分度的方法有多种，较为简便的方法是先用原始数据（未分度的数据）画图，作出一条光滑曲线，然后在曲线上一一读出所需的数据（自变量作等间距顺序变化），并列出表格。

表 2-26 和表 2-27 分别为曝气充氧实验中原始数据记录表和数据处理表。列表时

应注明表的序号、表题、表内项目的名称和单位、说明及数据来源等。数据书写要清楚整齐，修改时宜用单线将错误的数据画掉，并将正确数据写在下面。各种实验条件和记录者姓名可在表名或表注中注明。

表2-26　曝气充氧实验原始数据记录表

曝气池类型：　规格尺寸：　有效体积：　实验条件下水温： 饱和溶解氧C_s：　$CoCl_2$投加量：　Na_2SO_4投加量：												
时间t/min	0	0.5	1.0	1.5	2.0	2.5	3.0	3.5	4.0	4.5	5.0	…
溶解氧C/mg/L												

表2-27　曝气充氧实验数据处理表

（水温：　饱和溶解氧 C_s：　）

时间t/min	0	0.5	1.0	1.5	2.0	2.5	3.0	3.5	4.0	4.5	5.0	…
C/（mg/L） C_s-C ln（C_s-C） $\frac{dC}{dt}$												

（2）图形表示法

图形表示法的优点在于形式简明直观，便于比较，易显出数据中的最高点或最低点、转折点、周期性以及其他特性等。当图形作得足够准确时，可以不必知道变量间的数学关系，对变量求微分或积分后即可得到所需的结果。

①图形表示法的适用场合。

A. 已知变量间的依赖关系图形，通过实验，将获得的数据作图，然后求出相应的一些参数。

B. 两个变量之间的关系不清，将实验数据点绘于坐标纸上，用以分析、反映变量之间的关系和规律。

②图形表示法的步骤。

A. 坐标纸的选择。常用的坐标纸有直角坐标纸、半对数坐标纸和双对数坐标纸等。选择坐标纸时，应根据研究的变量间的关系来确定。坐标不易太密或太稀。

B. 坐标分度和分度值标记。坐标分度是指沿坐标轴规定各条坐标线所代表的数值的大小。进行坐标分度时应注意下列几点。

a. 一般以 x 轴代表自变量，y 轴代表因变量。在坐标轴上应注明名称和所用计量单位。分度的选择应使每一点在坐标纸上都能快速方便地找到。例如，图 2–10（b）的横坐标分度不合适，读数时，图 2–9（a）比图 2–9（b）方便得多。

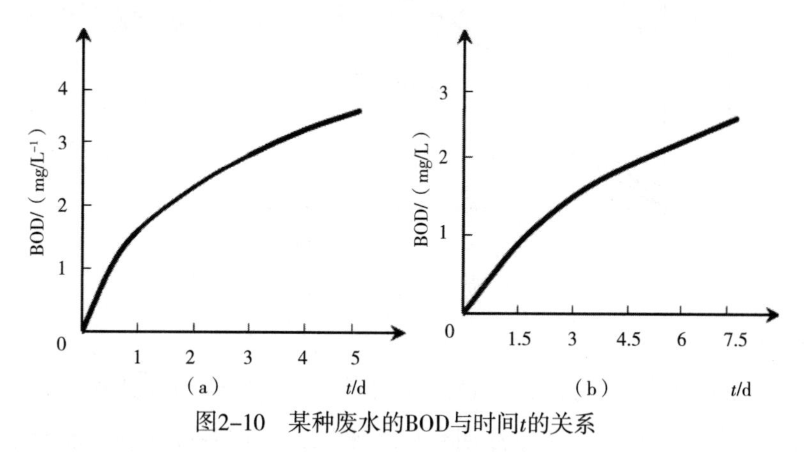

图2–10　某种废水的BOD与时间t的关系

b. 坐标原点不一定都是零，也可以用低于实验数据中最低值的某一整数作为起点，用高于最高值的某一整数作终点。坐标分度应与实验精度一致，不宜过细，也不能过粗。图 2–11 中（a）和（b）分别代表两种极端情况，图 2–11（a）的纵坐标分度过细，超过实验精度，而图 2–11（b）的纵坐标分度过粗，低于实验精度，这两种分度都不恰当。

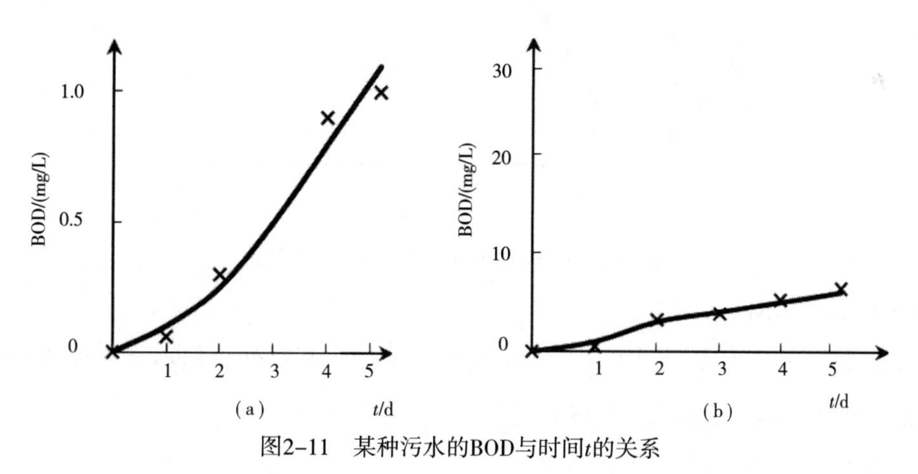

图2–11　某种污水的BOD与时间t的关系

c. 为便于阅读，有时除了标记坐标纸上的主坐标线的分度外，还在一细辅线上也标以数值。

C. 根据实验数据描点和作曲线。

描点方法比较简单，把实验得到的与自变量和因变量一一对应的点标在坐标纸上即可。若在同一图上表示不同的实验结果，应采用不同符号加以区别，并注明符号的意义，如图 2–12 所示。

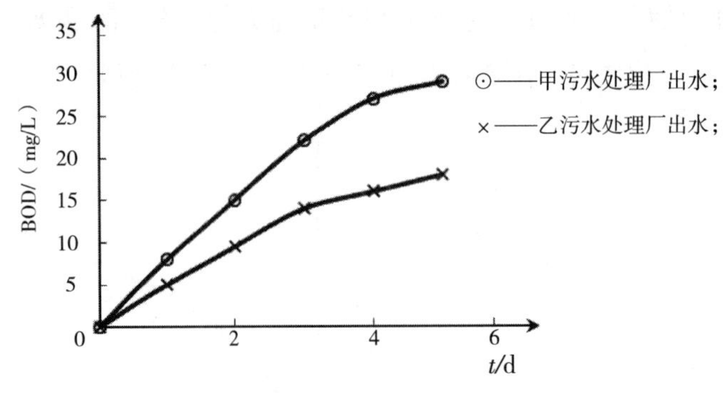

图2-12　在同一图上表示不同的实验结果

D. 注解说明。

每一个图形下面应该有图题，将图形的意义清楚准确地表述出来，有时在图题下还需加简要说明。此外，还应注明数据的来源，如作者姓名、实验地点、日期等（图 2-13）。

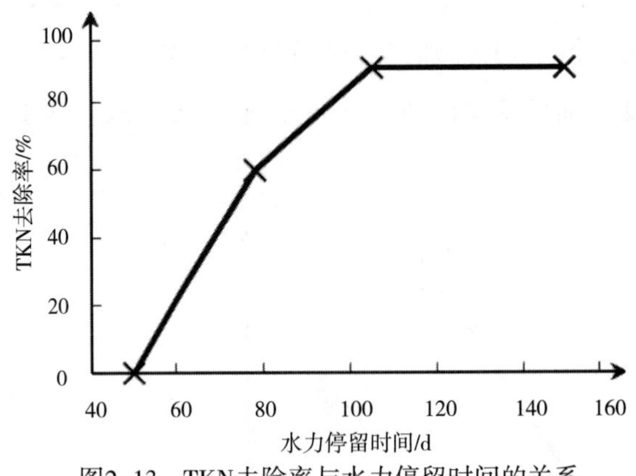

图2-13　TKN去除率与水力停留时间的关系

（3）方程表示法

实验数据用列表或图形表示后，使用时虽然较直观简便，但不便于理论分析研究，故常需要用数学表达式来反映自变量与因变量的关系。

方程表示法通常包括以下两个步骤。

①选择经验公式。实验数据的经验公式应该形式简单紧凑，且式中系数不宜太多。一般没有一个简单方法可以直接获得一个较理想的经验公式，通常是先将实验数据在直角坐标纸上描点，再根据经验和解析几何知识推测经验公式的形式，若经验表明此形式不够理想，则应另立新式，再进行实验，直至得到满意的结果为止。表达式中容易直接用于实验验证的是直线方程，因此，应尽量使所得函数的图形呈

直线式。若得到的函数的图形不是直线式，可以通过变量变换，使所得图形变为直线式。

②确定经验公式中的系数。确定经验公式中系数的方法，在此仅介绍直线图解法和回归分析中的一元线性回归、回归线的相关系数与精度以及一元非线性回归。

A. 直线图解法。凡实验数据可直接绘成一条直线或经过变量变换后能变为直线的，都可以用此法。具体方法如下：将与自变量和因变量一一对应的点绘在坐标纸上，作直线，使直线两边的点的数量差不多相等，并使每一点尽量靠近直线。所得直线的斜率就是直线方程 $y=a+bx$ 中的系数 b，直线在 y 轴上的截距就是直线方程中的 a。直线的斜率可用直角三角形的 $\Delta y/\Delta x$ 来求得。

直线图解法的优点是简单，但由于各人用直尺凭视觉画出的直线可能不同，因此其精度较差。当问题比较简单或精度要求低于 0.2%~0.5% 时可以用此法。

B. 一元线性回归。一元线性回归就是工程和科研中常遇到的配直线的问题，即两个变量 x 和 y 存在一定的线性相关关系，通过实验取得数据后，用最小二乘法求出系数 a 和 b 并建立回归方程 $y=a+bx$（称 y 对 x 的回归线）。

用最小二乘法求系数时，应满足以下两个假设：一是所有自变量的各个给定值均无误差，因变量的各值可带有测定误差；二是最佳直线应使各实验点与直线的偏差的平方和最小。

由于各偏差的平方均为正数，如果平方和为最小，说明这些偏差很小，所得的回归曲线即为最佳线。计算式如下：

$$a=\bar{y}-b\bar{x} \tag{2-65}$$

$$b=\frac{L_{xy}}{L_{xx}} \tag{2-66}$$

$$\bar{x}=\frac{1}{n}\sum_{i=1}^{n}x_i \tag{2-67}$$

$$\bar{y}=\frac{1}{n}\sum_{i=1}^{n}y_i \tag{2-68}$$

$$L_{xx}=\sum_{i=1}^{n}x_i^2-\frac{1}{n}\left(\sum_{i=1}^{n}x_i\right)^2 \tag{2-69}$$

$$L_{xy}=\sum_{i=1}^{n}x_iy_i-\frac{1}{n}\left(\sum_{i=1}^{n}x_i\right)\left(\sum_{i=1}^{n}y_i\right) \tag{2-70}$$

一元线性回归的步骤为：将实验数据列入回归计算表（表 2-28），并计算；根据式（2-65）和式（2-66）分别计算 a 和 b 的值，得一元线性回归方程 $\hat{y}=a+bx$。

表2-28　一元线性回归计算表

序号	x_i	y_i	x_i^2	y_i^2	x_iy_i
Σ					

$\sum x=$　　　　$\sum y=$　　　　$n=$

$\bar{x}=$　　　　$\bar{y}=$

$\sum x^2=$　　　　$\sum y^2=$　　　　$\sum xy=$

$L_{xx}=$　　　　$L_{yy}=$　　　　$L_{xy}=$

［例 2-18］已知某污水处理厂测定结果如表 2-29 所示，试求 a、b 的值。

表2-29　某污水处理厂测定结果

污染物浓度x/（mg/L）	0.05	0.10	0.20	0.30	0.40	0.50
吸光度y	0.020	0.046	0.100	0.120	0.140	0.180

解：将实验数据列入一元线性回归计算表（表 2-30），并计算。

表2-30　一元线性回归计算表

序号	x_i	y_i	x_i^2	y_i^2	x_iy_i
1	0.05	0.020	0.0025	0.00040	0.0010
2	0.10	0.046	0.010	0.00212	0.0046
3	0.20	0.100	0.040	0.0100	0.0200
4	0.30	0.120	0.090	0.0144	0.0360
5	0.40	0.140	0.160	0.0195	0.0560
6	0.50	0.180	0.250	0.0324	0.0900
Σ	1.55	0.606	0.5525	0.0789	0.208

$\sum x=1.55$　　　　$\sum y=0.66$　　　　$n=6$

$\bar{x}=0.258$　　　　$\bar{y}=0.101$

$\sum x^2=0.5525$　　　　$\sum y^2=0.0789$　　　　$\sum xy=0.208$

$L_{xx}=0.152$　　　　$L_{yy}=0.0177$　　　　$L_{xy}=0.0514$

$$b=\frac{L_{xy}}{L_{xx}}=\frac{0.0154}{0.152}=0.338$$

$$a=\bar{y}-b\bar{x}=0.101-0.338\times 0.258=0.014$$

C. 线性回归的相关系数与精度。用上述方法配出的回归线是否有意义？两个变量间是否存在线性关系？在数学上引进了相关系数 r 来检验回归线有无意义，用相关系数的大小判断建立的经验公式是否正确，相关系数 r 是判断两个变量之间相关关系的密切程度的指标，它有下述特点。

相关系数是介于 –1 与 1 之间的某任意值。

当 $r=0$ 时，说明变量 y 的变化可能与 x 无关，这时 x 与 y 没有线性关系，如图 2–14 所示。

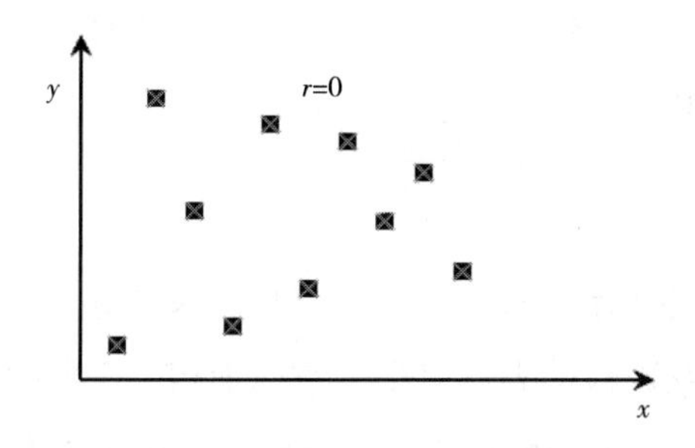

图2–14　x与y无线性关系

当 $0<|r|<1$ 时，证明 x 与 y 之间存在一定线性关系。当 $r>0$ 时，直线斜率是正的，y 值随 x 值增大而增大，此时称 x 与 y 为正相关（图 2–15）；当 $r<0$ 时，直线斜率是负的，y 值随 x 值增大而减小，此时称 x 与 y 为负相关（图 2–16）。

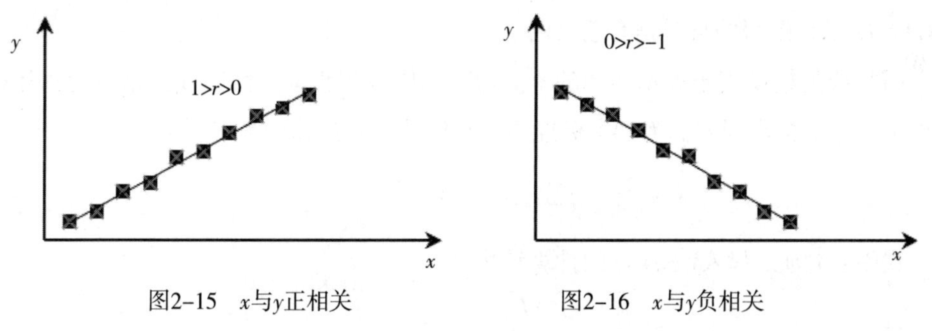

图2–15　x与y正相关　　图2–16　x与y负相关

当 $|r|=1$ 时，x 与 y 完全线性相关。当 $r=1$ 时，称为完全正相关（图 2–17）；当 $r=-1$ 时，称为完全负相关（图 2–18）。

相关系数只表示 x 与 y 线性相关的密切程度，当 $|r|$ 很小甚至为零时，只表明 x 与 y 之间线性相关不密切或不存在线性关系，并不表示 x 与 y 之间没有关系，可能两者之间存在非线性关系（图 2–14）。

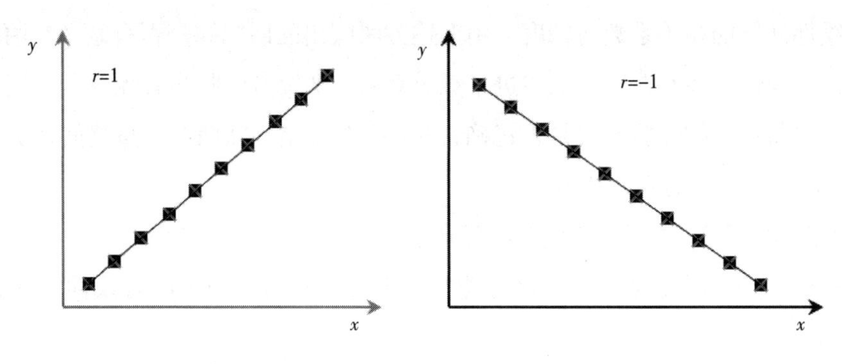

图2–17　x与y完全正相关　　图2–18　x与y完全负相关

相关系数计算式如下：

$$r=\frac{L_{xy}}{\sqrt{L_{xx}L_{yy}}} \tag{2–71}$$

相关系数的绝对值越接近于 1，x 与 y 的线性关系越好。

附录 3 给出了相关系数检验表，表中的数称为相关系数的起码值。求出的相关系数大于表中的数时，表明一元线性回归配出的直线是有意义的。

例如，例 2–18 的相关系数为：

$$r=\frac{L_{xy}}{\sqrt{L_{xx}L_{yy}}}=\frac{0.0514}{\sqrt{0.152\times 0.0177}}=0.991$$

此时，n=6，查附录 3 中 $n-2=4$ 的一行，相应的值为 0.811（5%）。而 r=0.991 > 0.811，所以，配得的直线是有意义的。

回归线的精度用于表示实测的 y 值偏离回归线的程度。回归线的精度可以用标准误差（这里的标准误差称为剩余标准差）来估计，其计算式为：

$$s=\sqrt{\frac{1}{n-2}\sum_{i=1}^{n}(y_i-\hat{y}_i)^2} \tag{2–72}$$

式中：$\hat{y}_i$为 x_i 代入$\hat{y}=a+bx$ 的计算结果。

或

$$s=\sqrt{\frac{(1-r^2)L_{yy}}{n-2}} \tag{2–73}$$

显然 s 越小，y_i 离回归线越近，则回归方程精度越高。

例 2–18 所求回归方程的剩余标准偏差为：

$$s=\sqrt{\frac{(1-0.991^2)\times 0.0177}{6-2}}=0.009$$

D. 一元非线性回归。在环境科学与工程中，有时两个变量之间并不是线性关系，而是某种曲线关系（如生化需氧量曲线）。这时，需要解决选配恰当类型的曲线以及确定相关函数中系数等问题。具体步骤如下：

a. 确定变量间函数的类型的方法有两种：根据已有的专业知识确定，例如，生化需氧量曲线可用指数函数 L_t=L_u（1−e^{-k_1t}）来表示；事先无法确定变量间函数关系的类型时，先根据实验数据作散布图，再从散布图的分布形状选择恰当的曲线来配合。

b. 确定相关函数中的系数：确定函数类型后，需要确定函数关系中的系数。其方法如下：通过坐标变换（变量变换）把非线性函数关系转化为线性关系，即画曲线为直线；在新坐标系中用回归曲线方法配出回归线；还原回原坐标系。

c. 如果散布图所反映的变量之间的关系与两种函数类型相似，无法确定选用哪一种曲线形式更好，可以都作回归线，再计算它们的剩余标准差并进行比较，选择剩余标准差小的函数类型。

［例 2−19］某污水处理厂出水 BOD 测试结果如表 2−31 所示，试求经验公式。

表2−31　某污水处理厂出水BOD测试值

t/d	0	1	2	3	4	5	6	7
BOD/（mg/L）	0.0	9.2	15.9	20.9	24.4	27.2	29.1	30.6

解：①作散点图，并连成一条光滑曲线（图 2−19）。

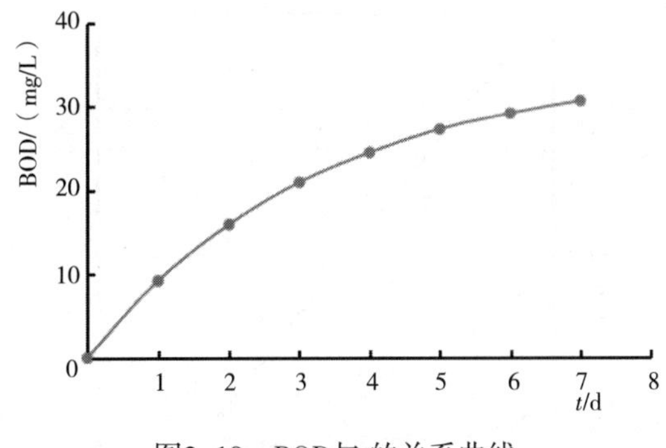

图2−19　BOD与t的关系曲线

由专业知识可知，BOD 曲线呈指数函数形式：

$$y=\text{BOD}_u(1-e^{-k'_1t})$$

或

$$y=\text{BOD}_u(1-10^{-k_1t})$$

式中：y 为某一天的 BOD，单位是 mg/L；BOD_u 为第一阶段 BOD（碳化需氧量），单位是 mg/L；k'_1，k_1 为耗氧速率常数，单位是 d^{-1}。

②坐标变换，将曲线改为直线。

根据专业知识对 $y=\text{BOD}_u(1-10^{-k_1t})$ 微分，得：

$$\frac{dy}{dx}=BOD_u(-10^{-k_1t})(k_1)\ln10$$

即：

$$\frac{dy}{dx}=2.303BOD_uk_1 10^{-k_1t}$$

上式两边取对数，得：

$$\lg\left(\frac{dy}{dx}\right)=\lg(2.303BOD_uk_1)-k_1t$$

上式表明，当以$\frac{\Delta y}{\Delta x}$与 t 在半对数坐标纸上作图时，便可以化 BOD 曲线为直线。故先变化变量，如表 2–32 所示，然后将数据在半对数纸上描点，即得到$\frac{\Delta BOD}{\Delta t}$与 t 的关系曲线，如图 2–20 所示。

表2–32 某污水处理厂出水BOD测试值及变化数据表

t/d	0	1	2	3	4	5	6	7
y/（mg/L）	0.0	9.2	15.9	20.9	24.4	27.2	29.1	30.6
$\Delta y/\Delta t$（Δt=1）	—	9.2	6.7	5.0	3.5	2.8	1.9	1.5
t_i（两个t的中间值）	—	0.5	1.5	2.5	3.5	4.5	5.5	6.5

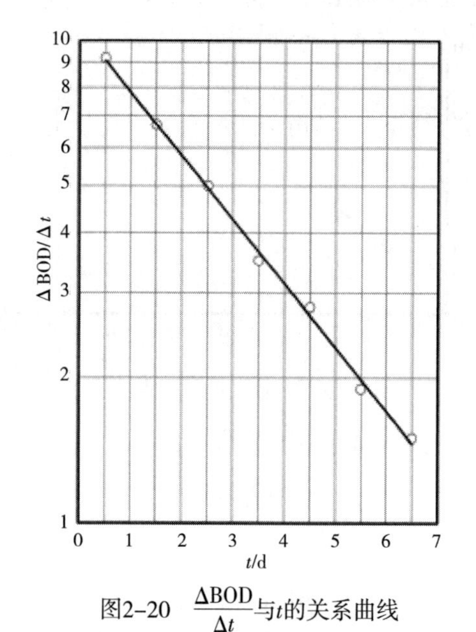

图2–20 $\frac{\Delta BOD}{\Delta t}$与$t$的关系曲线

③确定相关函数中的系数。化 BOD 曲线为直线后，便可用线性回归方法配出回归线。鉴于［例 2–18］中对于配回归线的方法已作讨论，此例不再累赘。为了让读者更好地掌握图解法，在此改用图解法求系数。

图 2–20 中直线的斜率为：

$$\frac{\lg 10.9 - \lg 1.2}{0 - 7} = -0.137$$

即 k_1=0.137d^{-1}，故：

$$BOD_u = \frac{10.9}{2.303 \times 0.137} mg/L = 34.5mg/L$$

所以 BOD 曲线为：

$$y = 34.5 \times (1 - 10^{-0.137t})$$

第3章
环境监测技术

3.1 环境监测样品的采集、保存和预处理

3.1.1 环境监测工作程序

环境监测工作的一般程序为：接到监测任务后对监测对象进行现场调查（调查一切与监测对象有关，能直接或间接影响监测对象的物理、化学及生物特性的因素及各因素对监测对象的影响程度等信息）；制定环境监测方案（确定监测项目；确定采样点的布设、采样方法、采样容器、采样时间和频率；确定样品的保存方法和运输方式；选择合理的分析和处理方法；监测过程注意事项等）；按照监测方案进行样品的采集—运送保存—样品预处理—样品分析测试—数据处理—综合评价。

合理的样本采集和保存方法，是保证检验结果正确地反映被监测对象特性的重要环节。为了取得具有代表性的样本，在样本采集前，应根据被监测对象的特征拟订样本采集计划，确定采样地点、采样时间、样本数量和采样方法，并根据监测项目确定样本保存方法。力求做到所采集的样本的组成成分或浓度与被监测对象一样，并在测试工作开展以前，保证各成分不发生显著的改变。

3.1.2 水样的采集、保存和预处理

（1）水样采集

要采集水样，首先要确定采样的位置。通常是在对调查研究结果和有关资料综合分析的基础上，根据监测目的和监测项目，并考虑人力、物力等因素先确定监测断面，再根据监测断面宽度确定采样垂线，根据垂线处的水深确定采样点的位置和数目。

①监测断面的确定。

A. 监测断面的设置原则：

a. 在对调查研究和有关资料进行综合分析的基础上，根据水域尺度范围，考虑代

表性、可控性及经济性等因素，确定监测断面类型和采样点数量，并不断优化，尽可能以最少的断面获得足够的有代表性环境信息。

b. 在有大量废（污）水排入河流的主要居民区，工业区的上游和下游，支流与干流汇合处，入海河流河口及受潮汐影响的河段，国际河流出入国境线的出入口，湖泊，水库入口和出口，应设置监测断面。

c. 饮用水源区和流经主要风景游览区，自然保护区，与水质有关的地方病发病区，严重水流流失区，地球化学异常区的水域或河段及重大水力设施所在地，应设置监测断面。

d. 监测断面的位置要避开死水区、回水区、排污口处，尽量选择河床稳定、水流平缓、水面宽阔、无浅滩的顺直河段。

e. 监测断面应尽可能与水文测量断面重合，以便利用其水文资料，并要求交通方便，有明显的岸边标志。

B. 河流监测断面的设置。为了评价完整江、河水系的水质，需要设置背景断面、对照断面、控制断面和削减断面；对于江、河水系或某一河段，只需设置对照断面、控制断面和削减（过境）三种断面，如图 3–1 所示。

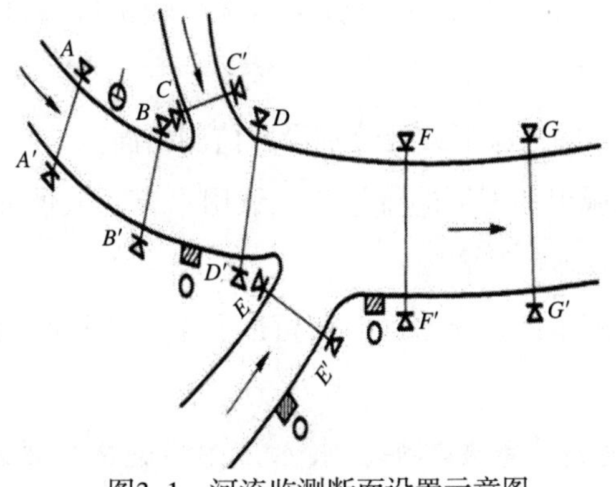

图3–1　河流监测断面设置示意图

其中：为自来水厂取水点；为污染源；为排污口；为水流方向；*A–A′* 为对照断面；*BB′*、*CC′*、*DD′*、*EE′*、*FF′* 为控制断面；*GG′* 为削减断面

a. 背景断面设在基本上未受人类活动影响的河段，用于评价一个完整水系的污染程度。

b. 对照断面是为了解流入监测河段前的水体水质状况而设置。这种断面一般设在河流进入城市或工业区以前的地方，避开各种废（污）水流入或回流处。一个河段一般只设一个对照断面，有主要支流时可酌情增加数量。

c. 控制断面是为评价、监测河段两岸污染源对水体水质影响而设置的。控制断面的数目应根据城市的工业布局和排污口分布情况而定。断面的位置与废（污）水排放口的距离应根据主要污染物的迁移、转化规律以及河水流量和河道水力学特征确定。一般设在排污口下游 500~1000m 处（因在排污口下游 500m 横断面上的 1/2 宽度处重金属浓度一般出现高峰）。有特殊要求的地区，如水产资源区、风景游览区、自然保护区、与水源有关的地方病发病区、严重水土流失区及地球化学异常区等的河段上应设置控制断面。

d. 削减断面是指河流受纳废（污）水后，经稀释扩散和自净作用，使污染物浓度显著下降。通常设在城市或工业区最后一个排污口下游 1500m 以外的河段上。水量小的河流应视具体情况而定。

另外，有时为特定的环境管理需要，如定量化考核、监视饮用水源和流域污染源限期达标排放等，还要设置管理断面。

C. 湖泊、水库监测断面的设置。对不同类型的湖泊、水库应区别对待。应先判断湖、库是单一水体还是复杂水体；一般湖泊、水库只设监测垂线，当水体复杂时，可参照河流的有关规定设置监测断面。同时考虑汇入湖、库的河流数量，水体的径流量、季节变化及动态变化，沿岸污染源分布及污染物扩散与自净规律、生态环境特点等。

a. 在进出湖泊、水库的河流汇合处分别设置监测断面。

b. 以各功能区（如城市和工厂的排污口，饮用水源，风景游览区，排灌站等）为中心，在其辐射线上设置弧形监测断面。

c. 在湖库的中心、深水区、浅水区、滞留区、不同鱼类的回游产卵区、水生生物经济区等设置监测断面。

d. 受污染物影响较大的重要湖泊、水库，在污染物主要输送路线上设置控制断面。

D. 海洋监测断面的设置。根据污染物在较大面积海域分布的不均匀性和局部海域的相对均匀性的时空特点，在调查研究的基础上，运用统计方法将监测海域划分为污染区、过渡区和对照区，在三类区域分别设置适量监测断面和监测垂线。

②采样点位置的确定。设置监测断面后根据水面宽度确定断面上的采样垂线，再根据采样垂线处的水深确定采样点的位置和数目。

A. 江、河水系采样点的确定。当水面宽度≤ 50m 时，只设一条中泓垂线；当水面宽度为 50~100m 时；在左、右近岸有明显水流处各设一条垂线；当水面宽度在

100~1000m 时，在左、中、右设三条垂线（中泓和左、右近岸有明显水流处）；当水面宽度＞ 1500m 时，至少设置 5 条等距离采样垂线；较宽的河口应酌情增加垂线数。

注意：垂线布设应避开污染带，要测污染带应另加垂线；确能证明该断面水质均匀时，可仅设中泓垂线；凡在该断面要计算污染物通量时，必须按上述原则设垂线。

在一条垂线上，当水深不足 0.5m 时，在 1/2 水深处设一个采样点；水深 0.5~5m 时，只在水面下 0.5m 处设一个采样点；水深 5~10m 时，在水面下 0.3~0.5m 处和河底以上 0.5m 处各设一个采样点；水深 10~50m 时，在水面下 0.3~0.5m 处、河底以上 0.5m 及 1/2 水深处各设一个采样点；水深＞ 50m 时，应酌情增加采样点，最少设三个采样点。

B. 湖、库采样点的确定。湖、库监测断面上采样点的位置和数目的确定方法同河流。但如果存在温度分层，应先测定不同水深处的水温、溶解氧等参数，确定成层情况后再确定监测垂线上采样点的位置和数目。一般除在水面下 0.5m 处和湖（库）底以上 0.5m 处设采样点外，还要在每个斜温层 1/2 处设采样点。

C. 海域采样点的确定。海域的采样点也根据水深分层设置，如水深为 50~100m，在表层、10m 层、50m 层和底层分别设置采样点。

监测断面和采样点的位置确定后，其所在位置应该有固定而明显的岸边标志。如果没有天然标志物，则应设人工标志物或采样时用全球定位系统（GPS）定位，使每次采集的样品都取自同一位置，以保证样品的代表性和可比性。

③水样的类型。水样可分为瞬时水样、混合水样和综合水样。

A. 瞬时水样。瞬时水样是指在某一时间和地点从水体中随机采集的分散水样。当水体水质稳定或者其组分在相当长的时间或相当大的空间范围内变化不大时，瞬时水样具有很好的代表性；当水体组分及含量随时间和空间变化时，就应隔时、多点采集瞬时水样，分别进行分析，摸清水质的变化规律。对于生产工艺连续、稳定的工厂，所排放废水中的污染组分及浓度变化不大，瞬时水样具有较好的代表性。对于某些特殊情况，如废水中污染物的平均浓度合格而高峰排放浓度超标，也可间隔适当时间采集瞬时水样，并分别测定，将结果绘制成浓度。时间关系曲线，以得知高峰排放时的污染物浓度，同时也可计算出平均浓度。

B. 混合水样。混合水样是指在同一采样点于不同时间所采集的瞬时水样的混合水样，分为等时混合水样和等比例混合水样。前者是指在某一时间段内，在同一采样点按等时间间隔采集的等量瞬时水样混合而成的水样，这种水样在观察平均浓度时非常有用，但不适用于被测组分在储存过程中发生明显变化的水样，通常用于废水流量较稳定情况的；后者是指在某一时段内，在同一采样点所采集的水样量随时间或流量成比例变化的混合水样，即在废水流量不稳定的情况下，在不同时间依照流量大小按比例采集的混合样，这种水样适用于流量和污染物浓度不稳定的水样。由于工业废水的排放量和污染组分的浓度往往随时间起伏变化较大，为使监测结果具有代表性，需要增大采样和测定频率，这势必会增加工作量，此时比较好的方法是采集等时混合水样或等比例混合水样。当存在多个排放口时，还要同时采集几个排污口的废水样，并按流量比例混合，其监测结果代表取样时的综合排放浓度。当水样中的测试成分或性质在水样储存中会发生变化时，不能采用混合水样，而要采用个别水样。采集后应立即测定，最好是在采样地点进行。因此，测定溶解性气体、可溶性硫化物、剩余氯、温度、pH 值时都不宜采用混合水样。

C. 综合水样。把不同采样点同时采集的各个瞬时水样混合后所得到的样品称为综合水样，这种水样在某些情况下更具有实际意义。例如，在进行河流水质模型研究或为几条排污河、渠建立综合处理厂时，采用综合水样取得的水质参数作为设计的依据更为合理。

④采样容器。采样容器的材质对于水样在储存期间的影响很大。一般来说，容器材质与水样的相互作用有三个方面：一是容器材质中的某种物质可溶入水样，如从塑料容器溶解出来的有机质及从玻璃容器溶解出来的钠、硅和硼等；二是容器材质可吸附水样中的某些组分，如玻璃吸附痕量金属、塑料吸附有机质和痕量金属；三是水样与容器直接发生化学反应，如水样中的氟化物与玻璃发生反应等。

因此，在采样前应根据监测项目的性质和采样方法的要求，选择适宜材质的盛水容器和采样器。对采样器材质的要求为：化学性能稳定、大小和形状适宜、不吸附欲测组分、容易清洗并可反复使用。常用材质的稳定性顺序为：聚四氟乙烯＞聚乙烯＞透明石英＞铂＞硼硅玻璃。通常塑料容器用作测定金属、放射性元素和其他无机物的水样容器；玻璃容器用作测定有机物和生物等的水样容器。

⑤水样的采集量。水样的采集量与分析方法和水样的性质有关。一般来说，采集量应考虑实际分析用量和复试量（或备用量）。对污染物浓度较高的水样，可适当少取水样，因为超过一定浓度的水样在分析时要经过稀释方可测定。表 3–1 列出了正常浓度水样的实际用量（不包括平行样）。

表3–1　水样采集量

监测项目	水样采集量/mL	监测项目	水样采集量/mL
悬浮物	100	硬度	100
色度	50	酸碱度	100
嗅	200	溶解氧	300
浊度	100	氨氮	400
pH值	50	BOD_5	1000
电导率	100	油	1000
金属	1000	有机氯农药	2000
铬	100	酚	1000
凯氏氮	500	氰化物	500
硝酸盐氮	500	硫酸盐	50
亚硝酸盐氮	50	硫化物	250
磷酸盐	50	COD	100
氟化物	300	苯胺类	200
氯化物	50	硝基苯	100
溴化物	100	砷	100
碘化物	100	显影剂类	100

⑥水样采集的要求和方法。供分析用的水样必须具有足够的代表性，并且不受任何意外的污染。首先必须做好现场调查和资料收集，如气象条件、水文地质、水位水深、河道流量、用水量、污水废水排放量、废水类型、排污去向等。水样采集的方法、次数、深度、位置、时间等均由采样分析目的来确定。

A. 一般要求。采样时要根据采样计划小心采集水样，保证水样在进行分析以前不变质或不受到污染。水样灌瓶前要用所采集的水样把采样瓶冲洗 2~3 次，或根据检验项目的具体要求清洗采样瓶。对采集到的每一个水样要做好记录，记录样本编号、采样日期、采样地点、采样时间和采样人员，并在每一个水样瓶上贴好标签，标明样本编号。在江河、湖泊、水库等天然水体采样时，还应同时记录相关的其他资料，如气候条件、水位、流量、水温等，并在地图上标明采样位置。进行工业污染源监测时，应同时记录有关的工业生产情况、排污规律等，并在工艺流程图上标明采样点位置。

B. 常用的采样方法。对于地表水的采集，根据实际情况选择合适的采样方法，如采集浅水样可用适当的容器直接采集，或用聚乙烯塑料长把勺采集；采集深层水样可用简易采水器、深层采水器、采水泵、自动采水器或连续自动定时采样器等专用的深层采水器。

对于地下水，一般是从监测井中采集水样，常利用抽水机设备。启动抽水设备后，先放水数分钟，将积留在管道内的杂质及陈旧水排出，然后用采样器接取水样；对无抽水设备的水井，可选择合适的专用采水器采集水样，采样深度应在地下水位0.5m以下，一般采集瞬时水样。

对于自喷泉水，在涌水口处出水水流的中心直接采样；对于不自喷泉水，用采集井水水样的方法采集；在采集配水管网中的水样前，要充分冲洗管线，以保证水样能代表供水情况；对于自来水，要先将水龙头完全打开，放水数分钟，排出管道中积存的死水后再采样。

对于废（污）水，一般是从浅埋排水管、沟道中采样，可用采样容器直接采集，也可用长把塑料勺采集。对于埋层较深的排水管道、沟道，可用深层采水器或固定在负重架内的采样器沉入监测井采样。

如果水样要供细菌学检验，采样瓶等必须事先灭菌。例如，采集自来水水样时，应先用酒精灯将水龙头灼烧消毒，然后把水龙头完全打开，放水数分钟后再取样。采集含有余氯的水样进行细菌学检验时，应在水样瓶消毒前加入硫代硫酸钠，以消除水样中的余氯。加药量按1L水样加4mL 15%的硫代硫酸钠计。

若采用自动取样装置，应每天把取样装置清洗干净，以避免微生物生长或沉积物的沉积。

由于被监测对象的具体条件各不相同，而且变化很大，不可能制定出统一的采样步骤和方法，监测人员必须根据具体情况和考察目的来确定具体的采样步骤和方法。

（2）水样的运输和保存

①水样的运输。采集的每个水样都应做好记录，并在采样瓶上贴好标签，尽快运送到实验室。根据采样点的地理位置和测定项目的最长可保存时间，选用适当的运输方式。在运输过程中要注意以下问题：

A. 塞紧采样容器的塞子，必要时用封口胶、石蜡封口。

B. 为避免水样在运输过程中因震动、碰撞导致损失或玷污，最好将采样瓶装箱，并用泡沫塑料或纸条挤紧。

C. 需冷藏的样品，应配备专门的隔热容器，放入制冷剂，将样品置于其中。

D. 冬季应采取保温措施，以免冻裂样品瓶。

E. 水样的运输时间，通常以24h作为最大允许时间。

②水样的保存时间。水样从采集到分析测定这段时间，由于环境条件改变，微生物新陈代谢活动和化学作用的影响，会导致水样某些物理参数及化学组分发生变化，这些变化使得分析时的水样已不再是采集时的水样，为了使这种变化降低到最小的程

度，必须尽可能缩短运输时间、尽快分析测定和采取必要的保护措施，有些项目则必须在现场监测。

引起水样发生变化的原因包括以下几个方面：

A. 生物作用。细菌、藻类及其他生物体的新陈代谢会消耗水样中的某些组分，产生一些新的组分，改变某些组分的性质。例如，生物作用会对样本中待测项目如溶解氧、二氧化碳、含氮化合物、磷及硅等的含量产生影响。

B. 化学作用。水样各组分间可能发生化学反应，从而改变某些组分的含量与性质。例如，溶解氧或空气中的氧能使二价铁、硫化物等氧化；聚合物可能解聚；单体化合物有可能聚合。

C. 物理作用。光照、温度、静置或震动、敞露或密封等保存条件及容器材质都会影响水样的性质。例如，温度升高或强震动会使一些物质如氧、氰化物及汞等挥发；长期静置会使 $Al(OH)_3$、$CaCO_3$ 及 $Mg(PO_4)_2$ 等沉淀。某些容器的内壁能不可逆地吸附或吸收一些有机物或金属化合物等。水样在储存期内发生变化的程度主要取决于水的类型及水样的化学性质和生物学性质，也取决于保存条件、容器材质、运输及气候变化等因素。必须强调的是，这些变化往往非常快，样本常在很短的时间内明显地发生变化，因此必须在一定条件下采取必要的保护措施，并尽快进行分析。

在保存过程中应做到不弃去组分，如悬浮物；容器材质不可污染、不吸附欲测组分，也不应发生物理、化学、生物变化；不应损失组分；不能玷污水样、不增加待测组分和干扰组分。无论是生活污水、工业废水还是天然水，实际上都不可能完全无变化地保存。虽然使水样的各组分完全稳定是不可能的，但是合理的保存技术则能延缓各组成成分的化学、生物学的变化。各种保存方法旨在延缓生物作用、延缓化合物和络合物的水解以及已知各组成成分的挥发。

水样允许保存的时间与水样的性质、分析指标、溶液的酸度、保存容器和存放温度等多种因素有关，不同的水样允许的存放时间不同。

一般认为，水样的最长存放时间为：清洁水样 72h；轻污染水样 48h；严重污染水样 12h。

③水样的保存措施。各种类型的水样，从采集到分析测定这段时间内，由于各种因素的影响会使水样产生变化，对于不能及时运输或尽快分析的水样，应根据不同的监测项目的要求，放在性能稳定的材料制成的容器中，采用适宜的保存措施。常用的保存措施有以下几种：

A. 冷藏或冷冻保存法。冷藏或冷冻的作用是抑制微生物活动，减缓物理挥发和化学反应速率。

B. 加入化学试剂保存法。

a. 加入生物抑制剂。例如，在测氨氮、硝酸盐氮、COD 的水样中加入 $HgCl_2$ 可抑制生物的氧化还原作用；对于测定酚的水样，用 H_3PO_4 将 pH 值调为 4 时，加入适量 $CuSO_4$，即可抑制苯酚菌的分解活动。

b. 调节 pH 值。测定金属离子的水样常用 HNO_3 酸化至 pH 值为 1~2，既可防止重金属离子水解沉淀，又可避免金属被容器壁吸附；测定氰化物或挥发性酚的水样加入 NaOH 调 pH 值为 12 时，使之生成稳定的酚盐等。

c. 加入氧化剂或还原剂。例如，测定 DO 的水样需加入少量硫酸锰和碘化钾溶液固定溶解氧；测定汞的水样需加入 HNO_3（至 pH<1）和 $K_2Cr_2O_7$（0.05g/L），使汞保持高价态；测定硫化物的水样，加入抗坏血酸，可以防止硫化物被氧化等。

应当注意，加入的保存剂不能干扰以后的测定，保存剂的纯度最好是优级纯，还应作相应的空白试验，对测定结果进行校正。

表 3-2 列出了部分测定项目水样保存的方法（HJ 493—2009），包括不同监测项目样本保存的一般要求。由于天然水和废水的性质复杂，分析前需验证下述方法处理的每种类型样本的稳定性。

表3-2　部分测定项目水样的保存方法和保存期

测试项目	采样容器	保存方法	地点	保存期	建议
酸碱度	P或G	在2～5℃暗处冷藏	实验室	24h	水样注满容器
嗅	G		实验室	6h	最好在现场测试
电导率	P或G	于2～5℃冷藏	实验室	24h	最好在现场测试
色度	P或G	在2～5℃暗处冷藏	实验室	24h	最好在现场测试
悬浮物	P或G		实验室	24h	单独定容采样
浊度	P或G		现场		现场直接测试
溶解氧	DO瓶	现场固定并存放暗处	现场、实验室	数h	碘量法加1mL 1mol/L硫酸锰和2mL 1mol/L碱性碘化钾
砷	P或G	加H_2SO_4，使pH<2 加碱调节pH=12	实验室	数月	不能用硝酸酸化。生活污水及工业废水应加碱保存
硫化物	G	必须现场固定	实验室	24h	每100mL水样先加2mL 2mol/L醋酸锌，再加入2mL 2mol/L的NaOH并冷藏

续表

测试项目	采样容器	保存方法	地点	保存期	建议
总氰化物 游离氰	P或G	用NaOH调至pH>12	实验室	24h	
化学需氧量	G	加H_2SO_4，使pH≤2	实验室	48h	
高锰酸盐指数	G	在2～5℃暗处冷藏 用H_2SO_4酸化至pH<2	实验室	48h	尽快测定
生化需氧量	G	在2～5℃暗处冷藏	实验室	尽快	最好使用专用玻璃容器
总有机碳	G	在1~5℃，用H_2SO_4酸化至pH≤2	实验室	7d	
总氮	P或G	用H_2SO_4酸化至pH为1~2	实验室	7d	
氨氮	P或G	用H_2SO_4酸化至pH<2，并在2～5℃冷藏	实验室	尽快	
硝酸盐氮	P或G	酸化至pH<2 并在2～5℃冷藏	实验室	24h	有些废水样品不能保存，需要现场分析
亚硝酸盐氮	P或G	在2～5℃冷藏	实验室	尽快	
有机氯农药	G	在2～5℃冷藏	实验室	1周	建议采样后立即加入萃取剂，或在现场进行萃取
有机磷农药	G	在2～5℃冷藏	实验室	24h	
酚	BG	用$CuSO_4$抑制生化作用，并用H_3PO_4酸化，或用NaOH调节至pH>12	实验室	24h	保存方法取决于所用的分析方法
叶绿素a	P或G	2～5℃下冷藏 过滤后冷冻滤渣	实验室	24h 1个月	
汞	P或G	加HCl至1%（质量分数） 或1L水样加浓HCl 1mL	实验室	2周	保存方法取决于分析方法
可过滤镉	P、G或BG	在现场过滤，硝酸酸化滤液至pH<2	实验室	1个月	滤渣用于测定不可过滤镉，滤液用于该项测定
总镉	P、G或BG	硝酸酸化至pH<2	实验室	1个月	取均匀样品消解后测定
铜	P或G	同“镉”			
铅	P、G或BG	同“镉”			酸化时不能使用H_2SO_4
锰	P、G或BG	同“镉”			

续表

测试项目	采样容器	保存方法	地点	保存期	建议
锌	P、G或BG	同“镉”			
总铬	P或G	酸化使$pH<2$	实验室	尽快	不得使用磨口及内壁已磨毛的容器，以避免对铬的吸附
六价铬	P或G	用NaOH调节使$pH=7\sim9$	实验室		不得使用磨口及内壁已磨毛的容器，以避免对铬的吸附
钙	P或BG	过滤后将滤液酸化至$pH<2$	实验室	数月	酸化时不要用H_2SO_4，酸化的样品可同时用于测其他金属
总硬度	P、G或BG	同“钙”			
镁	P、G或BG	同“钙”			
氟化物	P		实验室	30d	
氯化物	P或G		实验室	数月	
总磷	BG	用H_2SO_4酸化至$pH<2$	实验室	数月	
硒	G或BG	用NaOH调节至$pH>11$	实验室	数月	
硫酸盐	P或G	于2～5℃冷藏	实验室	一周	
微生物	P或G	加少许$Na_2S_2O_3$溶液去除余氯，1～5℃避光	实验室	12h	
生物	G	用甲醛固定，1～5℃冷藏	实验室	12h	尽量现场测定

注：P为聚乙烯；G为玻璃；BG为硼硅玻璃。

（3）水样的预处理方法

被污染的环境水样和废（污）水样的组成复杂，而且多数污染组分含量低，存在形态各异，所以在分析测定之前，必须进行预处理，以得到欲测组分适于测定方法要求的形态、浓度和消除共存组分干扰的试样体系。在预处理过程中，常因挥发、吸附、化学反应、污染等原因，导致欲测组分含量发生变化，故应对预处理方法进行加标回收率考核。下面介绍常用的预处理方法。

①水样的消解。当测定含有机物的水样中的无机元素时，须进行消解处理。消解的目的是破坏有机物、溶解悬浮固体、将各种价态的欲测元素氧化成单一高价态或转变成易于分离的无机化合物。消解后水样应清澈、透明、无沉淀。消解水样的方法有湿式消解法、干式分解法（干灰化法）等。

A. 湿式消解法。湿式消解法一般是用硝酸、硫酸、磷酸、高氯酸、混合酸或与其他氧化类物质的混合物，在较高的温度下破坏水样中的有机物，使其中的待测元素以合适的存在状态和价态进入溶液。

a. 硝酸消解法。对于较清洁的水样，可用硝酸消解。该方法的要点：取混匀水样 50~200mL 于烧杯中，加入 5~10mL 浓硝酸，在电热板上加热煮沸，蒸发至小体积，试液应清澈透明，呈浅色或无色。否则，应补加硝酸继续消解。蒸至尽干，取下烧杯，稍冷后加 2% HNO_3（或 HCl）20mL，温热溶解可溶盐。若有沉淀，应过滤，滤液冷至室温后置于 50mL 容量瓶定容备用。

b. 硝酸—高氯酸消解法。两种酸都是强氧化性酸，联合使用可消解含难氧化有机物的水样。该方法的要点：取适量水样于烧杯或锥形瓶中，加 5~10mL 硝酸，在电热板上加热、消解至大部分有机物被分解。取下烧杯使之稍冷，加 2~5mL 高氯酸，继续加热至开始冒白烟，如试液呈深色，再补加硝酸，继续加热至冒浓厚白烟将尽（不可蒸至干涸）。取下烧杯冷却，用 2% HNO_3 溶解，若有沉淀，应过滤，滤液冷至室温后定容备用。因高氯酸能与羟基化合物反应生成不稳定的高氯酸酯，有发生爆炸的危险，故先加入硝酸，氧化水样中的羟基化合物，稍冷后再加高氯酸处理。

c. 硝酸—硫酸消解法。硝酸和硫酸都有较强的氧化能力，其中硝酸沸点低，而硫酸沸点高，二者结合使用，可提高消解温度和消解效果。常用的浓硝酸与浓硫酸的体积比为 5 ∶ 2。消解时，先将浓硝酸加入水样中，加热蒸发至小体积，稍冷，再加入浓硫酸、浓硝酸，继续蒸发至冒大量白烟，冷却，加适量水，温热溶解可溶盐，若有沉淀，应过滤。为提高消解效果，常加入少量过氧化氢溶液。测定水样中易与硫酸反应生成难溶硫酸盐的元素（如铅、钡、锶）时，可改用硝酸—盐酸混合酸体系。

d. 硫酸—磷酸消解法。两种酸的沸点都比较高，其中硫酸氧化性较强，磷酸能与一些金属离子如 Fe^{3+} 等络合，故二者结合消解水样，有利于测定时消除 Fe^{3+} 等离子的干扰。

e. 硫酸—高锰酸钾消解法。该方法常用于消解测定汞的水样。高锰酸钾是强氧化剂，在中性、碱性、酸性条件下都可以氧化有机物，其氧化产物多为草酸根，但在酸性介质中还可继续氧化。消解要点是：取适量水样，加适量浓硫酸和 50g/L 高锰酸钾溶液，混匀后加热煮沸，冷却，滴加盐酸羟胺溶液破坏过量的高锰酸钾。

f. 硝酸—氢氟酸消解法。氢氟酸能与硅酸盐和硅胶态物质发生反应，生成四氟化硅而挥发分离，可消除其干扰，但消解时不能使用玻璃材质的容器，需使用聚四氟乙烯材质的容器。

g. 多元消解法。为提高消解效果，在某些情况下需要采用三元以上酸或氧化剂消解体系。例如，处理测总铬的水样时，用硫酸、磷酸和高锰酸钾消解。

h. 碱分解法。当用酸体系消解水样造成易挥发组分损失时，可改用碱分解法，即在水样中加入氢氧化钠和过氧化氢溶液，或者氨水和过氧化氢溶液，加热煮沸至近干，用水或稀碱溶液温热溶解。

B. 干灰化法 / 高温分解法。干灰化法又称高温分解法。其处理过程是：取适量水样于白瓷或石英蒸发皿中，水浴蒸干，移入马福炉，450~550℃灼烧到残渣呈灰白色，有机物完全分解除去。取出蒸发皿，冷却，用适量 2% HNO_3（或 HCl）溶解样品灰分，过滤，滤液定容后供测定。

本方法不适用于处理测定易挥发组分（如砷、汞、镉、硒、锡等）的水样。

②水样的富集与分离。当水样中的欲测组分含量低于分析方法的检测限时，必须进行富集或浓缩；当有共存干扰组分时，必须采取分离或掩蔽措施。富集和分离往往是不可分割、同时进行的，常用的方法有过滤、气提、顶空、蒸馏、萃取、离子交换、吸附、共沉淀、层析、低温浓缩等，要结合具体情况进行选择。

A. 气提、顶空和蒸馏法。气提、顶空和蒸馏法适用于测定易挥发组分水样的预处理。采用向水样中通入惰性气体或加热的方法，将被测组分吹出或蒸馏分离出来，达到分离和富集的目的。

a. 气提。该方法是利用某些污染组分挥发度大的原理，把惰性气体通入调制好的水样中，将欲测组分吹出，直接送入仪器测定，或导入吸收液吸收富集后再测定。例如，用冷原子荧光法测定水样中的汞时，先将汞离子用氯化亚锡还原为原子态汞，再利用汞易挥发的性质，通入惰性气体将其吹出并送入仪器测定；用分光光度法测定水中的硫化物时，先使之在磷酸介质中生成硫化氢，再用惰性气体载入乙酸锌—乙酸钠溶液吸收，从而达到与母液分离的目的。

b. 顶空法。该方法可用于测定挥发性有机物或挥发性无机物水样的预处理。测定时，先在密闭容器中装入水样，容器上部预留一定空间，再将容器置于恒温水浴中，经过一定时间，容器内的气液两相达到平衡，欲测组分在两相中的分配系数 K 和两相体积比 β 分别为：

$$K=\frac{[X]_G}{[X]_L} \tag{3-1}$$

$$\beta=\frac{V_G}{V_L} \tag{3-2}$$

式中：$[X]_G$、$[X]_L$ 分别为平衡状态下欲测物质 X 在气相和液相中的浓度；V_G、V_L 分别为气相和液相的体积。

根据物料平衡原理，可以推导出欲测物质在气相中的平衡浓度 $[X]_G$ 和其在水样中的原始浓度 $[X]_L^0$ 之间的关系式：

$$[X]_G = \frac{[X]_L^0}{K+\beta} \tag{3-3}$$

K 值大小与被处理对象的物理性质、水样组成、温度有关，可用标准样品在与水样相同条件下测得，而 β 值也已知，故当从顶空装置中取气样测得 $[X]_G$ 后，即可利用上式计算出水样中欲测物质的原始浓度 $[X]_L^0$。

c. 蒸馏法。蒸馏法是利用水样中各污染组分具有不同的沸点而使其彼此分离的方法，分为常压蒸馏法、减压蒸馏法、水蒸气蒸馏法、分馏法等。测定水样中的挥发酚、氰化物、氟化物时，均需先在酸性介质中进行预蒸馏分离。氟化物可用直接蒸馏装置，也可用水蒸气蒸馏装置，后者虽然对控温要求较严格，但排除干扰效果好，不易发生暴沸，使用较安全。测定水中的氨氮时，需在微碱性介质中进行预蒸馏分离。在此，蒸馏具有消解、富集和分离三种作用。

B. 萃取法。萃取法是基于物质在不同的溶剂相中分配系数不同而达到组分的富集与分离。用于水样预处理的萃取方法有溶剂萃取法、固相萃取法和超临界流体萃取法等。

a. 溶剂萃取法。溶剂萃取法是基于不同物质在互不相溶的两种溶剂中分配系数不同而进行组分的分离和富集。欲萃取组分在有机相—水相中的分配系数用式（3-4）表示：

$$K = \frac{\text{有机相中欲萃取组分浓度}}{\text{水相中欲萃取组分浓度}} \tag{3-4}$$

当水相中某组分的 K 值大时，表明该组分易进入有机相，而 K 值很小的组分仍留在水相中。在恒定温度、压力下，若欲萃取组分浓度不大时，K 值为常数。

分配系数 K 中所指欲萃取组分在两相中的存在形式相同，而实际并非如此，故常用分配比 D 表示萃取效果，即

$$D = \frac{\sum[A]_{\text{有机相}}}{\sum[A]_{\text{水相}}} \tag{3-5}$$

式中：$\sum[A]_{\text{有机相}}$ 为欲萃取组分 A 在有机相中各种存在形式的总浓度；$\sum[A]_{\text{水相}}$ 为组分 A 在水相中各种存在形式的总浓度。

分配比与欲萃取组分的浓度、溶液的酸度、萃取剂的种类及萃取温度等条件有关。

只有在简单的萃取体系中，欲萃取组分在两相中存在形式相同时，K 才等于 D。分配比反映了萃取体系达到平衡时的实际分配情况，具有较大的实用价值。

欲萃取组分在两相中的分配情况还可以用萃取率 E 表示，其表达式为：

$$E(\%)=\frac{\text{有机相中欲萃取组分的量}}{\text{水相和有机相中欲萃取组分的总量}}\times 100\% \tag{3-6}$$

分配比 D 和萃取率 E 的关系如式（3-7）：

$$E(\%)=\frac{100D}{D+\dfrac{V_{\text{水相}}}{V_{\text{有机相}}}} \tag{3-7}$$

式中：$V_{\text{水相}}$为水相体积；$V_{\text{有机相}}$为有机相体积。

当水相和有机相的体积相同时，D 和 E 的关系如图 3-2 所示。可见，当 $D\rightarrow\infty$ 时，$E\rightarrow 100\%$，一次即可萃取完全；D=100 时，E=99%，一次萃取不完全；当 D=10 时，E=91%，需要连续多次萃取才趋于完全；D=1 时，E=50%，要萃取完全相当困难。

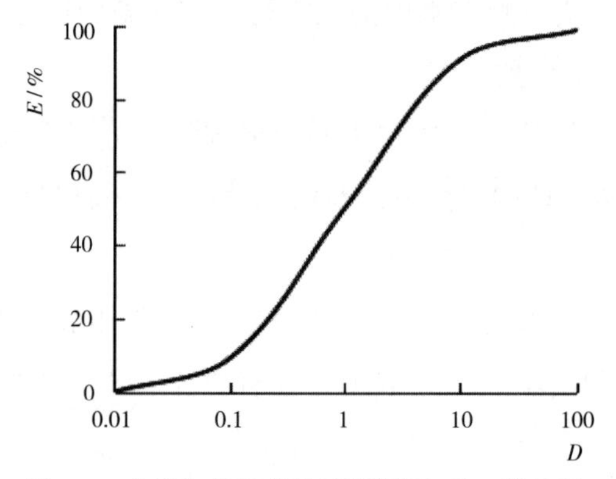

图3-2　水相和有机相体积相同时D和E的关系

如果同一体系中，欲测组分 A 与干扰组分 B 共存，则只有二者的分配比 D_A 与 D_B 不相等时才能分离，并且两者相差越大，分离效果越好。通常将 D_A 与 D_B 的比值称为分离因素。

由于有机溶剂只能萃取水相中以非离子状态存在的物质（主要是有机物），而多数无机物在水相中均以水合离子状态存在，故无法用有机溶剂直接萃取。为实现用有机溶剂萃取，需先加入一种试剂，使其与水相中的离子态组分相结合，生成一种不带电、易溶于有机溶剂的物质。该试剂与有机相、水相共同构成萃取体系。根据生成可萃取物类型的不同，可分为螯合物萃取体系、离子缔合物萃取体系、三元络合物萃取体系和协同萃取体系等。在环境监测中，螯合物萃取体系用得较多。

螯合物萃取体系是指在水相中加入螯合剂，与被测金属离子生成易溶于有机溶剂的中性螯合物，从而被有机相萃取出来。例如，用分光光度法测定水中的Cd^{2+}、Hg^{2+}、Zn^{2+}、Pb^{2+}等，双硫腙（螯合剂）能使上述离子生成难溶于水的螯合物，可用三氯甲烷（或四氯化碳）从水相中萃取后测定，三者构成双硫腙—三氯甲烷—水萃取体系。

水相中的有机污染物质，可根据相似相溶原理，选择适宜的有机溶剂直接进行萃取。例如，用4-氨基安替比林光度法测定水样中的挥发酚时，若酚含量低于0.05mg/L，则水样经蒸馏分离后，需再用三氯甲烷进行萃取浓缩；用气相色谱法测定有机农药（666、DDT）时，需先用石油醚萃取；用红外分光光度法测定水样中的石油类和动植物油时，需要用四氯化碳萃取等。

为了获得满意的萃取效果，必须根据不同的萃取体系选择合适的萃取条件，如选择效果好的萃取剂和有机溶剂、控制溶液的酸度、采取消除干扰的措施等。

b. 固相萃取法。固相萃取法的萃取剂是固体，其萃取原理是基于水样中欲测组分和共存干扰组分与固体萃取剂作用力强弱不同，使它们彼此分离。固体萃取剂是含C_{18}或C_8、氰基、氨基等基团的特殊填料。例如，C_{18}键合硅胶是通过在硅胶表面作硅烷化处理而制成的一种颗粒物，将其装载在聚丙烯塑料、玻璃或不锈钢的短管中，即为柱型固体萃取剂。如果将C_{18}键合硅胶进一步加工制成以聚四氟乙烯为网络的膜片，即为膜片型固体萃取剂。

c. 离子交换法。离子交换法是利用离子交换剂与溶液中的离子发生交换反应进行分离的方法。离子交换剂可分为无机离子交换剂和有机离子交换剂，目前广泛应用的是有机离子交换剂，即离子交换树脂。根据活性基团的不同，离子交换树脂分为强酸性阳离子树脂和强碱性阴离子交换树脂。强酸性阳离子树脂含有活性基团—SO_3H、—SO_3Na等，一般用于富集金属阳离子。强碱性阴离子交换树脂含有—$N(CH_3)_3^+X^-$基团，其中X^-为OH^-、Cl^-、NO_3^-等，能在酸性、碱性和中性溶液中与强酸或弱酸阴离子交换，应用较广泛。

d. 吸附法。吸附法是利用多孔性的固体吸附剂将水样中的一种或数种组分吸附于表面，再用适宜溶剂、加热或吹气等方法将欲测组分解吸，达到分离和富集目的的方法。

按照吸附机理分为物理吸附和化学吸附。物理吸附的吸附力是范德华力；化学吸附是在吸附过程中发生了化学反应，如氧化还原、化合、络合等反应。常用于水样预处理的吸附剂有活性炭、氧化铝、多孔高分子聚合物、分子筛、大网状树脂等。

活性炭可用于吸附金属离子或有机物。例如：对含微量Cu^{2+}、Cd^{2+}、Pb^{2+}、Fe^{3+}

的水样，将其pH值调节到4.0~5.5，加入适量活性炭，置于振荡器上振荡一定时间后过滤，取下炭层滤料，在60℃下烘干，再将其放入烧杯内用少量热浓硝酸处理，蒸干后加入稀硝酸，使被测金属溶解，所得悬浮液进行离心分离，上清液用原子吸收光谱法测定。实验结果表明，该方法的加标回收率可达93%以上。这类吸附剂还有石墨化炭黑，据研究报道，它可以完全吸附多种有机物，并能够定量地洗脱。

国内某单位用国产DA201大网状树脂富集海水中ppb级有机氯农药，用无水乙醇解吸，石油醚萃取两次，经无水硫酸钠脱水后，用气相色谱电子捕获检测器测定，使农药各种异构体均得到满意的分离，其回收率均在80%以上，且重复性好，一次能富集几升甚至几十升海水。

C. 共沉淀法。共沉淀系指溶液中一种难溶化合物在形成沉淀过程中，将共存的某些痕量组分一起载带沉淀出来的现象。共沉淀现象在分离和分析中是应避免的，却是一种分离和富集痕量组分的手段。共沉淀的机理是基于表面吸附、形成混晶、异电核胶体物质相互作用及包藏等。

a. 利用吸附作用的共沉淀分离。该方法常用的载体有$Fe(OH)_3$、$Al(OH)_3$、$MnO(OH)_2$及硫化物等，由于它们是比表面积大、吸附力强的非晶体形胶体沉淀，故富集效率高。例如，分离含络合铜离子溶液中的微量铝，仅加氨水不能使铝以$Al(OH)_3$沉淀析出，若加入适量Fe^{3+}和氨水，则利用生成的$Fe(OH)_3$作载体，将$Al(OH)_3$载带沉淀出来，达到与母液中$[Cu(HN_3)_4]^{2+}$分离的目的；又如，测定水样中的Cr^{3+}时，当水样有色、混浊、Fe^{3+}含量低于200mg/L时，可于pH=8~9条件下用$Zn(OH)_2$共沉淀剂吸附分离干扰物质。

b. 利用生成混晶的共沉淀分离。当欲分离微量组分及沉淀剂组分生成沉淀时，如果具有相似的晶格，就可能生成混晶共同析出。例如，硫酸铅和硫酸锶的晶形相同，如分离水样中的痕量Pb^{2+}，可加入适量Sr^{2+}和过量可溶性硫酸盐，则生成$PbSO_4$—$SrSO_4$的混晶，将Pb^{2+}共沉淀出来。有资料介绍，以$SrSO_4$作载体，可以富集海水中质量分数为10^{-8}的Cd^{2+}。

c. 利用有机共沉淀剂进行共沉淀分离。有机共沉淀剂的选择性较无机沉淀剂好，得到的沉淀也较纯净，并且通过灼烧可除去有机共沉淀剂，留下欲测元素。例如，在痕量Zn^{2+}的弱酸性溶液中，加入硫氰酸铵和甲基紫，由于甲基紫在溶液中解离成带正电荷的大阳离子B^+，它们之间发生如下共沉淀反应：

$$Zn^{2+}+4SCN^- = [Zn(SCN)_4]^{2-}$$

$$2B^+ + [Zn(SCN)_4]^{2-} = B_2[Zn(SCN)_4]\text{（形成缔合物）}$$

$$B^+ + SCN^- \xlongequal{} BSCN$$（形成载体）

$B_2[Zn(SCN)_4]$ 与 BSCN 发生共沉淀，因而将痕量 Zn^{2+} 富集于沉淀之中。又如，痕量 Ni^{2+} 与丁二酮肟生成螯合物，分散在溶液中，若加入丁二酮肟二烷酯（难溶于水）的乙醇溶液，则析出丁二酮肟二烷酯固体，便将丁二酮肟镍螯合物共沉淀出来。丁二酮肟二烷酯只起载体作用，称为惰性共沉淀剂。

3.1.3　气体样品的采集和保存

环境科学与工程实验所涉及的气体样品按存在状态可分为气体污染物样品、气溶胶（烟雾）、气态污染物样品和混合污染样品。根据被测污染物在空气中的存在状态和浓度以及所用的分析方法，可以采用不同的采样方法和仪器。

（1）气体样品采样点的布设

①气体样品采样点的布设原则。

A. 采样点应设在整个监测区域的高、中、低三种不同污染物浓度的地方。

B. 在污染比较集中，主导风向比较明显的情况下，应将污染源的下风向作为主要监测范围，布设较多的采样点，上风向则布设少量点作为对照。

C. 工业较密集的城区和工矿区，人口密集及污染物超标地区，要适当增设采样点。城市郊区和农村，人口密度较小及污染物浓度低的地区，可酌情少设采样点。

D. 采样点的周围应开阔，采样口水平线与周围建筑物高度的夹角不大于 30° 。测点周围无局地污染源，并应避开树木及吸附能力较强的建筑物。交通密集区的采样点应设在距人行道边缘至少 15m 远处。

E. 各采样点的设置条件要尽可能一致或标准化，使获得的监测数据具有可比性。

F. 采样高度根据监测目的而定。例如，研究大气污染对人体的危害时，采样口应在离地面 1.5~2m 处。；研究大气污染对植物或器物的影响时，连续采用的例行监测采样口应在离地面 3~15m 处；若置于屋顶采样，采样口应在离基础面 1.5m 以上的相对高度，以减小扬尘影响。特殊地形可以视情况选择采样高度。

②采样点数目的确定。采样点设置数目是与城市经济投资和精度要求相对应的一个效益函数。对一个监测区域，采样点设置数目应根据监测范围大小、污染物的空间分布特征、人口分布及密度、气象、地形及经济条件等因素综合考虑确定。

A. 城市点。城市点的最少监测点数根据建成区城市人口、面积确定，具体规定见表 3–3。如果由建成区城市人口和面积确定的最少监测点数不同，取两者中较大值。

我国大气环境污染例行监测采样点设置数目见表 3–4。

表3–3 城市点设置数量要求

城市建成区人口/万人	建成区面积/km^2	最少监测点数
＜25	＜20	1
25~50	20~50	2
50~100	50~100	4
100~200	100~200	6
200~300	200~400	8
＞300	＞400	按每50~60km^2建成区面积设1个监测点，并且不少于10个点

表3–4 我国大气环境污染例行监测采样点设置数目

市区人口/万人	SO_2、NO_x、TSP	灰尘自然降尘量	硫酸盐化速率
≤50	3	≥3	≥6
50~100	4	4~8	6~12
100~200	5	8~12	12~18
200~400	6	12~20	18~30
>400	7	20~30	30~40

B. 区域点和背景点。区域点的数量由国家环境保护主管部门根据国家规划，兼顾区域面积和人口因素设置。各地方可根据环境管理的需要，申请增加区域点数量；背景点数量由国家环境保护主管部门根据国家规划设置。

C. 污染控制点、路边交通点。污染控制点、路边交通点的数量由地方环保行政主管部门组织各地环境监测机构根据本地区环境管理的需要设置。

③布点方法。监测区域内的监测站（点）总数确定后，可采用经验法、统计法、模拟法等进行监测站（点）布设。经验法是常用的方法，特别是对尚未建立监测网或监测数据积累少的地区，需要凭借经验确定监测站（点）的位置。常用的布点方法有以下几种。

A. 功能区布点法。先将监测区域划分为工业区、商业区、居住区、工业和居住混合区、交通稠密区、清洁区等。再根据具体情况和人力、物力条件，在各功能区设置一定数量的采样点。各功能区的采样点数不要求平均，一般在污染较集中的工业区和人口较密集的居住区多设采样点。此法多用于区域性常规监测。

B. 网格布点法。此法是将监测区域地面划分为若干均匀网状方格，采样点设在两条支线的交点处或方格中心（图 3–3）。网格大小根据污染源强度、人口分布及人力、物力条件等确定。若主导风向明显，下风向处应多设点，一般占采样点总数的 60%。对于有多个污染源且污染源分布较均匀的地区，常采用这种布点法。它能较好地反映污染物的空间分布，如将网格划分得足够小，则将实验结果绘制成污染物浓度空间分布图，对指导城市规划和管理具有重要意义。

C. 同心圆布点法。此方法主要用于多个污染源构成污染群且大污染源较集中的地区。先找出污染群的中心，以此为圆心在地面上画若干个同心圆，再以圆心为端点做若干条放射线，将放射线与圆周的交点作为采样点（图 3–4）。不同圆周上采样点数目不一定相等或均匀分布，常年主导风向的下风向比上风向多设一些点。

D. 扇形布点法。此法适用于孤立的高架点源且主导风向明显的地区。以点源所在的位置为端点，主导风向为轴线，在下风向地面上画出一个扇形区作为布点范围，采样点设在扇形平面内距点源不同距离的若干弧线上（图 3–5）。扇形的角度一般为 45°，也可更大些，但不能超过 90°。每条弧线上设 3~4 个采样点，相邻两点与端点连线的夹角一般取 10°~20°。同时在上风向设对照点。

在实际工作中，为做到因地制宜，使采样网点的布设更加完善合理，往往以某一种方法为主兼用其他方法的综合布点法。

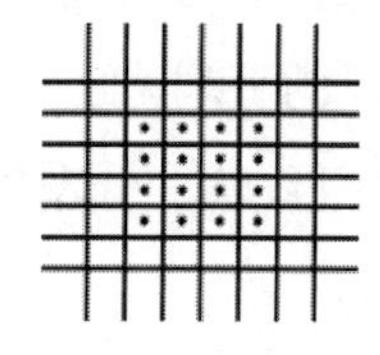

图3–3　网格布点法

图3–4　同心圆布点法

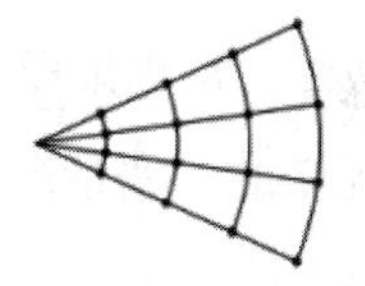

图3–5　扇形布点法

（2）气体样品的采集

气体样品中所测污染物的存在状态不同，其采样方法也不尽相同。下面按污染物呈气态、气溶胶态和混合态来介绍气体样品的采样方法。

①气态污染物采样方法。

A. 直接采样法。当空气中的被测组分浓度较高或监测方法灵敏度高时，从大气中直接采集少量气样即可满足监测分析要求。这种方法测定的结果是瞬时浓度或短时间内的平均浓度，能较快地测知结果。常用的采样仪器有以下几种。

a. 注射器采样。常用 100mL 注射器采集有机蒸气样品。采样时，先用现场用气体抽洗注射器 3~5 次，然后抽取 100mL 样品，密封进气口，带回实验室分析。样品存放时间不宜过长，一般应在采样当天分析完毕。

b. 塑料袋采样。应选择与气样被测组分不发生化学反应，也不吸附、不渗漏的塑料袋。为减少对被测组分的吸附，可在袋的内壁衬银、铝等金属膜。采样时，先用双链球打进现场气体冲洗 2~3 次，再充满气样，夹封进气口，带回实验室尽快分析。

c. 采气管采样。采气管是两端具有旋塞的管式玻璃容器，其容积为 100~500mL。采样时，打开两端的旋塞，将双链球或抽气泵接在管的一端，迅速抽进比采气管容积大 6~10 倍的欲采气体，使采气管中原有的气体被完全置换出来，关闭两端旋塞，采样体积等于采气管的容积。

d. 真空瓶采样。采样前，先用抽真空装置将真空瓶内抽至剩余压力为 1.33kPa 左右；如瓶内预先装入吸收液，可抽至吸收液冒泡为止，关闭旋塞。采样时，打开旋塞，被采空气即充入瓶内，关闭旋塞，则采样体积等于真空瓶的容积。如果真空瓶内真空度达不到 1.33kPa，实际采样体积应根据剩余压力进行计算。

当用闭口压力计测得剩余压力时，现场状况下的采样体积按式（3–8）计算：

$$V = V_0 \cdot \frac{P-P_B}{P} \tag{3-8}$$

式中：V 为现场状况下的采样体积，单位是 L；V_0 为真空瓶的容积，单位是 L；P 为大气压，单位是 kPa；P_B 为闭口压力计读数，单位是 kPa；

B. 富集（浓缩）采样法。空气中的污染物浓度一般比较低（ppm~ppb 数量级），直接采样法往往不能满足分析方法检测限的要求。故需用富集采样法对大气中的污染物进行浓缩。富集采样时间一般较长，测得的结果代表采样时段的平均浓度，更能反映大气污染的真实情况。这类采样方法有溶液吸收法、填充柱阻留法、低温冷凝法、扩散（或渗透）法。

a. 溶液吸收法。该方法是采集大气中气态、蒸气态及某些气溶胶态污染物质的常用方法。采样时，用抽气装置将欲测空气以一定流量抽入装有吸收液的吸收管（瓶）。采样结束后，倒出吸收液进行测定，根据测得结果及采样体积计算大气中污染物的浓度。

溶液吸收法的吸收效率主要取决于吸收速率和与吸收液的接触面积。欲提高溶液的吸收速率，应从两个方面着手：一是根据被吸收污染物的性质选择效能良好的吸收液，二是增大与吸收液的接触面积。对溶液吸收法来说，常用的吸收液有水、水溶液和有机溶剂等。按照它们的吸收原理可分为两种类型，一种吸收原理是利用气体分子溶解于溶液中的物理作用，如用水吸收空气中的氯化氢、甲醛；用体积分数为 5% 的甲醇溶液吸收有机农药；用体积分数为 10% 的乙醇溶液吸收硝基苯等。另一种吸收原理是基于发生化学反应。例如，用氢氧化钠溶液吸收空气中的硫化氢是基于中和反应；用四氯汞钾溶液吸收 SO_2 是基于络合反应等。理论和实践证明，伴有化学反应的吸收液的吸收速率比单靠溶解作用的吸收液的吸收速率快得多。因此，除采集溶解度非常大的气态污染物外，一般都选用伴有化学反应的吸收液。吸收液的选择原则有：对被采集的污染物质发生化学反应快或对其溶解度要大；污染物质被吸收液吸收后，要有足够的稳定时间，以满足分析测定所需时间的要求；污染物质被吸收后，应有利于下一步分析测定，最好能直接用于测定；吸收液毒性小、价格低、易于购买，且尽可能回收利用。

增大被采气体与吸收液接触面积的有效措施是选用结构适宜的吸收管（瓶）。下面介绍几种常用的气体吸收管（瓶）（图 3–6）。

图3–6　气体吸收管（瓶）

气泡吸收管。这种吸收管可装 5~10mL 吸收液，采样流量为 0.5~2.0L/min，适用于采集气态和蒸气态物质。对于气溶胶态物质，因不能像气态分子那样快速扩散到气液界面上，故吸收效率差。

冲击式吸收管。这种吸收管有小型（装 5~10mL 吸收液，采样流量为 3.0L/min）和大型（装 50~100mL 吸收液，采样流量为 30L/min）两种规格，适宜采集烟、尘等气溶胶态物质。因为该吸收管的进气管喷嘴孔径小，距瓶底又很近，当被采气样快速从喷嘴喷出冲向管底时，则气溶胶颗粒因惯性作用冲击到管底后被分散，从而易被吸收液吸收。冲击式吸收管不适合采集气态和蒸气态物质，因为气体分子的惯性小，在快速抽气的情况下，容易随空气一起跑掉，只有在吸收液中溶解度很大或与吸收液反应速度很快的气体分子才能被吸收完全。

多孔筛板吸收管（瓶）。该吸收管可装 5~10mL 吸收液，采样流量为 0.1~1.0L/min。吸收瓶有小型（装 10~30mL 吸收液，采样流量为 0.5~2.0L/min）和大型（装 50~100mL 吸收液，采样流量为 30L/min）两种。气样通过吸收管（瓶）的筛板后，被分散成很小的气泡，且阻留时间长，大大增加了气液接触面积，从而提高了吸收效果。多孔筛板吸收管（瓶）除适合采集气态和蒸气态物质外，也能采集气溶胶态物质。

b. 填充柱阻留法。填充柱是用一根长 6~10cm、内径 3~5mm 的玻璃管或塑料管，内装颗粒状填充剂制成的。采样时，让气样以一定流速通过填充柱，则欲测组分因吸附、溶解或化学反应等作用被阻留在填充剂上，达到浓缩样品的目的。采样后，通过解吸或溶剂洗脱，使被测组分从填充剂上释放出来进行测定。根据填充剂阻留作用的原理，可分为吸附型、分配型和反应型三种类型。

吸附型填充柱。这种柱的填充剂是颗粒状固体吸附剂，如活性炭、硅胶、分子筛、高分子多孔微球等。它们都是多孔性物质，比表面积大，对气体和蒸气有较强的吸附能力。一般来说，吸附力越强，采样效率越高，但这往往会给解吸带来困难。因此，在选择吸附剂时，既要考虑吸附效率，又要考虑易于解吸。

分配型填充柱。这种填充柱的填充剂是表面涂高沸点有机溶剂（如异十三烷）的惰性多孔颗粒物（如硅藻土），类似于气液色谱柱中的固定相，只是有机溶剂的用量比色谱柱中的固定相大。当被采集气样通过填充柱时，在有机溶剂中分配系数大的组分保留在填充剂上而被富集。

反应型填充柱。这种柱的填充剂是由惰性多孔颗粒物（如石英砂、玻璃微球等）或纤维状物（如滤纸、玻璃棉等）表面涂渍能与被测组分发生化学反应的试剂制成的。也可用纯金属丝毛或细粒作填充剂。气样通过填充柱时，被测组分在填充剂表面因发生化学反应而被阻留。例如，空气中的微量氨可用装有表面涂渍硫酸的石英砂填充柱富集。采样后，用水洗脱后测定。反应型填充柱采样量大，采集速度大快，富集物稳定，对气态、蒸气态和气溶胶态物质有较高的富集效率。

c. 低温冷凝法。空气中某些沸点比较低的气态污染物质，如烯烃类、醛类等，在常温下用固体填充剂等方法富集效果不好，而低温冷凝法可提高其采集效率。因此，低温冷凝用于常温下难于被固体吸附剂完全阻留的一些低沸点气态化合物。低温冷凝采样法是将 U 形或蛇形采样管插入冷阱（图 3-7）中，当大气流经采样管时，被测组分因冷凝而凝结在采样管底部。如用气相色谱法测定，可将采样管与仪器进气口连接，移去冷阱，在常温或加热情况下汽化，进入仪器测定。

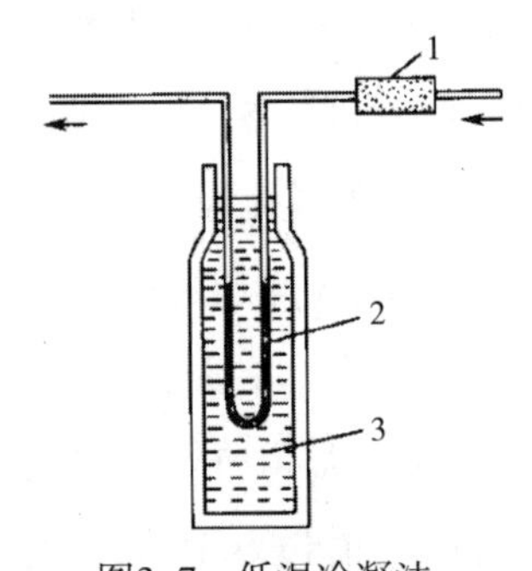

图3-7　低温冷凝法

1—选择性过滤器　2—采样管　3—致冷剂

常用的制冷剂及致冷温度见表 3–5。

表3–5　常用制冷剂及致冷温度

名称	致冷温度/℃	名称	致冷温度/℃
冰	0	干冰	–78.5
冰—食盐	–4	液氮—甲醇	–94
冰—二氯乙烯	–60	液氮—乙醇	–117
干冰—乙醇	–72	液氧	–183
干冰—乙醚	–77	液氮	–196
干冰—丙酮	–78.5		

低温冷凝法具有效果好、采样量大、利于组分稳定等优点，但空气中的水蒸气、二氧化碳甚至氧也会同时冷凝下来。在汽化时，这些组分也会汽化，增大了气体总体积，从而降低了浓缩效果，甚至干扰测定。为此，应在采样管的进气端装置选择性过滤器（内装氯化钙、过氯酸镁、碱石棉等），以除去空气中的水蒸气和二氧化碳等。但所用的干燥剂和净化剂不能与被测组分作用，以免引起被测组分损失。

d. 扩散（或渗透）法。该方法用于个体采样器采集气态和蒸气态有害物质。采样时不需要采样动力，而是利用被测污染物分子自身扩散或渗透到达吸收层（吸收液、吸附剂或反应性材料）被吸收或吸附，又称无动力采样法。这种采样器体积小、轻便，可以佩戴在人身上，跟踪人的活动，用作人体接触有害物质量的监测。

②气溶胶（烟雾）采样方法。气溶胶的采样方法主要有沉降法、滤料阻留法和冲击式吸收管法。

A. 沉降法包括静电沉降法和自然沉降法。

a. 静电沉降法。空气样品通过 12000~20000V 高压电场时，气体分子电离，所产生的离子附着在气溶胶颗粒物上，使颗粒物带电荷，并在电场作用下沉降到收集极上，然后将收集极表面的沉降物洗下，供分析用。这种采样方法不能用于易燃、易爆的场合。

b. 自然积集法（又称自然沉降法）。这种方法是利用物质的自然重力、空气动力和浓差扩散作用采集大气中的被测物质，如自然降尘量、硫酸盐化速率、氟化物等大气样品的采集。采样不需动力设备，简单易行，且采样时间长，测定结果能较好地反映空气污染情况。下面举两个自然积集法的实例。

降尘样品的采集。采集空气中降尘的方法分为湿法和干法两种，其中，湿法的应用更为普遍。湿法采样是在一定大小的圆筒形玻璃（或塑料、瓷、不锈钢）缸（集尘缸）

中加入一定量的水，放置在距地面5~12m高，且附近无高大建筑物及局部污染源的地方，采样口距基础面1~1.5m，以避免基础面扬尘的影响。为防止冰冻和抑制微生物及藻类的生长、保持缸底湿润，需加入适量乙二醇。采样时间为（30±2）d，多雨季节注意及时更换集尘缸，防止水满溢出。将各集尘缸采集的样品合并后测定。干法采样一般使用标准集尘器，夏季也需要加除藻剂。

硫酸盐化速率样品的采集。硫酸盐化速率样品常用的采样方法有二氧化铅法和碱片法。二氧化铅法是将涂有二氧化铅糊状物的纱布绕贴在素瓷管上，制成二氧化铅采样管，将其放置在采样点处，则空气中的二氧化硫、硫酸雾等与二氧化铅反应生成硫酸铅。碱片法是将用碳酸钾溶液浸渍过的玻璃纤维滤膜置于采样点处，则空气中的二氧化硫、硫酸雾等与碳酸盐反应生成硫酸盐而被采集。

B.滤料阻留法。该方法是将过滤材料（滤纸、滤膜等）放在采样夹上，用抽气装置抽气，则空气上的颗粒物被阻留在过滤材料上，秤量过滤材料上富集的颗粒物重量，根据采样体积可计算出空气中颗粒物的浓度。

常用滤料有纤维状滤料，如滤纸、玻璃纤维虑膜、过氯乙烯滤膜等；筛孔状虑料，如微孔滤膜、核孔滤膜、银薄膜等。滤纸的孔隙不规则且较少，适用于金属尘粒的采集。因滤纸吸水性较强，不宜用于重量法测定颗粒物浓度。玻璃纤维滤膜吸湿性小、耐高温、耐腐蚀、通气阻力小、采样效率高，常用于采集悬浮颗粒物，但其机械强度差，某些元素含量较高。聚氯乙烯或聚苯乙烯等合成纤维膜通气阻力小，并可用有机溶剂溶解成透明溶液，便于进行颗粒无分散度及颗粒物中化学组分的分析。微孔滤膜是由硝酸（或乙酸）纤维素制成的多孔性薄膜，孔径细小、均匀，质量小，金属杂质含量极微，可溶于多种有机溶剂，尤其适用于采集分析金属的气溶胶。核孔滤膜是将聚碳酸酯薄膜覆盖在铀箔上，用中子流轰击，使铀核分裂产生的碎片穿过薄膜形成微孔，再经化学腐蚀处理制成的。这种膜薄而光滑，机械强度好，孔径均匀，不亲水，适用于精密的重量法分析，但因微孔呈圆柱状，采样效率较微孔滤膜低。银薄膜由微细的银粒烧结制成，具有与微孔滤膜相似的结构，它能耐400℃高温，抗化学腐蚀性强，适用于采集酸、碱性气溶胶及含煤焦油、沥青等挥发性有机物的气样。

采样滤料种类较多，采样时应根据分析目的和要求来选择使用。所选的滤料应该采样效率高，采气阻力小，重量轻，机械强度好，空白值低，且采样后待测物易洗脱提取。玻璃纤维滤纸和合成纤维滤料的阻力较小，可用于较大流量的采样。表3–6为常用滤料中杂质的含量。分析金属检测物时，最好选用金属空白值低的微孔滤膜，分析有机检测物时，要选用经高温预处理的玻璃纤维滤纸等。

表3-6　常用滤料中的无机元素含量

（本底值，单位：μg/cm²）

元素	玻璃纤维	有机滤膜	银薄膜
As	0.08	—	—
Be	0.04	0.0003	0.2
Bi	—	<0.001	—
Cd	—	0.005	—
Co	—	0.00002	—
Cr	0.08	0.002	0.06
Cu	0.02	0.006	0.02
Fe	4	0.03	0.3
Mn	0.4	0.01	0.03
Mo	—	0.0001	—
Ni	<0.08	0.001	0.1
Pb	0.8	0.008	0.2
Sb	0.03	0.001	—
Si	7000	0.1	13
Sn	0.05	0.001	—
Ti	0.8	2	0.2
V	0.03	0.001	—
Zn	160	0.002	0.01

C. 冲击式吸收管法。适宜采集烟、尘等气溶胶态物质。

③气态和气溶胶两种状态检测物的同时采样方法。环境科学和工程实验所需要的气体样品往往不是以单一的形态存在，经常会出现气态和气溶胶共存的状况，有时需要同时采集和测定，并要求采样时不能改变它们原来的存在状态。综合采样法就是针对这种情况得来的。其基本原理是使颗粒物通过滤料截留，在滤料后安装吸收装置吸收通过的气体。由于采样流量受到后续气体吸收的制约，故在具体操作中针对不同的实验要求要进行一定的改进。具体方法包括：浸渍试剂滤料、泡沫塑料、多层滤料以及环形扩散管和滤料组合的采样方法。

A. 浸渍试剂滤料采样法。先将某种化学试剂浸渍在滤料（滤纸或滤膜）上，采样时，利用滤料的物理阻留作用、吸附作用，以及待测物与滤料上化学试剂的反应，同时采集气态和颗粒态检测物，这种采样方法称为浸渍滤料法。浸渍滤料能将气态和颗粒物一并采集，因而采样效率高，应用范围广泛。

B. 泡沫塑料采样法。聚氨基甲酸酯泡沫塑料具有多孔性，其比表面积大，气阻小，适用于较大流量的采样。它既可以阻留气溶胶，又可以吸附有机蒸气。杀虫剂、农药等检测物是一种半挥发性的物质，常以蒸气和气溶胶两种状态共存于空气中，可用泡沫塑料采样法（图 3-8）采集分析。

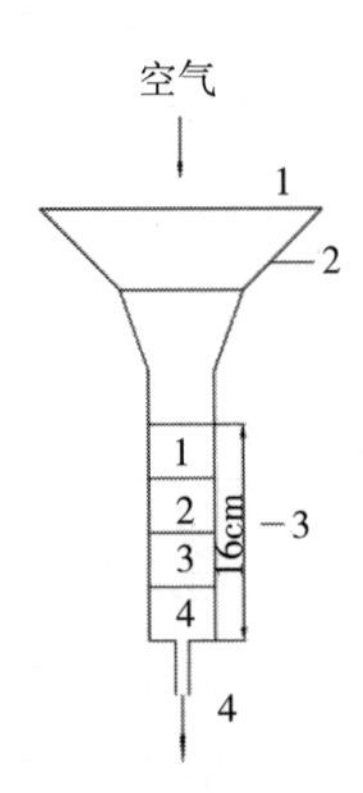

图3-8 泡沫塑料采样装置

1—采样夹罩 2—装滤料的采样夹 3—装泡沫塑料的圆筒 4—接抽气泵

采样时，通常在滤料采样夹后连接一个圆筒，组成采样装置。采样夹内安装玻璃纤维滤纸，用于采集颗粒物；圆筒内可装 4 块泡沫塑料（每块长 4cm，直径 3cm），用于采集蒸气状态的检测物。泡沫塑料使用前需预处理，以除去杂质。这一方法已成功地用于空气中多环芳烃的蒸气和气溶胶的测定。

C. 多层滤料采样法。用两层或三层滤料串联组成一个滤料组合体（图 3-9），第一层滤料采集颗粒物；常用的滤料是聚四氟乙烯滤膜、玻璃纤维滤纸或其他有机纤维滤料。第二层或第三层滤料是浸渍过化学试剂的滤纸，用于采集通过第一层的气态组分。例如，采集无机氟化物时，第一层是乙酸纤维素或硝酸纤维素滤膜，采集颗粒态氟化物，第二层是用甲酸钠或碳酸钠浸渍过的滤纸，采集气态氟化物。为了减少气态氟化物在第一层滤膜上的吸附，第一层可采用带有加热套的采样夹。

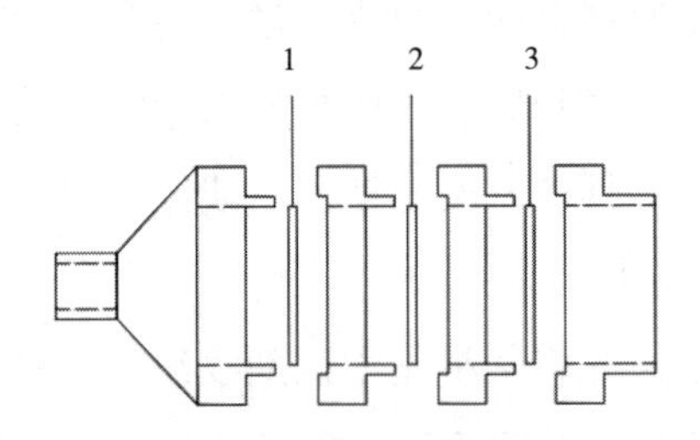

图3-9 多层滤料采样装置

1—第一层滤料 2—第二层滤料 3—第三层滤料

多层滤料采样法存在的主要问题是：气体通过第一层滤料时，可能部分气体被吸附或发生反应而造成损失，使用玻璃纤维滤膜采样时这一现象更为突出；一些活泼的气体与采集在第一层滤料上的颗粒物反应，以及颗粒物在采样过程中分解，导致气相组分和颗粒物组成发生变化，造成采样和测定误差。

D. 环形扩散管和滤料组合采样法。

a. 扩散管和滤料组合。扩散管和滤料组合采样法是针对多层滤料采样法的缺点发展起来的。采样装置由扩散管和滤料夹组成，扩散管为内壁涂有吸收液膜的玻璃管。如图 3-10 所示，当空气进入扩散管时，气体检测物分子质量小，惯性小，易扩散到管壁上，被吸收液吸收；颗粒物则受惯性作用通过扩散管，被后面的滤料阻留。气体的采样效率与扩散管的长度和气体流量有关。通常扩散管的内径为 2~6mm，长度为 100~500mm，采气流量小于 2L/min。

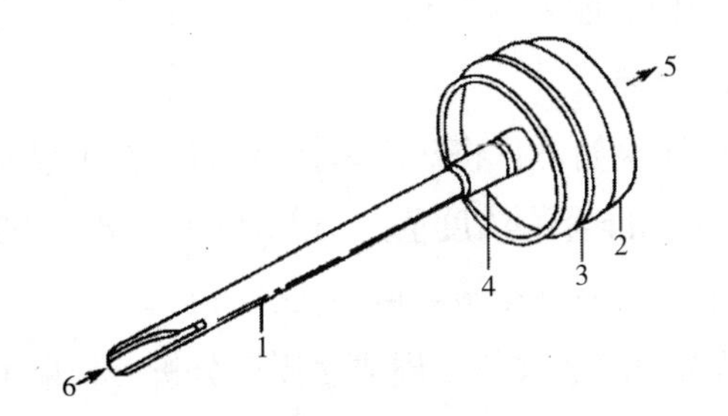

图3-10　扩散管和滤料组合采样装置

1—扩散管　2—滤料夹　3—滤料　4—连接二通　5—至抽气泵　6—样气入口

b. 环形扩散管和滤料组合采样法。环形扩散管和滤料组合采样法（图 3-11）是在扩散管和滤料组合采样法的基础上进一步发展起来的，可以在较大流量下采样。

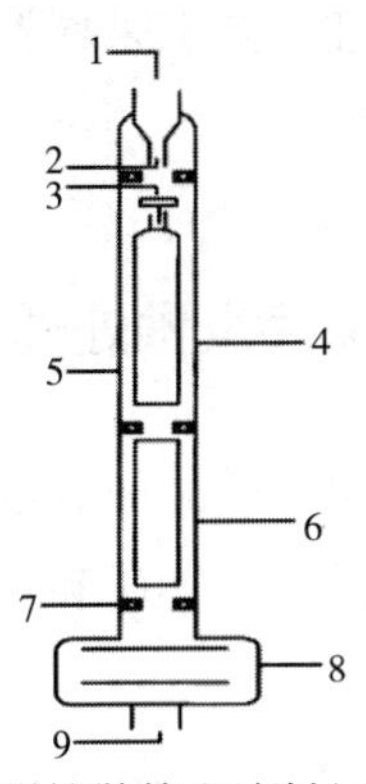

图3-11　环形扩散管和滤料组合采样装置

1—进气口　2—气体加速喷嘴　3—撞击式切割器　4—第一环形扩散管

5—环形狭缝　6—第二环形扩散管　7—密封圈　8—两层滤料夹　9—至采样动力

环形扩散管和滤料组合采样法已广泛应用于大气、室内空气中气态和气溶胶共存的污染物采样。例如，用分别涂渍1% Na_2CO_3 甲醇溶液和5% H_3PO_3 甲醇溶液的两段环形扩散管同时收集室内空气和大气中气态氨、硝酸、氯化氢和二氧化硫气体，并用聚四氟乙烯滤膜和尼龙滤膜置于环形扩散管之后采集相应的颗粒物，均获得满意的结果。

环形扩散管价格低廉，可反复使用，同时克服了气体污染物被颗粒物吸附或使之反应造成的损失，但是环形扩散管的设计和加工以及内壁涂层要求很高，否则，颗粒物通过扩散管环缝时也可能因碰撞或沉积而造成损失。

（3）气体样品的保存

一般来说，气体样品采集后应尽快送至实验室分析，以保证样本的代表性。在运送过程中，应保证气体样品的密封性，防止不必要的干扰。

由于采集后的样品往往要放置一段时间才能分析，所以对采样器有稳定性方面的要求。要求在放置过程中样品能够保持稳定性，尤其是对于那些活泼性较强的污染物以及那些吸收剂不稳定的采样器。

测定采样器的稳定性实验如下：将3组采样器按每10个暴露在被测污染物浓度为1S或5S（S为被测物卫生标准容许浓度值）、相对湿度为80%的环境中，暴露时间为推荐最大采样时间的一半。第一组在暴露后当天分析，第二组放在冰箱中（5℃）至少2周后分析，第三组放在室温（25℃）1周或2周后分析。如果第二组或第三组样品与第一组样品的平均测定值之差在95%概率的置信度小于10%，则认为样品在所放置的时间内是稳定的。若观察样品在暴露过程中的稳定性，则可以将标准样品加到吸收层上，在清洁空气中晾干后分为两组，第一组立即分析；第二组在室温下放置推荐最大采样时间或更长时间后再分析，将其结果与第一组结果相比较，以评价采样器在室温下暴露过程中和放置期间内的稳定性。要求采样器所采集的样品在暴露过程中是稳定的，并有足够的放置稳定时间。

3.1.4 固体样品的采集、保存及预处理

环境科学与工程实验所涉及的固体样品一般包括固体废物和土壤。固体样本的采样和保存有共同之处，但针对固体样品的性质和实验内容的不同，所选用的采样方法和保存方法也不尽相同。

（1）固体样品的采集

①固体样品的采样程序。

A. 根据固体废物批量大小确定应采的份样（由一批废物中的一个点或一个部位，

按规定量取出的样品）个数。

B. 根据固体废物的最大粒度（95% 以上能通过的最小筛孔尺寸）确定份样量。

C. 根据采样方法，随机采集份样，组成总样，并认真填写采样记录表。

②固体样品的采样工具。采集固体样品所需的工具主要包括尖头钢锹、钢尖镐（腰斧）、锤、耙、锯、剪刀等一般工具。另外，在固体废物样品采样中还会用到采样铲、采样器、具盖采样桶或内衬塑料的采样袋等专用工具；土壤采样中还常常用到土壤采样铲、土壤采样钻、土壤采样器、土壤取芯器等专用工具。

③固体样品采样点的布设。

A. 固体废物样品采样点布设。

a. 垃圾收集点采样。各类垃圾收集点的采样在收集点收运垃圾前进行。在大于 $3m^3$ 设施（箱、坑）中采用立体对角线布点法：在等距点（不少于 3 个）采等量的固体废物，共 100~200kg。在小于 $3m^3$ 设施（箱、桶）中，每个设施采集 20kg 以上样品，最少采 5 个点，共 100~200kg。

b. 混合垃圾点采样。应采集当日收运到堆放处理厂的垃圾车中的垃圾，在间隔的每辆车内或在其卸下的垃圾堆中采用立体对角线法在三个等距点采集等量垃圾共 20kg 以上，最少采 5 个，总共 100~200kg。在垃圾车中采样时，采样点应均匀分布在车厢的对角线上（图 3–12），端点距车角应大于 0.5m，表层去掉 30cm。

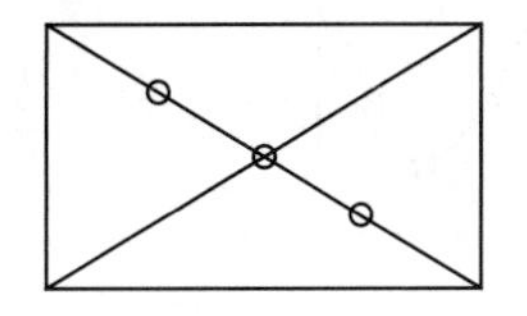
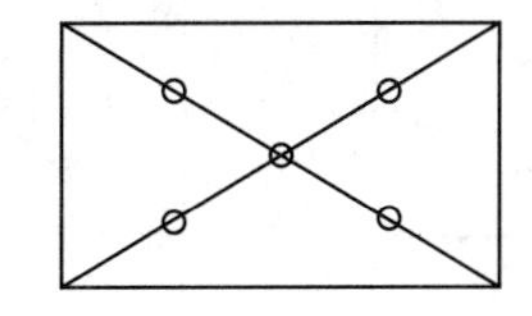
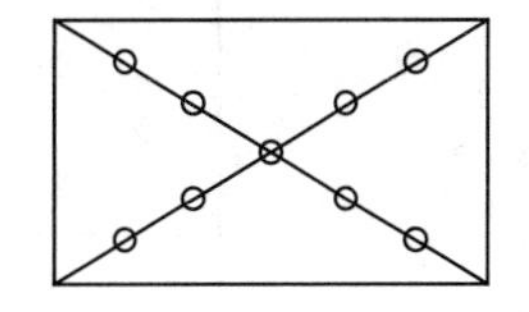

图3–12　车厢中的采样布点

c. 废渣堆采样。在渣堆侧面距堆底 0.5m 处画第一条横线，然后每隔 0.5m 画一条横线，再每隔 2m 画一条横线的垂线，以其交点作为采样点。按表 3–7 确定的份样数确定采样点数，在每个点上从 0.5~1.0m 深处各随机采样一份，如图 3–13 所示。

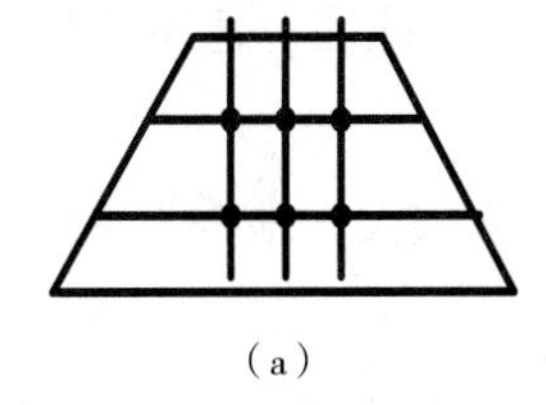
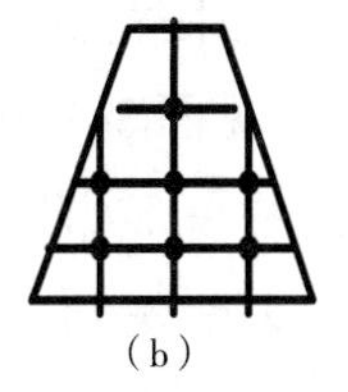

（a）　（b）

图3–13　废渣堆采样布点

B. 土壤样品采样点布设。土壤样品采样点布设通常遵守以下原则。

a. 不同土壤类型都要布点。

b. 在一定区域面积内要有一个采样点。污染较重的地区布点要密些。通常根据土壤污染发生的原因来考虑布点的多少。对大气污染物引起的土壤污染，采样点布设应以污染源为中心，并根据当地风向、风速及污染强度等因素来确定；由城市污水或被污染的河水灌溉农田引起的土壤污染，采样点应根据水流的路径和距离来考虑；如果是由于化肥、农药引起的土壤污染，则采样点的分布应均匀广泛。

C. 要在非污染区的同类土壤中布设一个或几个对照采样点。

总之，土壤样品采样点的布设应视污染情况和实验目的而定，同时应尽可能照顾到土壤的全面情况。布设方法有以下几种。

a. 对角线布点法。该方法适用于面积小、地势平坦的污水灌溉或受废水污染河流灌溉的地形端正的田块。布点方法是由田块进水口向对角引一直线，将对角线划分为若干等份（一般为 3~5 等份），在每等份的中点处设采样点，见图 3–14（a）。

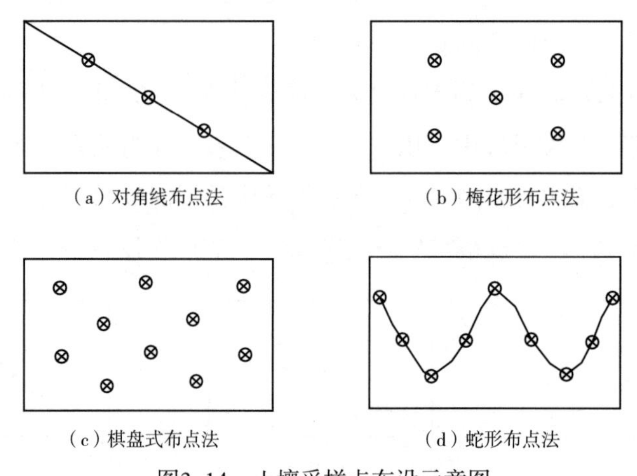

图3–14　土壤采样点布设示意图

b. 梅花形布点法。该方法适用于面积较小，地势平坦，土壤较均匀的田块。中心点设在两对角线相交处，一般设 5~10 个采样点，见图 3–14（b）。

c. 棋盘式布点法。这种布点方法适用于面积中等，地势平坦，地形完整开阔但土壤较不均匀的田块。一般采样点在 10 个以上。此法也适用于受固体废物污染的土壤，设 20 个以上的采样点，见图 3–14（c）。

d. 蛇形布点法。这种布点方法适用于面积较大，地势不平坦，土壤不均匀的田块。布设采样点数目较多，见图 3–14（d）。

为全面客观评价土壤污染情况，在布点的同时要做到与土壤生长作物监测同步进行布点、采样、监测，以利于对比和分析。由于土壤本身在空间分布上具有一定的不均匀性，所以应多点采样并均匀混合成为具有代表性的土壤样品。

④固体样品的采样批量大小与最少份样数的确定。

A. 固体废物采样批量与最少份样数的确定。

a. 固体废物采样批量大小与最少份样数的确定见表 3–7。

表3–7　批量大小与最少份样数

批量大小（单位：液体1kL；固体1t）	最少份样个数
＜5	5
5~10	10
50~100	15
100~500	20
500~1000	25
1000~5000	30
＞5000	35

b. 份样重量的确定。液态废物的份样重量以不小于 100mL 的采样瓶（或采样容器）所盛量为宜。也可按表 3–8 确定每个份样应采的最小重量。所采的每个份样量应大致相等，其相对误差不大于 20%。表中要求的采样铲容量能保证一次在一个点或部位能取到足够数量的份样量。

表3–8　最小份样重量和采样铲容量

最大粒度/mm	最小份样重量/kg	采样铲容量/mL
＞150	30	
100~150	15	16000
50~100	5	7000
40~50	3	1700
20~40	2	800
10~20	1	300
＜10	0.5	125

c. 最少采样车数（容器数）的确定。对于运输车及容器内的固体废物，按表 3–9 选取所需最少采样车数（容器数）。

表3–9　所需最少采样车数（容器数）

车数（容器数）	所需最少采样车数
＜10	5
10~25	10
25~50	20
50~100	30
＞100	50

B. 土壤样品的采样量及采样点数。土壤样品一般是多点混合而成的，取土量往往较大，而一般测试只需要 1~2kg 即可，因此可大量取样后，按四分法反复缩分（图 3–15）弃取。将样品于清洁、平整、不吸水的板面上堆成圆锥型，每铲物料自圆锥顶端落下，使均匀地沿锥尖散落，不可使圆锥中心错位。反复转堆，至少三周，使其充分混合。然后将圆锥顶端轻轻压平，摊开物料后，用十字板自上压下分为四等份，取两个对角的等份，重复操作数次，直至不少于 1kg 试样为止。采样点数目与研究地区范围的大小、研究任务所设定的精密度等因素有关。为了使布点更合理，采样点数依据统计学原则确定。

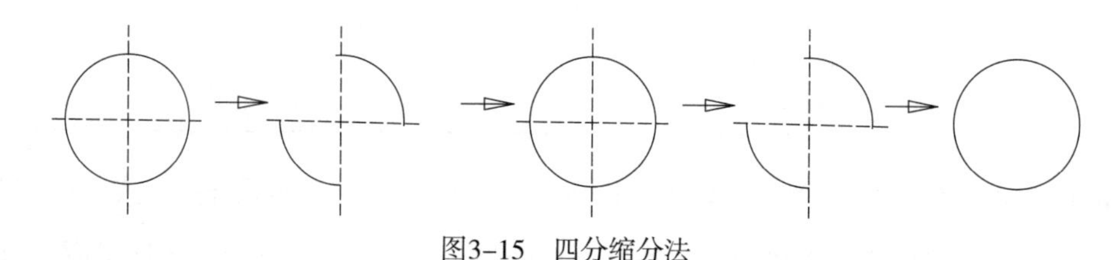

图3–15　四分缩分法

⑤固体样品的采集。

A. 固体废物样品的采集。固体废物中底泥和沉积物样品（如河道底泥、城市下水道的污泥等），由于形态和位置较为特殊，主要采用直接挖掘法和装置采集法。

a. 直接挖掘法。此法适用于大量样品的采集或一般需求样本的采集。在无法采到很深的河、海、湖底泥的情况下，亦可用沿岸直接挖掘的方法。但是采集的样本极易相互混淆，当挖掘机打开时，一些不黏的泥土组分容易流失，这时可以采用自制的工具采集。

b. 装置采集法。采用类似岩心提取器的采集装置，适用于采样量较大且不宜相互混淆的样品。用这种装置采集的样本，同时也可以反映沉积物不同深度层面的情况。使用金属采样装置，需要内衬塑料内套，以防止金属玷污。当沉积物不是非常坚硬难以挖掘时，甲基丙烯酸甲酯有机玻璃材料可用来制作提取装置。对于深水采样，需要能在船上操作的机动提取装置，倒出来的沉积物可以分层装入聚乙烯瓶中储存。在某些元素的形态分析中，样本的分装最好在充有惰性气体的胶布套箱里完成，以避免一些组分发生氧化或引起形态分布的变化。

B. 土壤样品的采集。土壤样品的采集方法主要根据土壤样品的监测目的和监测项目不同而定。采集的土壤样品通常分为混合样品和剖面样品。

a. 混合样品。如果只是一般地了解土壤污染状况，对种植一般农作物的耕地，只需采集 0~20cm 表层（或耕层）土壤。如果是为了解土壤污染对植物或农作物的影响，采样深度通常在耕层地表以下 15~30cm 处，对于根深的作物，也可取 50cm 深度处的土壤样品。将一个单元内各采样点采集的土样混合均匀制成混合样，组成混合样的采样点数通常为 5~20 个。混合样量往往较大，需要用四分法弃去，最后留下 1~2kg，装入样品袋。

b. 剖面样品。要了解污染物质在土壤中的垂直分布，则应沿土壤剖面层次分层取样。土壤剖面是指地面向下的垂直土体的切面，在垂直切面上可以观察到与地面大致平行的若干层具有不同颜色、形状的土层。

典型的土壤自然剖面分为 A 层（表层、腐殖质淋溶层）、B 层（亚层、淀积层）、C 层（风化母岩层）和底岩层，见图 3–16。采集土壤剖面样品时，需在特定采样点挖掘一个 1m×1.5m 左右的长方形土坑，深度在 2m 以内，一般要求达到母质层或地下水浅水层即可（图 3–17）。根据土壤剖面颜色、结构、质地、疏松度、温度、植物根系分布等划分土层，并进行仔细观察，将剖面形态、特征自上而下逐一记录。随后在各层最典型的中部由下而上逐层用小铲采集土样，每个采样点的取样深度和取样量应一致。根据实验目的和要求可以获得分层土样或混合土样，并装入样品袋。

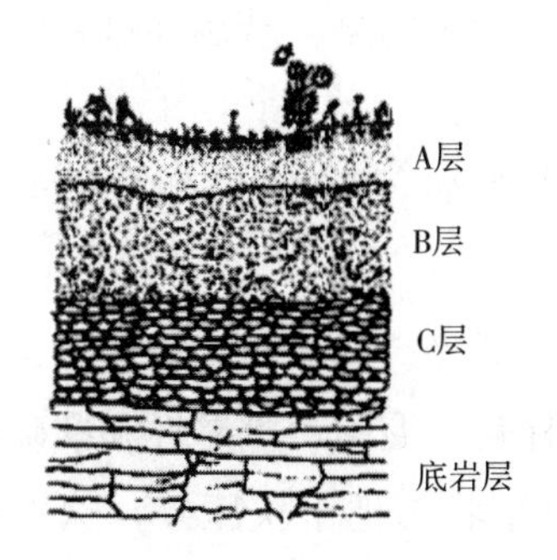

图3–16　典型的自然土壤剖面

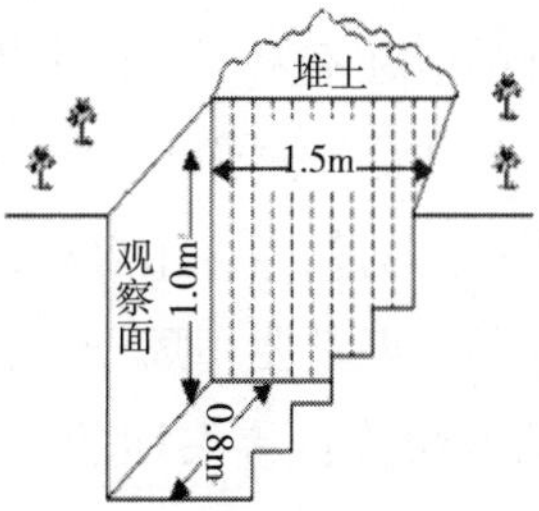

图3–17　土壤剖面挖掘示意图

⑥采样注意事项。在固体样品的采集过程中，应注意以下几点：

A. 采样应在无大风、雨、雪的条件下进行。

B. 在同一市区每次各点的采样应尽可能同时进行。

C. 污染土壤样品的取样应以污染源为中心，根据污染扩散的各种因素选择在一个或几个方向上进行。

D. 土壤背景值的采样过程中，在各层次典型中心部位应自下而上采样，切忌混淆层次，混合样品。

（2）固体样品的保存

①固体废物样品的保存。固体废物采样后应立即分析，否则必须将样本摊铺在室内避风、阴凉、干净且铺有防渗塑胶布的水泥地面上，厚度不超过 50mm，并防止样品损失和其他物质混入，保存期不能超过 24h。

对于底泥和沉积物的储存，要求放置于有惰性气体保护的胶皮套箱中，以避免氧化。岩心提取器采集的沉积物样品可以利用气体压力倒出，分层放于聚乙烯容器中。干燥的沉积物可以储存在塑料或玻璃容器中，各种形态的金属元素含量不会发生变化。湿的样品在4℃保存或冷冻储存。最好的方法是密封在塑料容器中并冷冻存放，这样可以避免铁的氧化，但容易引起样品中金属元素分布的变化。

固体废物采样后一般不便于直接进行实验测定，为了便于长期保存，需要进行样品的制备。制样的程序有两个步骤：粉碎和缩分。首先用机械或人工方法把全部样品逐级破碎，通过5mm筛孔，粉碎过程中不可随意丢弃难以破碎的粗粒。然后采用四分法进行缩分，直至不少于1kg试样为止。制好的样品密封于容器中保存，贴上标签备用。标签上应注明：样品编号、废物名称、采样地点、批量、采样人、制样人、采样时间等信息。特殊样品可采取冷冻或充惰性气体等方法保存。制备好的样品，一般有效保存期为三个月，易变质的试样不受该限制。

制样时要满足以下要求：

A. 在制样全过程中，应防止样品产生任何化学变化和污染。若制样过程中可能对样品的性质产生显著影响，则应尽量保持原来状态。

B. 湿样品应在室温下自然干燥，使其达到适用于破碎、筛分、缩分的程度。

C. 制备的样品应过筛（筛孔5mm）后装瓶备用。

②土壤样品的保存。土壤样品一般先经过风干、磨碎、过筛等制备过程，然后保存。土壤样品一般都要用风干土样，因为风干的土样较易混匀，重复性和准确性都较好。风干的方法为：将采回的土样倒在盘中，趁半干状态把土块压碎，除去植物残根等杂物，铺成薄层并经常翻动，在阴凉处使其慢慢风干。为了使土样均匀，减小差异，通常将风干后的土样用有机玻璃（或木棒）碾碎后过2mm孔径的塑料（尼龙）筛，除去2mm以上的砂砾和植物残体（若砂砾量多，应计算其占土样的百分比）。留下的样品进一步磨细过0.25mm孔径的塑料（尼龙）筛，充分拌匀，即磨碎和过筛处理，最后装瓶备用。

土壤样品的保存周期一般较长，为半年到一年，以备必要时核查。保存时常使用玻璃材质容器，聚乙烯塑料容器也是推荐容器。

将风干的土样储存于干净的玻璃或聚乙烯容器内，在常温、阴凉、干燥、避光和酸碱气体、密封条件下保存30个月是可行的。

（3）土壤样品的预处理

土壤样品组分复杂，污染组分含量低，并且处于固体状态。在测定之前往往要处理成液体状态和将欲测组分转变为适合测定方法要求的形态、浓度，并消除共存组分的干扰。土壤样品的预处理方法主要有分解法和提取法，前者用于元素的测定，后者用于有机污染物和不稳定组分的测定。

①土壤样品的分解方法。土壤样品的分解方法有：酸分解法、碱分解法、高压釜密闭分解法、微波炉加热分解法等。分解法的作用是破坏土壤矿物质晶格和有机质，使待测元素进入样品溶液中。

A. 酸分解法也称消解法，是测定土壤中重金属常用的方法。消解的作用是：破坏、除去固体中的有机物；溶解固体物质；将各种形态的金属变为同一种可测态。分解土壤样品常用的混合酸消解体系有：王水（盐酸—硝酸）、硝酸—硫酸、硝酸—高氯酸、硫酸—磷酸、盐酸—硝酸—氢氟酸—高氯酸、硝酸—氢氟酸—高氯酸、硝酸—硫酸—高氯酸、硝酸—硫酸—磷酸等。为了加速土壤中欲测组分的溶解，除使用混合酸外，还在酸性溶液中加入其他氧化剂或还原剂，如高锰酸钾、五氧化二钒、亚硝酸钠等。

B. 碱分解法是将土壤样品与碱混合，在高温下熔融，使样品分解的方法。所用的器皿有铝坩埚、瓷坩埚、镍坩埚和铂金坩埚等。常用的熔剂有碳酸钠、氢氧化钠、过氧化钠、偏硼酸锂等。碱分解法具有分解样品完全，操作简单、快速，且不产生大量酸蒸气的特点，但其试剂用量大，会引入大量可溶性盐，也易引进污染物质。另外，有些重金属如镉、铬等在高温下易挥发导致损失。在原子吸收和等离子发射光谱仪的喷燃器上，有时会有盐结晶析出并导致火焰的分子吸收，使结果偏高。

C. 高压釜密闭分解法是将用水润湿、加入混合酸并摇匀的土样放入能严格密封的聚四氟乙烯坩埚内，置于耐压的不锈钢套筒中，放在烘箱内加热（一般不超过 180℃）分解的方法。此法具有用酸量少、易挥发元素损失少、可同时进行批量样品分解等特点。缺点是观察不到分解反应过程，只能在冷却开封后才能判断样品分解是否完全；分解土样量一般不能超过 0.1g，使测定含量极低的元素时的称样量受到限制；分解含有机物较多的土样时，特别是在使用高氯酸的场合，有发生爆炸的危险，可先于 80~90℃将有机物充分分解。

D. 微波炉加热分解法是将土壤样品和混合酸放入聚四氟乙烯容器中，置于微波炉内加热使土样分解的方法。由于微波炉加热不是利用热传导方式使土样从外部受热分解，而是以土样与酸的混合液作为发热体，从内部加热使土样分解，热量几乎不向外部传导，所以热效率非常高，并且利用微波能激烈搅拌和充分混匀土样，使其加速分解。如果用微波炉加热分解法分解一般土壤样品，仅用几分钟便可达到良好的分解效果。此法用于样品处理时所用试剂少、空白值低，而且避免了元素的挥发损失和样品的玷污，已被列为标准的预处理方法。

②土壤样品的提取方法。测定土壤中的有机污染物、受热后不稳定的组分，以及进行组分形态分析时，需要采用提取方法。常用的提取溶剂为机溶剂、水和酸。提取

土壤中的有机污染物时，一般用新鲜土样，用振荡提取法提取；对于农药、苯并芘等含量低的污染物，常用索氏提取器提取法。对于土壤中的易溶无机物组分、有效态组分，可用酸或水提取。

③土壤样品的净化和浓缩。土壤样品中的欲测组分被提取后，往往还存在干扰组分，或达不到分析方法测定要求的浓度，需要进一步净化或浓缩。常用的净化方法有层析法、蒸馏法等，浓缩方法有K–D浓缩器法、蒸发法等。土壤样品中的氰化物、硫化物常用蒸馏—碱溶液吸收法分离。

3.2 水质监测实验技术

扫码查阅“水样色度的测定（铂钴标准比色法）”

3.2.1 水样色度的测定（稀释倍数法）

（1）实验目的

色度、浊度、透明度、悬浮物都是水质的外观指标，不仅影响感官，还影响水生生物的生长。水的颜色分为表色和真色。真色指去除悬浮物后的水的颜色，没有去除悬浮物的水具有的颜色称为表色。对于清洁或浊度很低的水，真色和表色相近；对于着色深的工业废水或污水，真色和表色差别较大。水的色度一般是指真色。

通过本实验希望达到以下目的：

①进一步了解真色、表色、色度的含义；

②掌握用稀释倍数法测定水和废水色度的原理、方法及适用范围。

（2）实验原理

将有色工业废水用无色水稀释到接近无色时，记录稀释倍数，以此表示该水样的色度，并辅以用文字描述颜色性质，如深蓝色、棕黄色等。

（3）仪器设备

移液管、容量瓶、50mL具塞比色管，其刻线高度应一致。

（4）测定步骤

①分别取水样（工业废水）和无色水于50mL具塞比色管中并充至标线，以白色瓷板为背景，垂直向下观察液柱，比较样品和无色水，描述其颜色种类。

②将水样用无色水逐级稀释成不同倍数，分别置于50mL具塞比色管中并充至标

线。将具塞比色管放在白瓷盘上，用上述方法与无色水进行比较。

③将水样稀释至刚好与无色水无法区别为止，记下此时的稀释倍数值。稀释方法：

水样色度在 50 倍以上时，用移液管吸取试样于容量瓶中，用无色水稀释至标线，每次取大的稀释比，使稀释后色度在 50 倍之内。

水样色度在 50 倍以下时，在具塞比色管中取试样 25mL，用无色水稀释至标线，每次稀释倍数为 2。

记下各次稀释倍数值。

（5）数据记录与处理

①实验数据记录。将实验数据记录于表 3-10 中。

表3-10　水体色度测定实验数据记录表

监测人：　　　　　　　　　　　实验室：　　　　　　　　　测定时间：

水样	水样1	水样2	水样3	...
水样体积/mL				
稀释次数				
稀释倍数				
水样色度				

②数据处理。将逐级稀释的各次倍数相乘，所得之积取整数值，以此表达样品的色度，同时用文字描述样品的颜色，如果可能，包括透明度。

在报告样品色度的同时报告样品的 pH 值。

（6）注意事项

①如测定水样的真色，应将水样放置至澄清后取上清液，或用离心分离法去除悬浮物后测定；如测定水样的表色，待水样中的大颗粒悬浮物沉降后，取上清液测定。

②测定色度时应同时测定 pH 值。

3.2.2　水中悬浮固体的测定

（1）实验目的

水中的固体物质分为总固体（又称总残渣）、溶解性固体（又称可滤残渣）和悬浮物（又称不可滤残渣）三种。它们是表征水中溶解性物质和不溶性物质含量的重要指标。因为悬浮物能使水体混浊，透明度降低，影响水生生物的呼吸和代谢，造成水质恶化，污染环境，所以测定悬浮物在水和废水处理中的含量具有特定意义。由于废

（污）水中不溶性物质通常含量高，一般要求测定悬浮物。对于天然水和饮用水，通常测定其浊度。浊度也是反映水中的不溶性物质对光线透过时阻碍程度的指标。悬浮物和浊度都是水质的外观指标。

通过本实验希望达到以下目的：

①区分悬浮物和浊度的概念。

②掌握用重量法测定水中悬浮物的原理和方法。

③学会重量法中各种技巧，明确恒重的概念。

（2）实验原理

水中悬浮物是指截留在滤料上并于103~105℃烘干至恒重的固体物质。测定的方法是：将水样通过滤料后，烘干固体残留物及滤料并称量，将所称重量减去滤料重量即为悬浮固体（不可滤残渣）的重量，从而可计算出其含量。

（3）仪器和试剂

①分析天平。

②烘箱、（玻璃）干燥器。

③称量瓶（内径30~50mm）及玻璃棒。

④玻璃漏斗。

⑤孔径为0.45μm的滤膜及相应的滤器或中速定量滤纸。

（4）样品的采集和保存

现场采样时先用欲取水洗剂容器2~3次，采集的水样中如有大块漂浮杂质，要及时去除。按采样要求采取具有代表性水样500~1000mL（注意不能加入任何保护剂，以免破坏物质在固、液间的分配平衡）。漂浮和浸没的不均匀固体物质不属于悬浮物质，应从水样中除去。

（5）实验步骤

①预先将滤纸折叠好，放入称量瓶中，打开瓶盖，在103~105℃下烘干2h，取出后盖好瓶盖，放入干燥器冷却后称重，再放回烘箱烘干30min，冷却后称重，直至恒重（两次称量重量相差不超过0.0002g）。

②去除漂浮物后取振荡均匀的水样适量（使悬浮物大于2.5mg），使其全部通过烘至恒重的滤纸过滤；用蒸馏水洗残渣3~5次。如样品中含有油脂，用10mL石油醚分两次淋洗残渣。过滤时溶液最多加到滤纸边缘下5~6mm处，如果液面过高，沉淀会因毛细作用而越过滤纸边缘。

③小心取下滤纸，放入原称量瓶内，在103~105℃烘箱中，打开瓶盖烘2h，取出后盖好瓶盖，放入干燥器中冷却后称重。反复烘干、冷却、称重，直至两次称量差不

大于 0.4mg 为止。

（6）数据记录和处理

①实验数据记录。将实验数据记录于表 3–11 中。

表3–11　悬浮物测定实验数据记录表

监测人：　　　　　　　　　实验室：

测定时间：　　　　　　　　烘箱型号：

水样	水样1	水样2	水样3	…
取样体积/mL				
过滤前称量瓶+滤纸重量/g				
过滤后称量瓶+滤纸重量/g				
悬浮物重量/g				
悬浮物浓度/（mg/L）				

②数据处理。悬浮物含量的计算公式为：

$$C = \frac{(A - B) \times 10^6}{V} \tag{3-9}$$

式中：C 为水中悬浮物浓度，单位是 mg/L；A 为悬浮物 + 滤纸 + 称量瓶重量，单位是 g；B 为滤纸 + 称量瓶重量，单位是 g；V 为试样体积，单位是 mL。

（7）注意事项

①采集的水样应尽快分析测定。如需放置，应储存在 4℃冷藏箱中，但最长不得超过七天。

②滤膜上截留过多的悬浮物可能夹带过多的水分，除延长干燥时间外，还可能造成过滤困难，遇此情况，可酌情少取试样。滤膜上悬浮物过少，则会增大称量误差，影响测定精度，必要时，可增大试样体积。

③树叶、木棒、水草等杂质应先从水中除去。

④废水黏度高时，可加 2~4 倍蒸馏水稀释，振荡摇匀，待沉淀物下沉后再过滤。

⑤也可采用石棉坩埚进行过滤。

3.2.3　化学需氧量的测定

扫码查阅“生化需氧量的测定”

（1）实验目的

水体中的污染物质除无机化合物外，还有大量有机物质，它们以毒性和使水中溶解氧减少的方式对生态系统产生影响。已经查明，绝大多数致癌物质是有毒的有机物质，所以有机物污染指标是测定水质十分重要的指标。化学需氧量作为间接表征有机物含量的一个综合指标在实际中被广泛应用。

化学需氧量是指水样在一定条件下，氧化 1 升水样中还原性物质所消耗的氧化剂的量，以氧的 mg/L 表示。水中还原性物质包括有机物和亚硝酸盐、硫化物、亚铁盐等无机物。化学需氧量反映了水中受还原性物质污染的程度。

对废水的化学需氧量的测定，我国规定用重铬酸钾法，也可用与其测定结果一致的库仑滴定法。本实验采用重铬酸钾氧化法。

通过本实验希望达到以下目的：

①了解有机污染物综合指标——化学需氧量的含义和测定方法。

②掌握重铬酸钾氧化法测定化学需氧量的原理、技术和操作方法。

③学会硫酸亚铁铵标液的标定方法，熟悉冷凝回流操作过程。

（2）实验原理

在强酸性溶液中，准确加入过量的重铬酸钾标准溶液后加热回流，将水样中还原性物质（主要是有机物）氧化，过量的重铬酸钾以试亚铁灵作指示剂，用硫酸亚铁铵标准溶液回滴，根据所消耗的重铬酸钾标准溶液量计算水样化学需氧量。

重铬酸钾作氧化剂时与有机物的反应：

$$2Cr_2O_7^{2-}+16H^++3C \longrightarrow 4Cr^{3+}+8H_2O+3CO_2\uparrow$$

过量的重铬酸钾以试亚铁灵为指示剂，以亚铁盐（溶液）回滴：

$$Cr_2O_7^{2-}+14H^++6Fe^{2+} \longrightarrow 6Fe^{3+}+2Cr^{3+}+7H_2O$$

该法适用于地表水、生活污水和工业废水中化学需氧量的测定。但不适用于氯化物浓度大于 1000mg/L（稀释后）的水中化学需氧量的测定。

当取样体积为 10.0mL 时，本方法的检出限为 4 mg/L，测定下限为 16mg/L。未经稀释的水样测定上限为 700mg/L，超过此限时须稀释后测定。

（3）仪器和试剂

①仪器。

A. 回流装置：带 250mL 锥形瓶的全玻璃回流装置。

B. 加热装置：电热板或变阻电路或电炉。

C. 25mL 或 50mL 酸式滴定管。

D. 100mL 棕色瓶、1000mL 容量瓶、玻璃珠或沸石、移液管等。

②试剂。

A. 重铬酸钾标准溶液（$C_{1/6K_2Cr_2O_7}$=0.2500mol/L）；称取预先在 120℃烘干 2h 的基准

或优质纯重铬酸钾 12.258g 溶于水中，移入 1000mL 容量瓶，稀释至标线并摇匀。

B. 试亚铁灵指示液：将 0.7g 七水合硫酸亚铁（$FeSO_4 \cdot 7H_2O$）溶于 50mL 水中，加入 1.5g 邻菲啰啉（$C_{12}H_8N_2 \cdot H_2O$），搅拌溶解，稀释至 100mL，存于棕色瓶中。

C. 硫酸亚铁铵标准溶液［$C(NH_4)_2Fe(SO_4)_2 \cdot 6H_2O \approx 0.1mol/L$］：称取 39.5g 硫酸亚铁铵溶于水中，边搅拌边缓慢加入 20mL 浓硫酸，冷却后移入 1000mL 容量瓶中，加水稀释至标线并摇匀。临用前，用重铬酸钾标准溶液标定。

D. 标定方法：准确吸取 10.00mL 重铬酸钾标准溶液于 500mL 锥形瓶中，加水稀释至 110mL 左右，缓慢加入 30mL 浓硫酸，混匀。冷却后，加入 3 滴试亚铁灵指示液（约 0.15mL），用硫酸亚铁铵溶液滴定，溶液的颜色由黄色经蓝绿色至红褐色即为终点。记录硫酸亚铁铵的消耗量 V（mL）。硫酸亚铁铵滴定溶液浓度：

$$c = \frac{0.2500 \times 10.00}{V} \tag{3-10}$$

式中：c 为硫酸亚铁铵标准溶液的浓度，单位是 mol/L；V 为硫酸亚铁铵标准溶液的用量，单位是 mL。

E. 硫酸—硫酸银溶液：于 500mL 浓硫酸中加入 5g 硫酸银。放置 1~2d，不时摇动使其溶解。

F. 硫酸汞溶液（c=100g/L）：称取 10g 硫酸汞，溶于 100mL（1+9）硫酸溶液中，混匀。

G. 邻苯二甲酸氢钾标准溶液 c（$KC_8H_5O_4$）=2.0824mmol/L。

称取 105℃干燥 2h 的邻苯二甲酸氢钾 0.4251g 溶于水，并稀释至 100mL，混匀。以重铬酸钾为氧化剂，将邻苯二甲酸氢钾完全氧化的 COD_{Cr} 值为 1.176g 氧 / 克（1g 邻苯二甲酸氢钾耗氧 1.176g），故该标准溶液理论的 COD_{Cr} 值为 500mg/L。

（4）样品的采集和保存

按照 HJ/T 91 的相关规定进行水样的采集和保存。采集水样的体积不得少于 100mL。

采集的水样应置于玻璃瓶中并尽快分析。如不能立即分析，应加入硫酸至 $pH < 2$，置于 4℃下保存，保存时间不超过 5d。

（5）实验步骤

①样品的测定。

A. 取 10.0mL 混合均匀的水样（或适量水样稀释至 10mL）置于 250mL 磨口回流锥形瓶中，依次加入硫酸汞溶液［按质量比 m（$HgSO_4$）：m（Cl^-）≥ 20 ：1 的比例加入］，最大加入量为 2mL。然后再准确加入 5.00mL K_2CrO_4 标准溶液及数粒小玻璃珠或沸石，连接磨口回流冷凝管，从冷凝管上口慢慢加入 15mL 的 H_2SO_4—Ag_2SO_4 溶液，轻轻摇动锥形瓶使溶液混匀，加热回流 2h（自开始沸腾计时）。

注意：对于化学耗氧量高的水样，可先取上述操作所需体积 1/10 的废水样和试剂，于 15mm × 150mm 玻璃试管中，摇匀，加热后观察是否变成绿色。如溶液显绿色，再适当减少废水的取样量，直至溶液不变绿色为止，从而确定分析废水样时应取用的体积。稀释时，所取废水样量不得少于 5mL，如果化学需氧量很高，则废水样应多次稀释。

B. 冷却后，自冷凝管上口加入 45mL 水冲洗冷凝管壁，使溶液体积在 70mL 左右，取下锥形瓶。

C. 溶液再度冷却后，加三滴试亚铁灵指示剂，用硫酸亚铁铵标准溶液滴定，溶液的颜色由黄色经蓝绿色变为红褐色即为终点。此时记录消耗的硫酸亚铁铵标准溶液的用量。

注意：样品浓度低时，取样体积可适当增加。

②空白实验。测定水样的同时，以 10.00mL 蒸馏水进行空白测定，按同样操作步骤做空白实验。

（6）数据记录与处理

①实验数据记录。将实验所得数据记录于表 3–12 中。

表3–12　COD_{Cr}测定实验数据记录表

监测人：　　　　　　　　实验室：　　　　　　　　测定时间：

A. 硫酸亚铁铵标准溶液的标定：

重铬酸钾 c（$1/6K_2Cr_2O_7$）：　　　　　　　　取样体积：

硫酸亚铁铵滴定	平行样1	平行样2
硫酸亚铁铵体积		
滴定初始读数/mL		
滴定终点读数/mL		
消耗体积/mL		
标定浓度/（mol/L）		
标定平均浓度/（mol/L）		

B. 空白实验：

空白水样体积：

空白实验消耗硫酸亚铁铵体积	平行样1	平行样2
滴定初始读数/mL		
滴定终点读数/mL		
消耗体积/mL		
平均消耗体积V_0/mL		

C. 未知水样的测定：

未知水样体积：

未知水样消耗硫酸亚铁铵体积	平行样1	平行样2
滴定初始读数/mL		
滴定终点读数/mL		
消耗体积V_1/mL		
（V_0-V_1）/mL		
水样浓度ρ/（mg/L）		
水样平均浓度ρ'/（mg/L）		
相对平均偏差（$R\bar{d}$）		

②数据处理。样品化学需氧量的质量浓度：

$$COD_{cr}（mg/L）=\frac{(V_0-V_1)\times c\times 8\times 1000}{V_2} \qquad (3-11)$$

式中：V_0 为滴定空白时消耗硫酸亚铁铵标准溶液的量，单位是 mL；V_1 为滴定水样消耗硫酸亚铁铵标准溶液的量，单位是 mL；V_2 为水样的体积，单位是 mL；c 为硫酸亚铁铵标准溶液的浓度，单位是 mol/L；8 为氧（$\frac{1}{2}$O）摩尔质量，单位是 g/mol。

（7）干扰的消除

本方法的主要干扰物为氯化物，可加入硫酸汞溶液去除。经回流后，氯离子可与硫酸汞结合成可溶性的氯汞配合物。硫酸汞溶液的用量可根据水样中氯离子的含量，按质量比（$HgSO_4$）：（Cl^-）≥ 20 ：1 的比例加入，最大加入量为 2mL（按照氯离子最大允许浓度 1000mg/L 计）。

（8）结果表示

当 COD_{Cr} 测定结果小于 100mg/L 时保留至整数位；当测定结果大于或等于 100mg/L 时，保留三位有效数字。

（9）思考题

①加入硫酸银、浓硫酸和硫酸汞的目的是什么？

②测定 COD 时，为什么必须保证加热回流后的溶液是橙色？加热回流时发现溶液颜色变绿，其原因是什么？如何处理？

③硫酸亚铁铵溶液需要每次标定吗？为什么？

3.2.4 水中氨氮的测定

（1）实验目的

水中氨氮主要源于生活污水中含氮有机物受微生物作用的分解产物，焦化、合成氨等工业废水，以及农田排水等。氨氮含量较高时，对鱼类呈现毒害作用，对人体也有不同程度的危害。

测定水中氨氮的方法有纳氏试剂比色法、苯酚—次氯酸盐（或水杨酸—次氯酸盐）分光光度法和电极法等。纳氏试剂比色法具有操作简便、灵敏等特点，但钙、镁、铁等金属离子，硫化物和醛、酮类，以及水中色度和混浊等干扰测定，需要作相应的预处理；苯酚—次氯酸盐分光光度法具有灵敏、稳定等优点，干扰情况和消除方法同纳氏试剂比色法；电极法通常不需要对水样进行预处理且具有测量范围宽等优点。氨氮含量较高时，可采用蒸馏—酸滴定法。本实验采用纳氏试剂光度法。

通过本实验希望达到以下目的：

①了解水中氮的不同存在形态。

②掌握用纳氏试剂分光光度法测定水中氨氮的原理及方法。

③掌握可见分光光度计的操作技术。

（2）实验原理

碘化汞和碘化钾的碱性溶液与氨反应生成黄棕色胶态化合物，其色度与氨氮含量成正比。通常用波长在410~425nm范围内的光源测定其吸光度，计算其含量。

$$2K_2[HgI_4]+3KOH+NH_3 = [Hg_2O \cdot NH_2]I+2H_2O+7KI$$

黄棕色化合物

本方法最低检出浓度为0.025mg/L（光度法），检测上限为2mg/L。采用目视比色法，最低检出浓度为0.02mg/L。水样作适当的预处理后，本法可适用于地面水、地下水、工业废水和生活污水中的氨氮含量。

（3）仪器和试剂

①仪器。

A. 带氮球的定氮蒸馏装置：500mL凯氏烧瓶、氮球、直形冷凝管。

B. 分光光度计。

C. pH计。

②试剂。配制试剂用水均应为无氨水。

A. 无氨水。可选用下列方法之一制备。

a. 蒸馏法：每升蒸馏水中加0.1mL硫酸，在全玻璃蒸馏器中重蒸馏，弃去50mL

蒸馏液，接取其馏出液于具塞磨口的玻璃瓶中，密塞保存。

b. 离子交换法：使蒸馏水通过强酸性阳离子交换树脂柱。

B.1mol/L 盐酸溶液。

C.1mol/L 氢氧化钠溶液。

D. 轻质氧化镁（MgO）：将氧化镁在 500℃下加热，以除去碳酸盐。

E. 0.05% 溴百里酚蓝指示液（pH 值为 6.0~7.6）。

F. 防沫剂：如石蜡碎片。

G. 吸收液：

a. 硼酸溶液，称取 20g 硼酸溶于水，稀释至 1L。

b. 0.01mol/L 硫酸溶液。

H. 纳氏试剂：可选择下列任一种方法制备。

方法一：称取 20g 碘化钾溶于约 100mL 水中，边搅拌边分次少量加入二氯化汞（$HgCl_2$）结晶粉末（约 10g），至出现朱红色沉淀不易溶解时，改为滴加饱和二氯化汞溶液，并充分搅拌，当出现微量朱红色沉淀不易溶解时，停止滴加氯化汞溶液。

另称取 60g 氢氧化钾溶于水，并稀释至 250mL，充分冷却至室温后，将上述溶液在搅拌下徐徐注入氢氧化钾溶液中，用水稀释至 400mL 并混匀。静置过夜。将上清液移入聚乙烯瓶中，密塞保存。

方法二：称取 16g 氢氧化钠，溶于 50mL 水中，充分冷却至室温。

另称取 7g 碘化钾和 10g 碘化汞（HgI_2）溶于水，然后将此溶液在搅拌下徐徐注入氢氧化钠溶液中，用水稀释至 100mL，存于聚乙烯瓶中，密塞保存。

I. 酒石酸钾钠溶液：称取 50g 酒石酸钾钠（$KNaC_4H_4O_6 \cdot 4H_2O$）溶于 100mL 水中，加热煮沸以除去氨，放冷，定容至 100mL。

J. 铵标准储备溶液：称取 3.819g 经 100℃干燥过的优级纯氯化铵（NH_4Cl）溶于水中，移入 1000mL 容量瓶中，稀释至标线。此溶液每毫升含 1.00mg 氨氮。

K. 铵标准使用溶液：移取 5.00mL 铵标准储备液于 500mL 容量瓶中，用水稀释至标线。此溶液每毫升含 0.010mg 氨氮。

（4）样品的采集与保存

水样采集在聚乙烯瓶或玻璃瓶内，要尽快分析，如需保存，应加硫酸酸化至 pH 小于 2，2~5℃下可保存 7d。

（5）实验步骤

①水样的预处理。取 250mL 水样（如氨氮含量较高，可取适量并加水至 250mL，

使氨氮含量不超过2.5mg），移入凯氏烧瓶中，加数滴溴百里酚蓝指示液，用氢氧化钠溶液或盐酸溶液调节pH值至7左右。加入0.25g轻质氧化镁和数粒玻璃珠，立即连接氮球和冷凝管，导管下端插入吸收液液面以下。加热蒸馏，至馏出液达200mL时停止蒸馏，定容至250mL。

采用酸滴定法或纳氏比色法时，以50mL硼酸溶液为吸收液；采用水杨酸—次氯酸盐比色法时，改用50mL 0.01mol/L硫酸溶液为吸收液。

②标准曲线的绘制。分别吸取0、0.50、1.00、3.00、5.00、7.00和10.00mL铵标准使用液于50mL比色管中，加水至标线，加1.0mL酒石酸钾钠溶液，混匀；再加1.5mL纳氏试剂，混匀。放置10min后，在波长420nm处，用光程10cm比色皿，以水为参比，测定吸光度。

将测得的吸光度减去零浓度空白管的吸光度后，得到校正吸光度，绘制以氨氮含量（μg）对校正吸光度的标准曲线。

③水样的测定。

A. 分取适量经絮凝沉淀预处理后的水样（使氨氮含量不超过0.1mg），加入50mL比色管中，稀释至标线，加1.0mL酒石酸钾钠溶液。以下步骤同标准曲线的绘制。

B. 分取适量经蒸馏处理后的馏出液，加入50mL比色管中，加入一定量1mol/L氢氧化钠溶液以中和硼酸，稀释至标线。加1.5mL纳氏试剂，混匀。放置10min后，同标准曲线步骤测定吸光度。

④空白实验。以无氨水代替水样，做全程序空白实验。

（6）数据记录与处理

①实验数据记录。将实验相关数据记录于表3-13中。

表3-13　氨氮测定实验数据记录表

监测人：　　　　　　　　　　实验室：

测定时间：　　　　　　　　　分光光度计型号及编号：

A. 标准曲线的测定：

氨标准使用液/mL	0	0.50	1.00	3.00	5.00	7.00	10.00
氨氮含量/μg							
吸光度							
校正吸光度							
回归方程：	相关系数r=						

B. 样品的测定：

水样	空白样	平行样1	平行样2
水样体积/mL			
吸光度			
校正吸光度			
查得的氨氮含量/μg			
水样氨氮浓度 ρ /（mg/L）	—		
水样平均浓度 $\bar{\rho}$ /（mg/L）	—		
相对平均偏差（$R\bar{d}$）	—		

②数据处理。由水样测得的吸光度减去空白试验的吸光度后，从校准曲线上查得氨氮含量（μg）。计算公式为：

$$\text{氨氮（N，mg/L）} = \frac{m}{v} \tag{3-12}$$

式中：m 为由校准曲线查得的氨氮量，单位是 μg；v 为水样体积，单位是 mL。

（7）注意事项

①纳氏试剂碘化汞与碘化钾的比例，对显色反应的灵敏度有较大影响。静置后生成的沉淀应除去。

②滤纸中常含痕量铵盐，使用时注意用无氨水洗涤。所用玻璃器皿应避免实验室空气中氨的玷污。

扫码查阅“亚硝酸盐氮的测定”“水中硝酸盐氮的测定”

3.2.5　水中总氮的测定

（1）实验目的

总氮是衡量水质的重要指标之一。如果大量的生活污水、农田排水或含氮的工业废水排入水体，会使水中有机氮和各种无机氮的含量增加，生物和微生物类大量繁殖，从而消耗水中溶解氧，使水体恶化。并且当湖泊、水库中含有比例失调的氮、磷类物质时，还会出现富营养化状态，造成浮游植物繁殖旺盛，甚至会出现水华现象。

总氮 = 有机氮 + 无机氮化合物

　　= 有机氮 + 氨氮 + 亚硝酸盐氮 + 硝酸盐氮

　　= 凯氏氮 + 硝态氮

通过本实验希望达到以下目的：

①了解总氮的基本概念。

②掌握用碱性过硫酸钾消解紫外分光度法测定总氮的原理和操作方法。

（2）实验原理

总氮测定法通常采用过硫酸钾氧化，使有机氮和无机氮转变为硝酸盐后，再以紫外法进行测定。

在 60℃以上的水溶液中，过硫酸钾分解产生原子态氧和氢离子，加入氢氧化钠可以中和氢离子，使过硫酸钾分解完全。过硫酸钾按如下反应式分解：

$$K_2S_2O_8+H_2O \longrightarrow 2KHSO_4+1/2O_2$$

$$KHSO_4 \longrightarrow K^++HSO_4^-$$

$$HSO_4^- \longrightarrow H^++SO_4^{2-}$$

在 120~124℃的碱性介质条件下，用过硫酸钾作氧化剂，不仅可将水样中的氨氮和亚硝酸盐氮氧化为硝酸盐，还可以将水样中大部分有机氮化合物氧化为硝酸盐。然后用紫外分光光度法分别于波长 220nm 与 275nm 处测定吸光度，按 $A=A_{220}-2A_{275}$ 计算硝酸盐氮的吸光度值，从而计算总氮的含量。其摩尔吸光系数为 1.47×10^3L/（mol·cm）。

本法适用于湖泊、水库、江河水中总氮的测定。方法检测下限为 0.05mg/L，测定上限为 4mg/L。

（3）仪器和试剂

①仪器。

A. 压力蒸汽消毒器或民用压力锅，压力为 1.1~1.3kgf/cm^2，相应温度为 120~124℃。

B. 25mL 具塞磨口比色管。

②试剂。

A. 无氨水：每升水中加入 0.1mL 浓硫酸，蒸馏。收集馏出液于玻璃容器中或用新制备的去离子水。

B. 20% 氢氧化钠溶液：称取 20g 氢氧化钠溶于无氨水中，稀释至 100mL。

C. 碱性过硫酸钾溶液：称取 40g 过硫酸钾（$K_2S_2O_8$）、15g 氢氧化钠溶于无氨水中，稀释至 1000mL。此溶液存在聚乙烯瓶内，可储存一周。

D.（1+9）盐酸。

E. 硝酸钾标准准备液：称取 0.7218g 经 105~110℃烘干 4h 的优级纯硝酸钾溶于无氨水中，移至 1000mL 容量瓶中，定容。此溶液每毫升含 100μg 硝酸盐氮。加入 2mL 三氯甲烷作为保护剂，至少可稳定 6 个月。

F. 硝酸钾标准使用液：将储备液用无氨水稀释 10 倍来制得。此溶液每毫升含 10μg 硝酸盐氮。

（4）样品的采集和保存

水样采集后立即放于 4℃冰箱，不得超过 24h。当水样放置较长时间时，可加入 H_2SO_4 将水样酸化至 pH ＜ 2，并尽快分析。

（5）实验步骤

①标准曲线绘制。

A. 分别取 0、0.50、1.00、3.00、5.00、7.00、10.00mL 硝酸钾标准使用液于 25mL 比色管中，用无氨水稀释至 10mL 标线。

B. 加入 5mL 碱性过硫酸钾溶液，塞紧磨口塞，用纱布及纱绳裹紧管塞，以防溅出。

C. 将比色管置于蒸汽消毒器中，加热 30min，放气使压力指针回零，然后升温至 120~124℃时开始计时（或将比色管置于民用压力锅中，加热至顶压阀吹气开始计时），使比色管在过热水蒸气中加热 0.5h。

D. 自然冷却，开阀放气，移去外盖：取出比色管并冷却至室温。

E. 加入（1+9）盐酸 1mL，用无氨水稀释至 25mL 标线。

F. 在紫外分光光度计上，以无氨水作参比，用 10mm 石英比色，分别在 220nm 及 275nm 处测定吸光度，用校正的吸光度绘制标准曲线。

②样品的测定。取 10mL 水样，或取适量水样（使氮含量为 20~80ug），按标准曲线绘制步骤 B~F 操作，按校正吸光度，在标准曲线上查出相应的总氮量。

③空白实验。以水代替水样，按相同步骤进行全程序空白测定。

（6）数据记录与处理

①实验数据记录。将实验相关数据记录于表 3-14 中。

表3-14　总氮测定实验数据记录表

监测人：　　　　　　　　　　实验室：

测定时间：　　　　　　　　　分光光度计型号及编号：

A. 标准曲线的测定：

T-N标准使用液/mL	0	0.50	1.00	2.00	3.00	5.00	7.00	8.00
T-N含量/μg								
吸光度								
校正吸光度								
回归方程：			相关系数*r*=					

B. 样品的测定：

水样	空白样	平行样1	平行样2
水样体积/mL			
吸光度			
校正吸光度			
查得的T-N含量/μg			
水样T-N浓度ρ /（mg/L）	—		
水样平均浓度$\bar{\rho}$ /（mg/L）	—		
相对平均偏差（$\overline{Rd}$）	—		

②数据处理。由水样测得的吸光度减去空白试验的吸光度后，从校准曲线上查得总氮含量（μg）。计算公式为：

$$总氮（N，mg/L）=\frac{m}{v} \tag{3-13}$$

式中：m 为由校准曲线查得的总氮的量，单位是 μg；v 为水样体积，单位是 mL。

（7）注意事项

①玻璃具塞比色管的密合性应良好，使用压力蒸汽消毒器时，冷却后放气要缓慢，使用民用压力锅时，要充分冷却方可揭开锅盖，以免比色管塞蹦出。

②玻璃器皿可用 10% 盐酸浸洗，用蒸馏水冲洗后再用无氨水冲洗。

③使用高压蒸汽消毒器时，应定期校核压力表；使用民用压力锅时，应检查橡胶密封圈，使不致漏气而减压。

④测定悬浮物较多的水样时，在过硫酸钾氧化后可能出现沉淀。遇此情况，可吸取氧化后的上清液用紫外分光光度法测定。

⑤水中含有六价铬离子及三价铁离子时，可加入 5% 盐酸羟胺溶液 1~2mL，以消除其对测定结果的影响。

⑥碳酸盐及碳酸氢盐对测定结果的影响，在加入一定量的盐酸后可消除。

3.2.6 水中六价铬的测定

（1）实验目的

自然界中的铬常以元素或三价形态存在于矿物中。水体中的铬有三价和六价两种形态，富铬地区的地表水中常含有铬，此外，冶炼、电镀、制革等行业中排放的废水中也常含有铬。含三价铬和六价铬的水对人体健康有害，但三价铬的毒性要小得多，而六价铬的毒性非常强，极易被生物体吸收并在生物体内蓄积，损坏机体组织。水体中的六价铬可引起水生生物死亡，破坏水体的生态平衡和水体的自净作用。本实验采用二苯碳酰二肼比色法测定六价铬。

通过本实验希望达到以下目的：

①掌握水中铬的形态分布及相互转化。

②了解用二苯碳酰二肼比色法测定六价铬和总铬的原理和方法。

（2）实验原理

在酸性溶液中，六价铬离子与二苯碳酰二肼反应生成紫红色化合物，其最大吸收波长为 540nm，吸光度与浓度的关系符合比尔定律。测定总铬，须先用过量的高锰酸钾将水样中的三价铬氧化为六价铬，过量的高锰酸钾用亚硝酸钠分解，而过量的亚硝酸钠可用尿素分解，再用二苯碳酰二肼比色法测定。

该方法的最低检出浓度为 0.025mg/L（光度法），检测上限为 2mg/L。

（3）仪器和试剂

①仪器。

A. 分光光度计。

B. 50mL 具塞比色管、移液管、容量瓶等。

C. 比色皿（1cm 或 3cm）。

②试剂。

A. 丙酮。

B.（1+1）硫酸。

C.（1+1）磷酸。

D. 0.2%（*m*/*V*）氢氧化钠溶液。

E. 氢氧化锌共沉淀剂：称取硫酸锌（$ZnSO_4 \cdot 7H_2O$）8g 溶于 100mL 水中；称取氢氧化钠 2.4g 溶于 120mL 新煮沸后冷却的水中。将以上两溶液混合。

F. 4%（*m*/*V*）高锰酸钾溶液。

G. 铬标准储备液：称取于 120℃干燥 2h 的重铬酸钾（优级纯）0.2829g，用水溶解，移入 1000mL 容量瓶中，用水稀释至标线，摇匀。每毫升储备液含 0.100mg 六价铬。

H. 铬标准使用液：吸取 5.00mL 铬标准储备液于 500mL 容量瓶中，用水稀释至标线，摇匀。每毫升标准使用液含 1.00μg 六价铬。使用当天配制。

I. 20%（*m*/*V*）尿素溶液。

J. 2%（*m*/*V*）亚硝酸钠溶液。

K. 二苯碳酰二肼溶液：称取二苯碳酰二肼（简称 DPC，分子式为 $C_{13}H_{14}N_4O$）0.2g 溶于 50mL 丙酮中，加水稀释至 100mL，摇匀，储存于棕色瓶中，置于冰箱中。颜色变深后不能再使用。

（4）样品的采集和保存

实验室样品应用玻璃瓶采集。采集时，加氢氧化钠调节 pH 值至 8 左右，并在采集后尽快测定，如需放置，不得超过 24h。

（5）实验步骤

①水样的预处理。

A. 不含悬浮物、低色度的清洁地面水，可直接测定。

B. 如果水样有色但不深，可进行色度校正。即另取一份试样，加入除显色剂以外的各种试剂，以 2mL 丙酮代替显色剂，将此溶液作为测定试样溶液吸光度的参比溶液。

C. 浑浊、色度较深的水样，应加入氢氧化锌共沉淀剂并进行过滤处理。

D. 水样中存在次氯酸盐等氧化性物质时，会干扰测定，可加入尿素和亚硝酸钠予以消除。

E. 水样中存在低价铁、亚硫酸盐、硫化物等还原性物质时，可将 Cr^{6+} 还原为 Cr^{3+}，此时，调节水样 pH 值至 8，加入显色剂溶液，放置 5min 后再酸化显色，并以同法作标准曲线。

F. 含大量有机物的水样，须进行消解处理。即取 50mL 或适量（含铬量少于 50μg）水样置于 150mL 烧杯中，加入 5mL 硝酸和 3mL 硫酸，加热蒸发至冒白烟。如溶液仍有色，再加入 5mL 硝酸，重复上述操作，至溶液清澈，冷却。用水稀释至 10mL，用氢氧化钠中和至 pH 值为 1~2，移入 50mL 容量瓶中，用水稀释至标线，摇匀后再测定。

G. 如果水样中钼、钒、铁、铜等含量较大，先用铜铁试剂—三氯甲烷萃取后将其除去，然后再消解。

②标准曲线的绘制。取 9 支 50mL 比色管，分别加入 0、0.20、0.50、1.00、2.00、4.00、6.00、8.00、10.00mL 铬标准使用液，用水稀释至标线。再依次加入（1+1）硫酸 0.5mL 和（1+1）磷酸 0.5mL，摇匀，加入 2mL 显色剂，摇匀。5~10min 后于 540nm 波长处，用 1cm 或 3cm 比色皿，以水为参比，测定吸光度并作空白校正。以吸光度为纵坐标，相应六价铬含量为横坐标绘制标准曲线。

③样品的测定。取适量（含 Cr^{6+} 少于 50μg）无色透明或经预处理的样品于 50mL 比色管中，用水稀释至标线。以下步骤同标准曲线的绘制。进行空白校正后根据所测吸光度从标准曲线上查得 Cr^{6+} 的含量。

（6）数据记录与处理

①实验数据记录。将实验数据记录于表 3–15 中。

表3–15 Cr^{6+}测定实验数据记录表

监测人： 实验室：

测定时间： 分光光度计型号及编号：

A. 标准曲线的测定：

Cr^{6+}标准使用液/mL	0	0.50	1.00	2.00	4.00	6.00	8.00	10.00
Cr^{6+}含量/μg								
吸光度								
校正吸光度								

B. 样品的测定：

水样	空白样	平行样1	平行样2
水样体积/mL			
吸光度			
校正吸光度			
查得的Cr^{6+}含量/μg			
水样Cr^{6+}浓度ρ /（mg/L）	—		
水样Cr^{6+}平均浓度 $\bar{\rho}$ /（mg/L）	—		
相对平均偏差（$R\bar{d}$）	—		

②数据处理。由水样测得的吸光度减去空白实验的吸光度后，从校准曲线上查得六价铬的含量（μg）。计算公式为：

$$Cr^{6+}（mg/L）= \frac{m}{V} \tag{3–14}$$

式中：m 为从标准曲线上查得的 Cr^{6+} 量，单位是 ug；V 为水样的体积，单位是 mL。

（7）注意事项

①用于测定铬的玻璃器皿不应用重铬酸钾洗液洗涤。

② Cr^{6+} 与显色剂的显色反应一般控制酸度在 0.05~0.3mol/L（$1/2H_2SO_4$）范围，以

0.2mol/L 时显色最好。显色前，水样应调至中性。显色温度和放置时间对显色有影响，在 15℃时，5~15min 颜色即可稳定。

（8）总铬的测定

①仪器：同 Cr^{6+} 测定。

②试剂：

A. 硝酸、硫酸、三氯甲烷。

B. 1/2 氢氧化铵溶液。

C. 5% 铜铁试剂：称取铜铁试剂［$C_6H_5N(NO)ONH_4$］5g，溶于冰冷水中并稀释至 100mL。临用时现配。

D. 其他试剂同六价铬的测试试剂。

③水样的预处理：

A. 一般清洁地面水可直接用高锰酸钾氧化后测定。

B. 含大量有机物的水样，需进行消解处理。

取 50mL 或适量（含铬量少于 50μg）水样，置于 150mL 烧杯中，加入 5mL 硝酸和 3mL 硫酸，加热蒸发至冒白烟。如果溶液仍有色，再加入 5mL 硝酸，重复上述操作，至溶液清澈，冷却。用水稀释至 10mL，用氢氧化铵溶液中和至 pH=1~2，移入 50mL 容量瓶中，用水稀释至标线，摇匀，供测定。

④高锰酸钾氧化三价铬：取 50mL 或适量（含铬量少于 50μg）清洁水样或经预处理的水样于 150mL 锥形瓶中，用氢氧化钠或硫酸调至中性，加入几粒玻璃珠，加入（1+1）硫酸和（1+1）磷酸各 0.5mL 摇匀，加入 4% 高锰酸钾 2 滴，如紫色消退，则继续加高锰酸钾溶液至保持紫红色，加热煮沸至溶液剩余 20mL，冷却后加入 1mL 20% 尿素溶液并摇匀，用滴管加 2% 亚硝酸钠溶液，每加一滴充分摇匀至紫色刚好消失。稍停片刻，待溶液内无气泡，转移至 50mL 比色管中，稀释至标线供测定。

⑤验步骤：标准曲线绘制和样品测定方法同六价铬测定。

⑥注意事项：

A. 用于测定铬的玻璃器皿不应用重铬酸钾洗液洗涤。

B.Cr^{6+} 与显色剂的显色反应一般控制酸度在 0.05~0.3mol/L（$1/2H_2SO_4$）范围，以 0.2mol/L 时显色最好。显色温度和放置时间对显色有影响，在 15℃时，5~15min 颜色即可稳定。

C. 如测定清洁地面水样，显色剂可按以下方法配制：溶解 0.2g 二苯碳酰二肼于 100mL 95% 的乙醇中，边搅拌边加入（1+9）硫酸 400mL。该溶液在冰箱中可存放一个月。用此显色剂，在显色时直接加入 2.5mL 即可，不必再加酸。但加入显色剂后，要立即摇匀，以免 Cr^{6+} 被乙酸还原。

3.2.7　水中溶解性正磷酸盐的测定——钼锑抗分光光度法

（1）实验目的

在天然水体和废（污）水中，磷主要以各种磷酸盐和有机磷化合物（如磷脂等）的形式存在，也存在于腐殖质颗粒和水生生物中。磷是生物生长必需的元素之一，但水体中磷含量过高，会导致富营养化，使水质恶化。

通过本实验希望达到以下目的：

①了解不同形态磷测定时的预处理方法。

②掌握用钼锑抗分光光度法测定水中磷的原理和方法。

③熟悉分光光度计的使用。

（2）实验原理

当需要测定总磷、溶解性正磷酸盐和溶解性总磷酸盐形式的磷时，可按图 3–18 所示流程处理后分别测定。

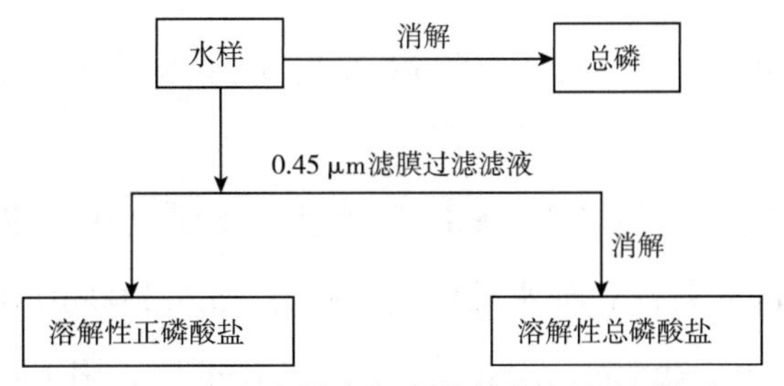

图3–18　测定水样中各种形式磷的预处理流程

在酸性条件下，正磷酸盐与钼酸铵（酒石酸锑氧钾为催化剂）反应，生成磷钼杂多酸，被还原剂抗坏血酸还原，变成蓝色络合物，即磷钼蓝，反应式如下：

$$PO_4^{3-}+12MoO_4^{2-}+24H^{+}+3NH_4^{+}\longrightarrow(NH_4)_3PO_4\cdot12MoO_3+12H_2O$$

本实验主要测定水体中的溶解性正磷酸盐。

（3）试剂及仪器

①仪器：可调电炉或电热板、分光光度计、150mL 锥形瓶、容量瓶等。

②试剂：

A. 硝酸（c=1.40g/mL）。

B. 高氯酸（优级纯）：含量 70%~72%。

C.1mol/L 硫酸。

D. 氢氧化钠溶液：1mol/L、6mol/L。

E. 酚酞指示剂 1%（m/v）：0.5g 酚酞溶于 95% 乙醇并稀释至 50mL 。

F. 钼酸盐溶液：溶解 13g 钼酸铵［$(NH_4)_6Mo_7O_{24} \cdot 4H_2O$］于 100mL 蒸馏水中；另溶解 0.35g 酒石酸锑氧钾［$K(SbO)C_4H_4O_6 \cdot 1/2H_2O$］于 100mL 蒸馏水中，在不断搅拌下，将钼酸铵溶液徐徐加入 300mL（1+1）浓硫酸中，再加酒石酸锑氧钾溶液混合均匀。此溶液储存于棕色瓶中冷冻保存，至少可稳定 2 个月。

G. 磷储备液：将磷酸二氢钾（KH_2PO_4）于 110℃干燥 2h，在干燥器中冷却，称取 0.2197g 溶于水中，移入 1000mL 容量瓶中，加（1+1）硫酸 5mL，用水稀释至标线。每毫升此溶液含磷 50.0μg。

H. 磷标准溶液：吸取 10.00mL 磷储备液于 250mL 容量瓶中，用水稀释至标线，为 2.0μg/mL 磷标准溶液，临用前现配。

I. 10% 抗坏血酸：溶解 10g 抗坏血酸于水中，并稀释至 100mL，储存于棕色玻璃瓶中，冷藏可稳定几周，如颜色变黄，则应弃去重配。

（4）样品的采集和保存

采集 500mL 水样后加 1mL 硫酸调节 pH ≤ 1，或不加任何试剂于冷处保存。

（5）实验步骤

①标准曲线的绘制。取 7 支 50mL 比色管，分别取 0、0.50、1.00、3.00、5.00、10.00、15.00mL 磷标准储备液，加水稀释至 50mL，加入 1.00mL 10% 抗坏血酸混合均匀，30s 后加 2.00mL 钼酸盐溶液充分混合，放置 15min 后，用 1cm 比色皿在 700nm 波长处测得吸光度。以磷含量（μg）为横坐标，以校正吸光度为纵坐标，绘制标准曲线。

②水样的测定。分取适量水样（磷含量≤ 30μg）置于 50mL 比色管中，与标准曲线绘制相同的步骤测定。

（6）数据记录与处理

①实验数据记录。将实验数据记录于表 3-16 中。

表3–16　溶解性正磷酸盐标准曲线记录表

监测人：　　　　　　　　　　实验室：

测定时间：　　　　　　　　　分光光度计型号及标号：

A. 标准曲线的测定：

磷标准使用液*V*/mL	0	0.50	1.00	3.00	5.00	10.00	15.00
磷含量/μg							
吸光度/*A*							
校正吸光度							
回归方程：$y=ax+b$　　　相关系数$r=$							

B. 样品的测定：

水样	空白样	平行样1	平行样2
水样体积/mL			
吸光度			
校正吸光度			
查的磷含量/μg			
水样中磷浓度ρ /（mg/L）	—		
水样中磷平均浓度$\bar{\rho}$ /（mg/L）	—		
相对平均偏差（$R\bar{d}$）	—		

②数据处理。由水样测得的吸光度减去空白实验的吸光度后，从校准曲线上查得磷含量（μg），计算公式为：

$$磷（P，mg/L）=\frac{m}{v} \tag{3–15}$$

式中：m 为由校准曲线查得的磷含量，单位是 μg；v 为水样体积，单位是 mL。

（7）注意事项

①室温低于 13℃时，可在 20~30℃水浴中显色。

②比色皿用后以稀硝酸或铬酸洗液浸泡片刻，以除去吸附的钼蓝色物。

③操作所用的玻璃器皿，可用（1+5）盐酸浸泡 2h，或用不含磷酸盐的洗涤剂刷洗。

3.3 大气监测实验技术

扫码查阅“大气中 PM_{10}/$PM_{2.5}$ 的测定”

3.3.1 大气中总悬浮颗粒物的测定

（1）实验目的

大气悬浮颗粒物是悬浮在空气中的微小固体和液体小滴的混合物，是雾、烟和空气尘埃的主要成分，其浓度达到一定程度后会导致人体产生一系列疾病，是危害人体健康的主要污染物。测定分析大气中总悬浮颗粒物的含量，对我们治理大气污染和保护人类自身健康十分重要。

通过本实验希望达到以下目的：

①了解大气污染物的布点采样方法和原理。

②掌握大气采样器的构造及工作原理。

③掌握用重量法测定大气中总悬浮颗粒物的基本技术及采样方法。

（2）实验原理

通过具有一定切割特性的采样器，以恒速抽取定量体积的空气，空气中粒径小于100μm的悬浮颗粒物被截留在已恒重的滤膜上。根据采样前、后滤膜重量之差及采样体积，计算总悬浮颗粒物的浓度。滤膜经处理后，进行组分分析。

该方法适用于大流量或中流量总悬浮颗粒物采样器进行空气中总悬浮颗粒物的测定，其检测限为0.001mg/m^3。

（3）仪器和材料

①大流量采样器：流量50~150L/min。

②流量校准装置。

③气压计。

④玻璃纤维滤膜：直径8~10cm。

⑤滤膜袋：用于存放采样后对折的采样滤膜。

⑥滤膜储存盒；用于保存、运送滤膜，保证滤膜在采样前处于不受折状态。

⑦ X 光看片机：用于检查滤膜有无缺损。

⑧恒温恒湿箱：箱内空气温度 15~30℃可调，控温精度 ±1℃；箱内空气相对湿度控制在（50±5）%。

⑨镊子：用于夹取滤膜。

⑩感量为 0.1mg 的分析天平。

（4）样品的采集和保存

采样时，采样器入口距地面高度不得小于 1.5m。采样不在风速大于 8m/s 等天气条件下进行。采样点应避开污染源及障碍物。

滤膜采集前后，需平衡处理，且平衡的温度、湿度相同。

（5）实验步骤

①采样器的流量校准：采样器每月用空口校准器进行流量校准。

②采样。

A. 滤膜的准备。

a. 滤膜使用前均用光照检验，不得使用有针孔或任何缺陷的滤膜采样。

b. 采样滤膜在称重前需在平衡室内平衡 24h，然后在规定条件下迅速称重，读数准确至 0.1mg，记下滤膜的编号和重量，将滤膜平展地放在光滑洁净的纸袋内，然后储存于盒内备用。采样前，滤膜不能弯曲或折叠。

平衡室放置在天平室内，平衡温度在 20~25℃之间，温度变化小于 ±3℃；相对湿度小于 5%，变化小于 5%。天平室温度应维持在 15~30℃之间，相对湿度为 50%。

B. 安放滤膜及采样。

a. 打开采样头顶盖，取出滤膜夹，用洁净干布擦去采样头内及滤膜夹的灰尘。将称量过的滤膜绒面向上，放在支持网上，放上滤膜夹，再安好采样头顶盖，按照采样器使用说明设置采样条件，即可开始采样。同时记下采样时间，采样时的温度、大气压力和流量。

b. 采样 5min 后和采样结束前 5min，各记录一次 U 形压力计压差值，读数准确至 1mm。若有流量记录器，则可直接记录流量。

c. 样品采好后，用镊子小心取下滤膜，使采样“毛”面朝内，将滤膜对叠。

d. 将折叠好的滤膜放回表面光滑的纸袋并储存于盒内，取采样后的滤膜时应注意滤膜是否出现物理性损伤及采样过程中有否穿孔漏气现象，若发现有损伤、穿孔漏气现象，应作废，重新取样。

③尘膜的平衡及称量。

A. 将完好的尘膜在恒温恒湿箱中，与空白滤膜平衡条件相同的温度和湿度平衡24h。

B. 在上述平衡条件下迅速称量，精确到0.1mg，记下尘膜重量。

（6）数据记录与处理

①实验数据记录。将实验所得数据记录于表3-17中。

表3-17　总悬浮颗粒物采样记录表

监测人：　　　　　　　　　　采样位置：

监测时间：　　　　　　　　　采样仪器型号：

项目	数值	项目	数值
采样时间（t）		采样器编号	
滤膜编号		采样流量/（m^3/min）	
采样温度/K		采样气压/kPa	
采样前滤膜质量/g		采样后滤膜质量/g	
现场采样体积（V）		标况采样体积（V）	
TSP浓度/（μg/m^3）			

②数据处理。总悬浮颗粒物（TSP）含量计算公式为：

$$\text{TSP 含量}(\mu g/m^3) = \frac{W_2 - W_1}{Q_N \cdot t} \tag{3-16}$$

式中：W_1为滤膜重量，单位是mg；W_2为滤膜与颗粒物的重量，单位是mg；t为采样时间，单位是min；Q_N为采样环境状况下的采样平均流量，单位是m^3/min。

（7）注意事项

①由于采样流量计上表观流量与实际流量随温度、压力的不同而变化，所以采样流量计必须校正后使用。

②要经常检查采样头是否漏气。当滤膜上颗粒物与四周白边之间的界线模糊时，表明面板密封垫的密封性能不好或没有拧紧，此时应更换面板密封垫，否则会导致测定结果偏低。

3.3.2　大气中二氧化硫的测定

（1）实验目的

二氧化硫是大气中分布较广、影响较大的主要污染物之一，常常以它作为大气污染的主要指标。它主要源于以煤或石油为燃料的工厂企业，如火力发电厂、钢铁厂、有色金属冶炼厂和石油化工厂等。此外，硫酸制备过程及一些使用硫化物的工厂也可能排放出二氧化硫。

测定二氧化硫最常用的化学方法是盐酸副玫瑰苯胺比色法，甲醛溶液吸收—盐酸副玫瑰苯胺分光光度法。由于盐酸副玫瑰苯胺比色法所用的吸收液是四氯汞钠（钾）溶液，会与二氧化硫形成稳定的络合物。为避免汞的污染，近年来用甲醛溶液代替汞盐作吸收液。

通过本实验希望达到以下目的：

①了解大气污染物的布点采样方法和原理。

②掌握用大气采样器的构造及工作原理。

③掌握用盐酸副玫瑰苯胺分光光度法测定大气中 SO_2 浓度的原理及操作。

④掌握用甲醛溶液吸收—盐酸副玫瑰苯胺分光光度法监测数据的处理，并用 SO_2 对环境空气质量现状进行分析评价。

（2）实验原理

空气中的二氧化硫被甲醛缓冲溶液吸收后，生成稳定的羟甲基磺酸加成化合物，在样品溶液中加入氢氧化钠使加成化合物分解，释放出的二氧化硫与副玫瑰苯胺、甲醛作用，生成紫红色化合物，根据颜色深浅，用分光光度计在波长 577nm 处测定吸光度。

按照所用的盐酸副玫瑰苯胺使用液含磷酸的量，分为两种操作方法。

方法一：含磷酸量少，最后溶液的 pH 值为 1.6 ± 0.1，呈红紫色，最大吸收峰在 548nm 处，该方法灵敏度高，但试剂空白值高。

方法二：含磷酸量多，最后溶液的 pH 值为 1.2 ± 0.1，呈蓝紫色，最大吸收峰在 575nm 处，该方法灵敏度较前者低，但试剂空白值低；已被我国暂选为环境监测系统的标准方法。本实验采用方法二测定。

当使用 10mL 吸收液采集气样 30L 时，测定空气中二氧化硫的检出限为 $0.007mg/m^3$，测定下限为 $0.028mg/m^3$，测定上限为 $0.667mg/m^3$。

当使用 50mL 吸收液采集气样 288L 时，试样分 10mL 时，测定空气中二氧化硫的检出限为 $0.004mg/m^3$，测定下限为 $0.014mg/m^3$，测定上限为 $0.347mg/m^3$。

（3）仪器和试剂

①仪器。

A. 多孔玻板吸收管：10mL 多孔玻板吸收管，用于短时间采样；50mL 多孔玻板吸收管，用于 24h 连续采样。

B. 大气采样器：流量范围 0~1L/min。

C. 分光光度计。

D. 恒温水浴器。

E. 具塞比色管：10mL。

②试剂。分析时均使用符合国家标准的分析纯试剂，实验用水为新制备的蒸馏水或同等纯度的水。

A. 碘酸钾（KIO_3）：优级纯，经 110℃干燥 2h。

B. 氢氧化钠溶液 c（NaOH）=1.50mol/L：称取 6.0g NaOH，溶于 100mL 水中。

C. 环己二胺四乙酸二钠（CDTA-2Na），c（CDTA-2Na）=0.05mol/L：称取 1.82g 反式 1，2- 环己二胺四乙酸（CDTA-2Na），加入 1.50mol/L 的氢氧化钠溶液 6.5mL，用蒸馏水稀释至 100mL。

D. 甲醛缓冲吸收液储备液：吸取 36%~38% 的甲醛溶液 5.5mL，0.050mol/L 的 CDTA-2Na 溶液 20.0mL；称取 2.04g 邻苯二甲酸氢钾，溶解于少量水中；将 3 种溶液合并，用水稀释至 100mL，储存于冰箱，可保存 1 年。

E. 甲醛缓冲吸收液：用水将甲醛缓冲吸收液储备液稀释 100 倍，此吸收液甲醛含量为 0.2mg/mL，临用现配。

F. 0.6% 氨基磺酸铵溶液：称取 0.60g 氨基磺酸铵（$H_2NSO_3H_4$）置于 100mL 烧杯中，加入 1.5mol/L 的氢氧化钠溶液 4.0mL，稀释至 100mL，摇匀。此溶液密封保存可使用 10d。

G. 碘储备液（$c_{1/2I_2}$=0.1mol/L）：称取 12.7g 碘（I_2）于烧杯中，加入 40g 碘化钾（KI），加 25mL 水，搅拌至全部溶解后，用水稀释至 1000mL，储于棕色试剂瓶中。

H. 碘溶液（$c_{1/2I_2}$=0.010mol/L）：量取 50mL 0.1mol/L 碘储备液，用水稀释至 500mL，储于棕色试剂瓶中。

I. 淀粉溶液（ρ =5.0g/L）：称取 0.5g 可溶性淀粉（可加二氯化锌防腐），用少量水调成糊状物，倒入 100mL 沸水中，继续煮沸直到溶液澄清，冷却后储于试剂瓶中。

J. 碘酸钾标准溶液（$c_{1/6KIO_3}$=0.1000mol/L）：称取 3.5667g 碘酸钾（KIO_3，优级纯，110℃烘干 2h），溶于水中，移入 1000mL 容量瓶中，用水稀释至标线，摇匀。

K. 盐酸溶液（c=1.2mol/L）。

L. 硫代硫酸钠储备液（$c_{Na_2S_2O_3} \approx$ 0.1mol/L）：称取 25.0g 硫代硫酸钠（$Na_2S_2O_3 \cdot 5H_2O$），溶于 1000mL 新煮沸但已冷却的水中，加 0.20g 无水碳酸钠，储于棕色试剂瓶中，放置一周后标定其浓度。若溶液混浊，必须过滤。

标定方法：吸取三份 20.00mL 0.1mol/L 碘酸钾标准溶液，置于 250mL 碘量瓶中，加 70mL 煮沸但已冷却的水，加 1.0g 碘化钾，振摇至完全溶解后，再加 10mL 1.2mol/L 盐酸溶液，立即盖好瓶塞，混匀，在暗处放置 5min 后，用 0.1mol/L 硫代硫酸钠溶液滴定至淡黄色，加 2mL 新配制的 0.5% 淀粉指示剂后，溶液显蓝色，再继续滴定至蓝色刚好褪去。硫代硫酸钠溶液的浓度按下式计算：

$$c=\frac{0.1000\times 20.00}{V} \quad (3\text{-}17)$$

式中：c 为硫代硫酸钠溶液浓度，单位是 mol/L；V 为消耗硫代硫酸钠溶液的体积，单位是 mL。

M. 硫代硫酸钠标准溶液（$c_{Na_2S_2O_3}\approx 0.01$mol/L）：取 50.00mL 标定过的 0.1mol/L 硫代硫酸钠储备液置于 500mL 容量瓶中，用新煮沸但已冷却的水稀释至标线。

N. 乙二胺四乙酸二钠盐（EDTA-2Na）[$\rho_{(EDTA-2Na)}$=0.05g/L]：称取 0.25g 乙二胺四乙酸二钠盐溶于 500mL 新煮沸但已冷却的水中。临用时现配。

O. 亚硫酸钠标准溶液[$\rho_{(Na_2S_2O_3)}$=1g/L]：称取 0.2g 亚硫酸钠（Na_2SO_3），溶于 200mL EDTA-2Na[$\rho_{(EDTA-2Na)}$=0.05g/L]溶液中，溶于 200mL 新煮沸但已冷却的水中，轻轻摇匀（避免振荡，以防充氧），放置 2~3h 后标定。此溶液相当于每毫升含 320~400μg 二氧化硫。

标定方法：

a. 取 6 个 250mL 碘量瓶（A_1、A_2、A_3、B_1、B_2、B_3），分别加入 50.0mL 碘溶液 $c_{1/2I_2}$=0.010mol/L）。在 A_1、A_2、A_3 内各加入 25mL 水，在 B_1、B_2 内各加入 25.00mL 上述亚硫酸钠溶液并盖好瓶。

b. 立即吸取 2.00mL 亚硫酸钠溶液加到一个已装有 40~50mL 甲醛吸收液的 100mL 容量瓶中，并用甲醛吸收液稀释至标线、摇匀。此溶液即为二氧化硫储备液，在 4~5℃下冷藏，可稳定 6 个月。

c. 紧接着吸取 25.00mL 亚硫酸钠溶液加入 B_3 内，盖好瓶塞。

d. A_1、A_2、A_3、B_1、B_2、B_3 六个瓶子于暗处放置 5min，用 0.05mol/L 硫代硫酸钠标准溶液滴定至淡黄色，加入 0.2% 淀粉溶液 5mL，继续滴定至蓝色刚好褪去，记录消耗体积 V。平行滴定所用硫代硫酸钠溶液的体积之差不大于 0.05mL，取平均值计算度：

$$\rho=\frac{(\overline{V_0}-\overline{V})\times c_2\times 32.02\times 10^3}{25.00}\times\frac{2.00}{100} \quad (3\text{-}18)$$

式中：ρ 为二氧化硫储备液的质量浓度，单位是 μg/mL；$\overline{V_0}$为空白滴定时所用硫代硫酸钠标准溶液体积的平均值，单位是 mL；$\overline{V}$为样品滴定时所用硫代硫酸钠标准溶液体积的平均值，单位是 mL；c_2 为硫代硫酸钠标准溶液的准确浓度，单位是 mol/L；32.02 为相当于 1mmol/L 硫代硫酸钠溶液的二氧化硫的质量，单位是 mg。

P. 二氧化硫标准溶液［$\rho_{(Na_2SO_3)}$=1.00μg/mL］：用甲醛缓冲吸收液将二氧化硫标准储备液（亚硫酸钠标定）稀释成每毫升含 1.0μg 二氧化硫的标准溶液。此溶液用于绘制标准曲线，在 4~5℃下冷藏，可稳定 1 个月。

Q. 盐酸副玫瑰苯胺（PRA）储备液（ρ=0.2g/100mL）：称取 0.100g PRA（$C_{19}H_{18}N_3Cl\cdot 3HCl$），用 1mol/L 盐酸溶液稀释至 50mL。

R. 副玫瑰苯胺溶液（ρ=0.050g/100mL）：吸取 25.00mL 盐酸副玫瑰苯胺储备液于 100mL 容量瓶中，加入 30mL 85% 的浓磷酸，12mL 浓盐酸，用水稀释至标线，摇匀，放置过夜后使用。避光密封保存。

S. 盐酸—乙醇清洗液：由三份（1+4）盐酸和一份 95% 乙醇混合配制而成，用于清洗比色管和比色皿。

（4）样品采集与保存

①短时间采样：采用内装 10mL 吸收液的多孔玻板吸收管，以 0.5L/min 的流量采气 45~60min。吸收液温度保持在 23~29℃。

② 24h 连续采样：用内装 50mL 吸收液的多孔玻板吸收瓶，以 0.2L/min 的流量采气 24h。吸收液温度保持在 23~29℃。

③现场空白：将装有吸收液的采样管带到采样现场，除了不采气之外，其他环境条件与样品相同。

④样品保存：当气温高于 30℃时，采样后如不能当天测定，可将样品溶液存于冰箱中。

注意：样品采集、运输和储存过程中应避免阳光照射；放置在室内的 24h 连续采样器，进气口连接符合要求的空气质量集中采样管路系统，以减少二氧化硫进入吸收瓶前的损失。

（5）实验步骤

①标准曲线绘制。

A. 取 14 支 10mL 具塞比色管，分为 A、B 两组，每组各 7 支，分别对应编号。A 组按表 3-18 配置校准溶液系列。

表3-18　二氧化硫标准系列

管号	0	1	2	3	4	5	6
SO_2标准吸收液/mL	0.00	0.50	1.00	2.00	5.00	8.00	10.00
甲醛缓冲吸收液/mL	10.00	9.50	9.00	8.00	5.00	2.00	0.00
二氧化硫含量/μg	0.00	0.50	1.00	2.00	5.00	8.00	10.00

B. A 组各管分别加入 0.5mL 的 0.60% 氨磺酸钠溶液和 0.5mL 的 1.50mol/L 氢氧化钠溶液，混匀。

C. B 组各管加入 1.00mL 的 0.05% 的 PRA 使用液。

D. 将 A 组各管的溶液迅速地全部倒入对应编号并盛有 PRA 溶液的 B 组各管中，立即加塞并混匀后放入恒温水浴中显色。显色温度与室温之差应不超过 3℃。可根据不同季节的室温选择显色温度和时间（表 3-19）。

表3-19　二氧化硫显色温度与时间对照表

显色温度/℃	10	15	20	25	30
显色时间/min	40	25	20	15	5
稳定时间/min	35	25	20	15	10
试剂空白吸光度（A_0）	0.030	0.035	0.040	0.050	0.060

E. 在波长为 577nm 处，用 1cm 的比色皿，以水为参比测定吸光度。以空白校正后的吸光度为纵坐标，以二氧化硫的质量浓度（μg/10mL）为横坐标，用最小二乘法建立标准曲线的回归方程。

②样品测定。

A. 样品溶液中若有浑浊物，应离心分离除去。

B. 采样后样品应放置 20min，以使臭氧分解。

C. 短时间采样，将吸收管中的样品溶液全部移入 10mL 比色管中，用少量甲醛缓冲液洗涤吸收管，洗液并入比色管中，用吸收液稀释至 10mL 标线，加 0.5mL 氨磺酸钠溶液，混匀，放置 10min 以去除氮氧化物的干扰，以下步骤同校准曲线的绘制。

D. 连续 24 小时采样，将吸收瓶中的样品溶液全部移入 50mL 比色管（或容量瓶）中，用少量甲醛缓冲液洗涤吸收瓶，洗涤液并入样品溶液中，再用吸收液稀释至标线。吸取适量样品溶液于 10mL 比色管中，再用吸收液稀释至标线，加入 0.5mL 氨磺酸钠溶液，混匀，放置 10min 以去除氮氧化物的干扰，以下步骤同校准曲线的绘制。

注意：随每批样品应测定试剂空白液、标准控制样品或加标回收样品各1~2个，以检查试剂空白值和校正因子。在试剂空白液、控制样品及全部样品中，分别加入6.0g/L的氨基磺酸铵溶液0.5mL，摇匀，放置10min。如果测定样品时的温度和绘制标准曲线时的温度相差不超过2℃，则二者的试剂空白吸光度相差不应超过0.03，如果超过此值，应重新绘制标准曲线。如果样品吸光度为1.0~2.0，可用试剂空白液稀释，在数分钟内再测吸光度，使测得的吸光度值为0.03~1.0，但稀释倍数不要大于6倍。

（6）数据记录与处理

①实验数据记录。将实验所得数据记录于表3-20中。

表3-20　空气中SO_2测定数据记录表

A. 空气中SO_2样品的采集：

采样人：　　　　　采样地点：　　　　　采样时间：

采样点	采样器型号及编号	吸收管编号	采样温度/K	吸收液体积/mL	采样气压/kPa	采样时间（t）	采样流量/（m^3/min）	采样体积（V）		备注
								现场	标况	
1										
2										
3										
…										

B. 空气中SO_2标准曲线测定：

实验室：　　　　　测定时间：　　　　　分光光度计型号及标号：

管号	0	1	2	3	4	5	6
SO_2标准吸收液/mL	0.00	0.50	1.00	2.00	5.00	8.00	10.00
甲醛缓冲吸收液/mL	10.00	9.50	9.00	8.00	5.00	2.00	0.00
二氧化硫含量/μg	0.00	0.50	1.00	2.00	5.00	8.00	10.00
吸光度A							
校正吸光度A							
回归方程：$y=ax+b$				相关系数$r=$			

C. 样品测定：

实验室：　　　　　测定时间：　　　　　分光光度计型号及标号：

样品	空白样	平行样1	平行样2
取样体积/mL			
吸光度			

续表

样品	空白样	平行样1	平行样2
校正吸光度			
查得的SO_2含量/μg	—		
空气中SO_2浓度ρ/（μg/m^3）	—		
空气中SO_2平均浓度$\bar{\rho}$/（μg/m^3）	—		
相对平均偏差（$R\bar{d}$）	—		

②数据处理。空气中二氧化硫的浓度按下式计算，计算结果应精确到小数点后第三位。

$$c_{(SO_2)}=\frac{(A-A_0-a)}{b\cdot V_r}\times\frac{V_t}{V_a} \tag{3-19}$$

式中：$c_{(SO_2)}$ 为二氧化硫的浓度，单位是 mg/m^3；A 为样品溶液的吸光度；A_0 为试剂空白溶液的吸光度；B_{ss} 为校正因子（1/b，SO_2 吸光度）；b 为回归方程的斜率（1/SO_2 吸光度）；a 为回归方程的截距，（一般要求小于 0.005）；V_t 为样品溶液总体积，单位是 mL；V_a 为测定时所取样品溶液体积，单位是 mL；V_r 为参比状态下的采样体积，单位是 L。

（7）注意事项

①温度对显色有影响，温度越高空白值越大；温度高时，发色快，褪色也快。所以，最好用恒温水浴控制显色温度，并根据室温决定显色温度和时间。

②提纯可以降低空白试剂的吸光度，提高方法的灵敏度；增加酸度虽然也可以降低空白试剂的吸光度，但方法的灵敏度也随之降低。

③因六价铬能使紫红色络合物褪色，产生负干扰，故应避免用硫酸—重铬酸钾洗液洗涤玻璃器皿，若已经用硫酸—重铬酸钾洗液洗过，则需用（1+1）盐酸溶液浸洗，再用水充分洗涤，以将六价铬洗净。

④用过的比色管及比色皿应及时用酸洗涤，否则红色难以洗净。比色管用（1+4）盐酸溶液洗，比色皿用（1+4）盐酸加 1/3 体积乙醇的混合液洗涤。

⑤配制亚硫酸钠溶液时，应加入少量 EDTA 二钠盐，SO_3^{2-} 被水中的溶解氧氧化为 SO_4^{2-} 时，易受试剂及水中微量 Fe^{3+} 的催化，加入 EDTA 能络合 Fe^{3+}，使 SO_3^{2-} 浓度转为稳定。

扫码查阅“室内空气中甲醛浓度的测定”

3.3.3　大气中氮氧化物的测定

（1）实验目的

大气中的氮氧化物主要有一氧化氮、二氧化氮、五氧化二氮、氧化二氮等。氮氧化物在一定条件下会参与光化学反应引发光化学烟雾事件。因此，我们要监测大气中氮氧化物的含量。

通过本实验希望达到以下目的：

①了解大气污染物的布点采样方法和原理。

②掌握大气采样器的构造及工作原理。

③掌握用盐酸萘乙二胺分光光度法测定大气中 NO_x 浓度的原理及操作技术。

（2）实验原理

测定大气中的氮氧化物主要是其中的一氧化氮、二氧化氮，如果测定二氧化氮的浓度，可直接用溶液吸收法采集大气样品，若测定一氧化氮和二氧化氮的总量，则应先用三氧化铬将一氧化氮氧化成二氧化氮，然后进入溶液吸收瓶。

空气中的二氧化氮被吸收液吸收后，生成亚硝酸和硝酸，其中，亚硝酸与对氨基苯磺酸发生重氮化反应，再与盐酸奈乙二胺偶合，生成玫瑰红色偶氮染料，据其颜色深浅，用分光光度法定量。因为 NO_2（气）转变 NO_2^-（液）的转换系数为 0.76，故在计算结果时应除以 0.76。

（3）仪器和试剂

①仪器。

A. 采样探头：硼硅玻璃、不锈钢、聚四氟乙烯或硅橡胶管，内径约 6mm，尽可能短些，不得长于 2m，配有朝下的空气入口。

B. 吸收瓶：内装 10mL、25mL 或 50mL 多孔波板吸收瓶，液柱不低于 80mm。

C. 双球玻璃管：内装三氧化铬—砂子。

制取方法：

筛取 20~40 目海砂（或河砂），用（1+2）的盐酸浸泡 1 夜，用水洗至中性，烘干。将三氧化铬与砂子按质量比（1+20）混合，加少量水调匀，放入烘箱内于 105℃烘干，烘干过程中应搅拌几次。制备好的三氧化铬—砂子应是松散的，若黏在一起，说明三氧化铬比例太大，可适当增加一些砂子，重新制备。

称取约 8g 三氧化铬—砂子装入双球玻璃管内，两端用少量脱脂棉塞好，用乳胶管或塑料管制的小帽将氧化管两端密封，备用。采样时将氧化管与吸收管用一小段乳胶管相连。

D. 空气采样器（流量范围 0~1L/min）。

E. 分光光度计。

F. 棕色瓶和具塞比色管。

②试剂。所有试剂均用不含亚硝酸根的重蒸馏水配置。其检验方法是：所配制的吸收液对波长为 540nm 光的吸光度不超过 0.005（1cm 比色皿，水为参比）。

A. N-（1- 萘基）乙二胺盐储备液（ρ =1.00g/L）：称取 0.50g N-（1- 萘基）乙二胺盐于 500mL 容量瓶中，用水稀释至标线。此溶液储存于密闭的棕色瓶中，在冰箱中冷藏可稳定三个月。

B. 显色液：称取 5.0g 对氨基苯磺酸溶于约 200mL 热水中，将溶液冷却至室温，全部移入 1000mL 容量瓶中，加入 50mL N-（1- 萘基）乙二胺盐储备液和 50mL 冰乙酸并用水稀释至标线。此为吸收原液，储存于棕色瓶中，在 25℃以下暗处存放可稳定三个月。保存时应密封瓶口，防止空气与吸收液接触。若溶液呈现淡红色，应弃之重配。

C. 吸收液：将显色液和水按 4 ∶ 1 的份数混合配成采样用吸收液。

D. 亚硝酸钠标准储备液［$c_{(NO_2^-)}$ =250mg/L］：称取 0.3750g 亚硝酸钠（$NaNO_2$），预先在干燥器内放置 24h 以上，溶解于水，移入 1000mL 容量瓶中，用水稀释至标线。此溶液每毫升含 100.0μg NO_2^-，储存于棕色瓶内，冰箱中保存，可稳定三个月。

E. 亚硝酸钠标准使用液［$c_{(NO_2^-)}$ =2.5mg/L］吸取储备液 1.00mL 于 100mL 容量瓶中，用水稀释至标线。临用前现配。

F. 硫酸溶液（$c_{1/2H_2SO_4}$ =1mol/L）：取 15mL 浓硫酸，徐徐加入 500mL 水中。

（4）样品采集和保存

①短时间采样（1h 以内）：内装 10.0mL 吸收液的多孔玻板吸收瓶和一支氧化管连接，以 0.4L/min 流量采气 4~24L。

②长时间采样（24h）：内装 25.0mL、50.0mL 吸收液的多孔玻板吸收瓶和一支氧化管连接，以 0.2L/min 流量采气 288L，吸收液恒温在（20 ± 4）℃，从 9 : 00 到次日 9 : 00。

③样品保存：采样后应尽快测定样品的吸光度。若不能及时测定，应将样品于低温暗处存放。样品于 30℃暗处存放，可稳定 8h ；于 20℃暗处存放，可稳定 24h ；于冰箱中冷藏，至少可稳定三天。

（5）测定步骤

①标准曲线绘制：取 6 支 10mL 干的具塞比色管，按表 3-21 所列数据配制亚硝酸盐标准溶液色列。

表3-21 NO_2^-标准色列

加入溶液的量	色列管编号					
	0	1	2	3	4	5
亚硝酸钠标准使用液/mL	0	0.40	0.80	1.20	1.60	2.00
水/mL	2.00	1.60	1.20	0.80	0.40	0
显色液/mL	8.00	8.00	8.00	8.00	8.00	8.00
NO_2^-浓度/（μg/mL）	0	0.10	0.20	0.30	0.40	0.50

以上溶液摇匀，于暗处放置20min，在540nm波长处，用1cm比色皿，以水为参比测定吸光度。扣除空白实验的吸光度以后，对应NO_2^-的浓度（μg/mL）绘制标准曲线。

②采样。将一支内装5.00mL吸收液的多孔玻板吸收管进气口接三氧化铬—砂子氧化管，并使管口略微向下倾斜，以免当湿空气将三氧化铬弄湿时污染后面的吸收液。将吸气管的出气口与空气采样器相连接。以0.2~0.3L/min的流量避光采样至吸收液呈微红色为止，记下采样时间，密封好采样管，带回实验室，当日测定。若吸收液不变色，应延长采样时间，采样量应不少于6L。在采样的同时，应测定采样现场的温度和大气压力，并做好记录。

③样品测定。采样后，放置20min，室温20℃以下放置40min以上，用水将采样瓶中吸收液的体积补充至标线，混匀。按绘制标准曲线的方法和条件测定空白试剂溶液和样品溶液的吸光度。若样品溶液的吸光度超过标准曲线的测定上限，应用空白实验溶液稀释后再测定吸光度。计算结果时应乘以稀释倍数。

（6）数据记录与处理

①实验数据记录。将实验所得数据记录于表3-22中。

表3-22 空气中NO_x测定数据记录表

A. 空气中NO_x样品的采集：

采样人： 采样地点： 采样时间：

采样点	采样器型号及编号	吸收管编号	采样温度/K	吸收液体积/mL	采样气压/kPa	采样时间（t）	采样流量/（m^3/min）	采样体积（V）		备注
								现场	标况	
1										
2										
3										
…										

B. 空气中 NO_x 标准曲线测定：

实验室：　　　　　　测定时间：　　　　　　　分光光度计型号及标号：

加入溶液的量	色列管编号					
	0	1	2	3	4	5
亚硝酸钠标准使用液/mL	0	0.40	0.80	1.20	1.60	2.00
水/mL	2.00	1.60	1.20	0.80	0.40	0
显色液/mL	8.00	8.00	8.00	8.00	8.00	8.00
NO_2^-浓度/（μg/mL）	0	0.10	0.20	0.30	0.40	0.50
吸光度A						
校正吸光度A						
回归方程：$y=ax+b$　　　　相关系数r=						

C. 样品测定：

实验室：　　　　　　测定时间：　　　　　　　分光光度计型号及标号：

样品	空白样	平行样1	平行样2
取样体积/mL			
吸光度			
校正吸光度			
查得的NO_x含量/μg	—		
空气中NO_x浓度ρ /（μg/m^3）	—		
空气中NO_x平均浓度$\bar{\rho}$ /（μg/m^3）	—		
相对平均偏差（$R\bar{d}$）	—		

②数据处理。氮氧化物的浓度计算式为：

$$c_{(NO_2)}=\frac{(A-A_0-a)\times V\times D}{b\times f\times V_0} \tag{3-20}$$

式中：$c_{(NO_2)}$ 为空气中氮氧化物的浓度（以 NO_2 计），单位是 mg/m^3；A、A_0 为样品溶液、空白溶液的吸光度；b、a 为标准曲线斜率（吸光度，单位是 mL/μg）和截距；V 为采样用吸收液体积，单位是 mL；V_0 为参比状态下的采样体积，单位是 L；D 为样品的稀释倍数；f 为 Saltzman 实验系数，0.88（空气中 NO_x 浓度超过 0.720mg/m^3 时，f 值为 0.77）。

（7）注意事项

①吸收液应避光，且不能长时间暴露在空气中，以防止光照时吸收液显色或吸收

空气中的氮氧化物而使试管空白值增高。

②氧化管适于在相对湿度为30%~70%时使用。当空气相对湿度大于70%时，应勤换氧化管；小于30%时，则在使用前用经过水面的潮湿空气通过氧化管，平衡1h。在使用过程中，应经常注意氧化管是否吸湿引起板结，或者变为绿色。若板结会使采样系统阻力增大，影响流量；若变成绿色，表示氧化管已失效。

③亚硝酸钠（固体）应密封保存，防止空气及湿气侵入。部分氧化成硝酸钠或呈粉末状的试剂都不能用直接法配制标准溶液。若无颗粒状亚硝酸钠试剂，可用高锰酸钾容量法标定出亚硝酸钠储备液的准确浓度，再稀释为含5.0μg/mL亚硝酸根的标准溶液。

④溶液若呈黄棕色，表明吸收液已受三氧化铬污染，该样品应报废。

⑤绘制标准曲线，向各管中加亚硝酸钠标准使用溶液时，应以均匀、缓慢的速度加入。

3.4 噪声监测实验技术

3.4.1 声级计的使用方法

（1）实验目的

声级计是最基本的噪声测量仪器，它是一种电子仪器，在把声信号转换成电信号时，可以模拟人耳对声波反应速度的时间特性；经过频率计权网络测得的声压级称为声级，根据所使用的计权网络的不同，分别称为A声级、B声级和C声级。

通过本实验希望达到以下目的：

①了解声级计的构造原理。

②掌握声级计的操作方法。

（2）实验原理

声级计中的传声器将声音转换成电信号，再由前置放大器变换阻抗，使传声器与衰减器匹配。放大器将输出信号加到计权网络，对信号进行频率计权（或外接滤波器），然后再经衰减器及放大器将信号放大到一定的幅值，送到有效值检波器（或外按电平记录仪），在指示表头上给出噪声声级的数值。

（3）测量仪器

测量仪器为 HS5618A 型积分声级计或其他普通声级计。测量前后使用声级校准器校准测量仪器的示值，偏差应不大于 2dB，否则测量无效。

（4）实验步骤

①用声级校准器检查声级计的校准情况。

②根据被测声音的大小将量程开关置于合适的档位，如无法估计大小，则置于“85~130”。

③如剧烈，则置于“S”（慢）。

④将读数标志开关置于“5S”或“3S”。

⑤将电源开关置于“开”，仪器开始工作时显示数字。

⑥如果显示器右端显示出过量标志“▲”（或欠量标志“▼”），此时应将量程开关向上（或向下）移动，使过量标志消失。如果过量标志没有消失，则表示被测声级超出了仪器的测量范围。

⑦调整好声级计的量程后，即可从显示屏上读取测量结果。

⑧做好测量记录。

⑨测量完毕后，建议再用声级校准器检查声级计的灵敏度，以确保测量数据准确、可靠。

⑩将电源开关置于“关”。如声级计较长时间不再使用，务必将电池取出。

（5）声级计使用注意事项

①测量时，应根据情况选择好正确档位，两手平握噪音计两侧，传声器指向被测声源，也可使用延伸电缆和延伸杆，减少声级计外形及人体对测量的影响。声级计使用位置应根据有关规定确定。

②声级计使用电池供电，应检查电池电压是否满足要求：电表功能开关置“电池”档，“衰减器”可任意设置，此时电表上的指示应在额定的电池电压范围内，否则需要更换电池。安装电池或外接电源时注意极性，切勿反接。声级计长期不用应取下电池，以免漏液损坏仪器。

③使用前应先阅读说明书，了解仪器的使用方法与注意事项。按噪音计使用说明书规定的预热时间（例如 10 分钟）进行预热。

④声级计使用的电池电压不足时应更换。

⑤校准放大器增益：电表功能开关置“0”档，“衰减器”开关置“校准”，此时

电表指针应处在红线位置，否则需要调节灵敏度电位器。

⑥在不知道被测声级为多大时，必须把“衰减器”放在最大衰减位置（例如120dB），然后在测量时逐渐调整到被测声级所需要的衰减档位置，防止被测声级超过量程打坏噪音计。

⑦传声器切勿拆卸，防止掷摔，不用时应妥当放置。

⑧传感器是极其精细且易损坏的比较昂贵的部件，在整个实验过程中注意轻拿轻放。实验完毕，拆下传感器并放入指定的地方。

⑨仪器应避免放置于高温、潮湿、有污水、灰尘及含盐酸、碱成分高的空气或化学气体的地方。

⑩勿擅自拆卸噪音计。如仪器不正常，可送修理单位或厂方检修。

扫码查阅“城市道路交通噪声测量”

3.4.2 校园环境噪声监测

（1）实验目的

为了解城市某一区域或整个城市的总体环境噪声水平，掌握环境噪声污染的时空分布规律，从而给出城市的环境质量评价，指导城市噪声控制规划的制定，需要对城市区域的噪声进行测量，应按照GB/T 14623—1993《城市区域环境噪声测量方法》中的有关规定进行。有两种测量方法可供选用：对于噪声普查，应采用网格测量法；对于常规监测，采用定点测量法。本实验选取临潼校区作为测量范围，采用网格测量法进行测量。

通过本实验希望达到以下目的：

①掌握区域环境噪声的监测方法，加强对噪声测量方法的理解。

②掌握环境噪声的评价指标和评价方法。

③掌握对非稳态的噪声监测数据的处理方法。

（2）实验原理

声压级是衡量噪声强弱的一个重要物理量，通常用声级计测量。测量时，声波经传声器转化为电信号，并放大后进入计权网络，将人耳不敏感的低频部分噪声成分进行不同程度的过滤，信号经分档衰减、放大、检波后，由指示仪表直接读出声压级。由声级计测得的声压级，称为计权声压级，简称声级（单位是dB）。

根据《社会生活环境噪声排放标准》（GB 22337—2008）：

①评价量：等效连续A声级L_{eq}。

②等效声级：等效连续 A 声级，在规定测量时间 T 内 A 声级的能量平均值用 $L_{Aeq,\ T}$ 表示（简写为 L_{eq}），单位是 dB（A）。根据定义，等效声级表示为：

$$L_{eq} = 10\lg\left(\frac{1}{T}\int_{0}^{T}10^{0.1\cdot L_A}\mathrm{d}t\right) \tag{3-21}$$

式中：L_A 为 t 时刻的瞬时 A 声级；T 为规定的测量时间段。

（3）实验仪器

声级计。

①使用前的准备。

A. 检查电容传声器和前置放大器是否已安装好。

B. 检查电池是否已安装好，如未安装则应推开声级计背面电池盖板，接正确极性安装好电池。

C. 必要时，应使用声级校准器对声级计进行校准。

D. 声级计应定期（如一年）送计量部门检定，以保证声级计的准确性。

②校准。仪器若较长时间不用，或更换传声器，或经过检修，则需进行校准。HS6020 型声级校准器由外部基准信号源进行声学校准，这种校准是对包括传声器在内的声级计的整机校准。HS6020 型声级校准器产生一个频率为 1000HZ、94dB 的稳定信号。校准程序有 5 步。

A. 除下风罩，将声级计各开关置于：量程选择“60~105”档；时间计权“F”档；读数标志“10s”。

B. 将电源开关置于“开”，此时显示器上有数字显示，预热“60s”。

C. 将声级校准器套在传声器上，启动校准器。

D. 用小螺丝刀调整灵敏度调节器，使显示值为 93.8dB。

E. 小心取下校准器，套上风罩。

（4）测量条件和测量时段

①气象条件：测量应在无雨、无雪的条件下进行，风速为 5m/s 以上时应停止测量。风力在三级以上必须加风罩，以免风噪声干扰。

②测量工况：测量时传声器加防风罩可避免风噪声干扰，同时能保能持传声器清洁。铁路两侧区域环境噪声测量，应避开列车通过的时段。

③测量要求：声级计距离地面 1.2m，传声器指向被测声源。手持噪声计，应使人体与传声器距离 0.5m，以减少人身对测量的影响。

④测量时段：分为昼间（6：00~22：00）和夜间（22：00~ 次日 6：00）。

（5）测量步骤

①熟悉声级计的使用方法。

②噪声监测采样点的布设——网格布点法。

A. 将学校划分为一定大小的网络，测量点选在每个网络的中心，若中心点的位置不宜测量，可移到邻近便于测量的位置。应尽可能在离任何反射物（除地面外）至少3.5m外测量，离地面高度大于1.2m以上，根据网格划分，画出测量网格以及测点分布图。

B. 测量应选在无雨、无雪的天气条件下进行，风速达到5m/s以上时停止测量。测量时传声器应加防风罩。

C. 每2 ~ 3人为一组，配置一台声级计，按顺序到各网点测量，每一个网点至少测量三次，时间间隔尽可能相同。

③噪声测量。

A. 手持声级计，将传声器朝向道路，传声器距地面1.2m，声级计加防风罩，以避免风噪声的干扰。

B. 测量时，将计权档置于“A”档，衰减置于“S”档，每隔5s读一个瞬时A声级。每个监测点位测量10min的等效连续A声级L_{eq}，记录累计百分声级L_{10}、L_{50}、L_{90}、L_{max}、L_{min}和标准偏差（SD）。

（6）数据记录与处理

①实验数据记录。将实验测得的噪声数据记录于表3-23中。

表3-23　校园噪声测量记录表

测量人：　　　　　　　　　　测定地点：

时间：　　　　　　　　　　　声级计型号及编号：

单位：dB（A）

②数据处理。环境噪声是随时间起伏的无规则噪声，测量结果一般用统计值或等

校声级表示，本实验用等校声级表示。

A. 根据排序的数据求出 L_{10}、L_{50}、L_{90}、L_{eq}。

L_{10} 表示有 10%的时间超过的噪声级，相当于噪声的峰值。

L_{50} 表示有 50%的时间超过的噪声级，相当于噪声的平均值。

L_{90} 表示有 90%的时间超过的噪声级，相当于噪声的本底值。

$$L_{eq}=10\times\lg(\frac{1}{100}\sum_{i=1}^{100}10^{L_i/10}) \tag{3-22}$$

若符合正态分布，则：

$$L_{eq}=L_{50}+\frac{d^2}{60}$$

其中：

$$d=L_{10}-L_{90}$$

B. 全部网格中心测点测得的等效声级进行算术平均，所得到的平均值代表所测量区域的环境噪声水平，计算式如下：

$$L(dB)=\frac{1}{n}\sum_{i=1}^{n}L_{Aeqi} \tag{3-23}$$

$$\sigma=\sqrt{\frac{1}{n-1}\sum_{i=1}^{n}(L-L_{Aeqi})^2} \tag{3-24}$$

式中：L 为城市某一功能区域或整座城市的环境噪声平均值，单位是 dB；L_{Aeqi} 为第 i 个网格中心测得的昼间（或夜间）等效声级，单位是 dB；σ 为标准偏差。

（7）注意事项

①声级计使用的电池电压不足时应更换。更换时，电源开关应置于“关”。若长时间不用，应将电池取出。

②每次测量前均应仔细校准声级计。

③在测量中改变任何开关位置后都必须按一下“复位”按钮，以消除开关换挡时可能引起的干扰。

④在读取最大值时，若出现过量程或欠量程标志，应改变量程开关的档位，重新测量。

⑤测量天气应无雨雪。为防止风噪声对仪器的影响，在户外测量时要在传声器上装上风罩，风力超过四级时应停止测量。传声器的护罩不能随意拆下。

⑥注意反射对测量的影响，一般应使传声器远离反射面 2~3m，手持声级计应尽量使身体离开话筒，传声器离地面 1.2m，距人体至少 50cm。

⑦快档“F”用于稳态噪声，如表头指示数字超过 4dB，则用慢档“S”。读数不

稳时可读中间值。

⑧ HY602 有自动切断开关，按一次启动按钮，约 30s 后自动停机。如 30s 内未校准好声级计，需再按一次校准器启动按钮。校准时要确保校准器与传声器密合。

（8）思考题

①等效声级的作用是什么？

②影响噪声测定的因素有哪些？

3.5 土壤监测实验技术

3.5.1 土壤中重金属镉的测定

扫码查阅“土壤有机质含量的测定”

（1）实验目的

由于人类活动，土壤中的微量金属元素在土壤中的含量超过背景值，过量沉积而引起土壤中重金属的含量过高，统称为土壤重金属污染。重金属是指比重等于或大于 5.0 的金属，如 Fe、Mn、Zn、Cd、Hg、Ni、Co 等；As 是一种准金属，但由于其化学性质和环境行为与重金属多有相似之处，故在讨论重金属时往往包括砷，有的则直接将其包括在重金属范围内。由于土壤中铁和锰的含量较高，因而一般认为它们不是土壤污染元素，但在强还原条件下，铁和锰所引起的毒害亦会引起足够的重视。我国多个地方出产的稻米被查出镉超标，土壤污染已成“公害”。“镉米危机”的出现，再次敲响土壤污染的警钟。

研究证实，镉、汞等重金属元素与人类污染存在密切关系。重金属元素在土壤表层明显富集并与人口密集区、工矿业区存在密切相关性。与 1994—1995 年的采样相比，土壤重金属污染分布面积显著扩大并向东部人口密集区扩散。

通过本实验希望达到以下目的：

①掌握原子吸收分光光度法的原理及测定镉的技术。

②巩固固体废物监测中有关金属测定的有关内容。

（2）实验原理

土壤样品用 HNO_3—HF—$HClO_4$ 或 HCl—HNO_3—HF—$HClO_4$ 混酸体系消解后，将

消解液直接喷入空气—乙炔火焰。在火焰中形成的Cd基态原子蒸气对光源发射的特征电磁辐射产生吸收。测得的试液吸光度扣除全程序空白吸光度后，从标准曲线查得Cd含量，从而计算土壤中Cd含量。

该方法适用于高背景土壤（必要时应消除基体元素干扰）和受污染土壤中Cd的测定。方法检出限范围为0.05~2mg（Cd）/kg。

（3）仪器和试剂

①仪器。

A. 原子吸收分光光度计，空气—乙炔火焰原子化器，镉空心阴极灯。

B. 仪器工作条件：测定波长228.8nm；通带宽度1.3nm；灯电流7.5mA。

火焰类型：空气—乙炔，氧化型，蓝色火焰。

②试剂。

A. 盐酸：特级纯。

B. 硝酸：特级纯。

C. 氢氟酸：优级纯。

D. 高氯酸：优级纯。

E. 镉标准储备液：称取0.5000g金属镉粉（光谱纯），溶于25mL（1+5）HNO_3（微热溶解）。冷却，移入500mL容量瓶中，用蒸馏去离子水稀释并定容。此溶液每毫升含1.0mg镉。

F. 镉标准使用液：吸取10.0mL镉标准储备液于100mL容量瓶中，用水稀释至标线，摇匀备用。吸取5.0mL稀释后的标液于另一个100mL容量瓶中，用水稀释至标线即得每毫升含5μg镉的标准使用液。

（4）实验步骤

①土样试液制备。称取0.5~1.000g土样于25mL聚四氟乙烯坩埚中，用少许水润湿，加入10mL HCl，在电热板上加热（<450℃）消解2小时，然后加入15mL HNO_3，继续加热，至溶解物剩余约5mL时，再加入5mL HF并加热分解除去硅化合物，最后加入5mL $HClO_4$加热至消解物呈淡黄色，打开盖，蒸至近干。取下冷却，加入（1+5）HNO_3 1mL微热溶解残渣，移入50mL容量瓶中，定容。同时进行全程序试剂空白实验。

②标准曲线绘制。分别吸取镉标准使用液0、0.50、1.00、2.00、3.00、4.00mL于6个50mL容量瓶中，用0.2%的HNO_3溶液定容、摇匀。此标准系列分别含镉0、0.05、0.10、0.20、0.30、0.40μg/mL。测其吸光度，绘制标准曲线。

③样品测定。

A. 标准曲线法。按绘制标准曲线条件测定试样溶液的吸光度，扣除全程序空白吸光度，从标准曲线上查得镉含量，从而计算镉的含量。

B. 标准加入法。取试样溶液 5.0mL 分别置于 4 个 10mL 容量瓶中，分别加入镉标准使用液（5.0 μg/mL）0、0.50、1.00、1.50mL，用 0.2% 的 HNO_3 溶液定容，设试样溶液镉浓度为 c_x，加标后试样浓度分别为 c_x+0、c_x+c_s、c_x+2c_s、c_x+3c_s，测得之吸光度分别为 A_x、A_1、A_2、A_3。绘制 $A-c$ 图（图略）。由图可知，所得曲线不通过原点，其截距所反映的吸光度正是试液中待测镉离子浓度的响应。外延曲线与横坐标相交，原点与交点的距离即为待测镉离子的浓度。结果计算方法同上。

（5）数据记录与处理

①实验数据记录。将实验所得数据记录于表 3-24 中。

表3-24　Cd^{2+}标准曲线记录表

监测人：　　　　　　　　实验室：

测定时间：　　　　　　　分光光度计型号及编号：

A. 标准曲线测定：

Cd^{2+}标准使用液/mL	0	0.50	1.00	2.00	3.00	4.00
Cd^{2+}含量/μg						
吸光度						
校正吸光度						

B. 样品测定：

样品	空白样	平行样1	平行样2
水样体积/mL			
吸光度			
校正吸光度			
查得的Cd^{2+}含量/μg			
水样Cd^{2+}浓度 ρ /（mg/L）	—		
水样Cd^{2+}平均浓度 $\bar{\rho}$/（mg/L）	—		
相对平均偏差（$R\bar{d}$）	—		

②数据处理。由土样测得的吸光度减去空白实验的吸光度后，从校准曲线上查得镉含量（μg），计算公式为：

$$镉（Cd，mg/L）=\frac{m}{V} \quad （3-25）$$

式中：m 为由校准曲线查得的镉量，单位是 μg；v 为土样体积，单位是 mL。

（6）注意事项

①土样消化过程中，最后除 $HClO_4$ 时必须防止将溶液蒸干涸。如不慎蒸干，Fe、Al 盐可能形成难溶的氧化物而包藏镉，使结果偏低。注意，无水 $HClO_4$ 会爆炸！

②镉的测定波长为 228.8nm，该分析线处于紫外光区，易受光散射和分子吸收的干扰，特别是在 220.0~270.0nm 之间，NaCl 有强烈的分子吸收，覆盖了 228.8nm 线。另外，Ca、Mg 的分子吸收和光散射也十分强。这些因素皆可造成镉的表观吸光度增大。为消除基体干扰，可在测量体系中加入适量基体改进剂，如在标准系列溶液和试样中分别加入 0.5g $La(NO_3)_3 \cdot 6H_2O$。此法适用于测定土壤中含镉量较高和受镉污染土壤中的镉含量。

③高氯酸的纯度对空白值的影响很大，直接关系测定结果的准确度，因此必须注意全过程空白值的扣除，并尽量减少其加入量，以降低空白值。

3.6　固体废物监测实验技术

3.6.1　固体废物的易燃性鉴别实验

（1）实验目的

鉴别易燃性的方法是测定闪点。闪点较低的液态状废物和燃烧剧烈且持续的非液态状废物，由于摩擦、吸湿、点燃等自发的化学变化会发热、着火，或可能由于它的燃烧引起对人体或环境的危害。

通过本实验希望达到以下目的：

①掌握闪点的测点方法。

②掌握通过测定闪点来鉴别固体废物易燃性的方法。

（2）实验仪器和试剂

①仪器。

A. 闭口闪点测定仪，常用的配套仪器有温度计和防护屏。

B. 温度计：闭口闪点用 1 号温度计（–30~170℃）或 2 号温度计（100~300℃）。

C. 防护屏：用镀锌铁皮制成，高度为 550~650mm，宽度以适用为度，屏身内壁应漆成黑色。

D. 空气浴。

E. 煤气灯。

F. 油杯。

②试剂。试样——固体废物。

（3）实验步骤

①实验准备。

A. 试样的水分超过 0.05% 时，必须脱水。脱水处理是在试样中加入新煅烧并冷却的食盐、硫酸钠或无水氯化钙进行，试样闪点估计低于 100℃时不必加温，闪点估计高于 100℃时，可以加热到 50~80℃。脱水后，取试样的上层澄清部分供实验用。

B. 油杯要用无铅汽油洗涤，再用空气吹干。

C. 试样注入油杯时，试样和油杯的温度都不应该高于试样脱水温度。试样要装满到杯环状标记处，然后盖上清洁、干燥的杯盖，插入温度计，并将油杯放在空气浴中。试样闪点低于 50℃的试样时，应预先将空气浴冷却到室温。

D. 将点火器的灯芯或煤气引火点燃，并将火焰调整到接近球形，使其直径达到 3~4mm 为宜。使用灯芯的点火器之前，应向其中加入轻质润滑油（缝纫机油、变压器油等）作为燃料。

E. 闪点测定器要放在避风后或较暗的地点，以便于观察闪火。为了更有效地避免气流和光线的影响，闪点测定器应围着防护屏。

F. 用检定过的气压计，测出实验时的实际大气压。

②闪点测定。

A. 按标准要求加热试样至一定温度。

B. 停止搅拌，每升高 1℃点火一次。

C. 试样上方刚出现蓝色火焰时，立即读出温度计上的温度值，该值即为测定结果。

③注意事项。

A. 用煤气灯或变压器的电热装置加热时，应注意下列事项：实验闪点低于 50℃的试样加热时，从实验开始到结束要不断地进行搅拌，并使试样温度每分钟升高 1℃。实验闪点高于 50℃的试样加热时，开始加热速度要均匀上升，并定期进行搅拌；到预计闪点前 40℃时，调整加热速度，使在预计闪点前 20℃时升温速度能控制在每分钟升高 2~3℃，并要不断搅拌。

B. 试样温度达到预期闪点 10℃时，对于闪点低于 50℃的试样每经 1℃进行点火实验；对于闪点高于 50℃的试样则每经 2℃进行点火实验。

C. 试样在实验期间都要转动搅拌器进行搅拌，只有在点火时才停止搅拌。点火时，打开盖孔 1s，如果看不到闪火，就继续搅拌试样，并按本条要求重复进行点火实验。

D. 在试样上方最初出现蓝色火焰时，立即从温度计上读出温度作为闪点的测定结果。得到最初闪火之后，立即按照上一条要求进行点火实验，应能继续闪火。在最初闪火之后如果再进行点火却看不到闪火，应更换试样重新实验；只有重复实验的结果依然如此，才能认为测定有效。

E. 大气压力对闪点影响的修正。

大气压力高于 1.03×10^5Pa 时，实验所得的闪点按下式修正（计算到 1℃）：

$$t_0=t+A \tag{3-26}$$

式中：t_0 为 1.01×10^5Pa 时的闪点，单位是℃；t 为测定压强下的闪点，单位是℃；A_t 为修正系数，$A_t=0.0345\times(1.01\times10^5-P)$。

（4）数据记录与处理

①实验数据记录。将实验数据记录于表 3–25 中。

表3–25　固体废物易燃性实验数据记录表

样品	平行样1	平行样2	平行样3	平均值
样品1的闪点				
样品2的闪点				
样品3的闪点				

②数据处理。连续测得的两个平行样品的结果，其差值不应超过 5℃；否则应进行第三次或第四次测定。以最低数值报告实验结果。

（5）注意事项

①对于常温下呈固态、在稍高温度下呈流态状的物料，可用上述方法测定燃点。

②对于污泥状样品，可取上层试样和搅拌均匀的试样分别测定，以闪点较低者计。

③对于在较高温度下仍呈固态的废物，可以参考反应性废物摩擦感度实验的方法进行鉴别。

（6）思考题

①本实验中防护屏有何作用?

②大气压力高于标准大气压（1.03 × 105Pa）时，如何对闪点进行修正?

③易燃性鉴别实验的要点有哪些?

3.6.2 固体废物的腐蚀性鉴别实验

（1）实验目的

腐蚀性废物会腐蚀损伤接触部位的生物细胞组织，也会腐蚀盛装容器从而造成泄露，引起危害和污染。本试验的目的在于用 pH 玻璃电极法（pH 值的测定范围为 0~14）测定废物的 pH 值，以鉴别其腐蚀性。测试腐蚀性的方法有两种：一种是测定 pH 值，另一种是测定 55.7℃以下对钢制品的腐蚀率。本实验方法适用于固态、半固态固体废物的浸出液和高浓度液体的 pH 值的测定。

通过本实验希望达到以下目的：

①掌握测定 pH 值的方法。

②掌握测定 pH 值鉴别固体废物可燃性的方法。

（2）实验原理

用玻璃电极为指示电极，饱和甘汞电极为参比电极组成电池。在 20℃条件下，氢离子活度将变化 10 倍，使电动势偏移 59.16mV。许多 pH 计上有温度补偿装置，可以校正温度的差异。为了提高测定的准确度，校准仪器选用的标准缓冲溶液的 pH 值应与试样的 pH 值接近。消除干扰的方法如下：

①当废物浸出液的 pH 值大于 10 时，纳差效应对测定有干扰，宜用低（消除）钠差电极，或者用与浸出液的 pH 值接近的标准缓冲溶液进行校正。

②电极表面被油脂或者粒状物质玷污会影响电极的测定，可用洗涤剂清洗，或用（1+1）的盐酸溶液消除残留物，然后用蒸馏水冲洗干净。

③由于在不同的温度下电极的电势输出不同，温度变化也会影响样品的 pH 值，

因此必须进行温度补偿。温度计与电极应同时插入待测溶液中，在报告测定的 pH 值时同时报告测定时的温度。

（3）仪器和试剂

①仪器。

A. 混合容器：容积为 2L 的带密封塞的高压聚乙烯瓶。

B. 振荡器：往复式水平振荡器。

C. 过滤装置：市售成套过滤器，纤维滤膜孔径为 0.45 μm。

D. 温度计或有自动补偿功能的温度敏感元件。

E. pH 计：各种型号的 pH 计或离子活度计，精度为 ±0.02pH。

F. 玻璃电极：消除纳差电极。

G. 参比电极：甘汞电极、银 / 氯化银电极或者其他具有固定电势的参比电极。

H. 磁力搅拌器，以及用聚四氟乙烯或者聚乙烯等塑料包裹的搅拌棒。

②试剂。

A. 蒸馏水或去离子水。

B. 一级标准缓冲剂的盐，在很高准确度的场合下使用。由这些盐制备的缓冲溶液需要低电导的、不含二氧化碳的水，而且这些溶液至少每月更换一次。

C. 二级标准缓冲剂的盐，可用国家认可的标准 pH 缓冲溶液，用低导电率（低于 2 μS/cm）并除去二氧化碳的水配置。

（4）实验步骤

①浸出液的准备。

A. 称取 100g 试样（以干基记，固体试样风干、磨碎后应能通过 5mm 的筛孔），置于浸取用的混合容器中，加水 1L（包括试样的含水量）。

B. 将浸取用的混合容器垂直固定在振荡器上，振荡频率调节为（110 ± 10）次 / min，振幅为 40mm，在室温下振荡 8h，静置 16h。

C. 通过过滤装置分离固液相，滤后立即测定滤液的 pH 值。如果固体废物中固体的含量小于 0.5%，则不经过浸出步骤，直接测定溶液的 pH 值。

② pH 值的测定方法。

A. 按仪器的使用说明书做好测定的准备。

B. 如果样品和标准溶液的温差大于 2℃，测定的 pH 值必须校正。可通过仪器带有的自动或手动补偿装置进行，也可预先将样品和标准溶液在室温下平衡达到同一温度。记录测定的结果。

C. 宜选用与样品的 pH 值相差不超过 2 个 pH 单位的两个溶液（两者相差 3 个 pH 单位）校准仪器。用第一个标准溶液定位后，取出电极，彻底冲洗干净，并用滤纸吸去水分，再浸入第二个标准溶液进行校核。校核值应在标准的允许范围内，否则应检查仪器、电极或校准溶液是否有问题。当校核无问题时，方可测定样品。

D. 如果现场测定含水量高、呈流态状的稀泥或浆状物料（如稀泥、薄浆等）等的 pH 值，则电极可直接插入样品，其深度适当并可移动，保证有足够的样品通过电极的敏感元件。

E. 对黏稠状物质应先离心或过滤，再测其溶液的 pH 值。

F. 对粉、粒、块状物料，取其浸出液进行测定。将样品或标准溶液倾倒入清洁烧杯中，其液面应高于电极的敏感元件，放入搅拌子，将清洁干净的电极插入烧杯中，以缓和、固定的速率搅拌或摇动使其混休整均匀，待读数稳定后记录其 pH 值。反复测定 2~3 次直到其 pH 值变化小于 0.1pH 单位。

（5）数据记录与处理

①实验数据记录。将实验数据记录于表 3-26 中。

表3-26 固体废物腐蚀性实验数据记录表

样品	平行样1	平行样2	平行样3	平均值
样品1的pH值				
样品2的pH值				
样品3的pH值				

②数据处理。每个样品至少做 3 个平行实验，其标准差不超过 ±0.15pH 单位，取算术平均值报告试验结果。当标准差超过规定范围时，必须分析并报告原因。此外，还应说明环境温度、样品来源、粒度级配、实验过程中的异常现象，以及特殊情况下实验条件的改变及原因等。

（6）注意事项

①可用复合电极。新的、长期未使用的复合电极或玻璃电极在使用前应在蒸馏水中浸泡 24h 以上。用毕冲洗干净，浸泡在水中。

②甘汞电极的饱和氯化钾液面必须高于汞体，并有适量氯化钾晶体存在，以保证

氯化钾溶液是饱和状态。使用前必须先拔掉上孔胶塞。

③每次测定样品之前应充分冲洗电极，并用滤纸吸去水分，或用试样冲洗电极。

（7）思考题

①在用pH计测量溶液pH值的过程中，有哪些因素会影响测量的结果？可以采取哪些措施来减少或消除实验误差？

②如果固体废物中固体的含量小于0.5%，如何鉴别其腐蚀性？

3.7　环境监测实训

3.7.1　校园水环境质量现状监测与评价

（1）实训目的

①通过实训进一步巩固课本知识，掌握校园水环境质量监测方案的制订、采样点的布设以及各污染因子的采样方法、分析方法、误差分析及数据处理等。

②对校园水环境进行行定期监测，评价校园水环境，为研究校园水环境质量变化规律及制订校园环境规划提供基础数据。

③根据污染物分析，追踪污染源，为校园水环境污染的治理提供依据。

④培养团队协作精神，以及综合分析与处理问题的能力。

（2）实训要求和内容

①实训要求。

A. 理论联系实际，实地调查，每组学生通过讨论制订监测方案，设计分析操作过程，处理实验数据，写出实验报告。

B. 实事求是地报出监测数据，保证实验结果准确、可靠。

C. 选择的项目要能反映监测区域水环境质量，选择的采样、分析监测方式要求科学合理。

②实训内容——校园水及污水监测。

A. 制订校园水及污水监测方案。对校园内污水及生活用水进行现场调查，将以下调查内容以表格或其他能清晰表达的方式加以记录。

a. 学生食堂用水包括哪几部分，各部分水中所含的物质的大致情况，每天用水量。

b. 校医院污水去向及排水量。

c. 校园中各实验室的污水去向及排水量。

d. 生活污水（教工住宅区、学生宿舍）的排水量。

e. 校园内自来水用水量。

f. 校园内地表水情况等。

制订校园内水监测方案一览表，并确定监测项目。

B. 校园水、污水监测及结果分析。

a. 实施水及污水的监测具体安排：全班同学分组完成监测方案中的内容，同时做好采样前准备工作（标准溶液及其他试剂配制，采样仪器、采样时的保存剂准备等）。

b. 学生亲自动手进行水样采集、保存和预处理以及分析测试。

c. 水监测结果及分析：各项目分析监测及数据处理方法参考相关水质监测实验方法，并参照《水和废水监测分析方法》（国家环境保护总局编），最后将结果汇总在表格中。

C. 对校园内水及污水水质进行简单评价。将校园内水及污水水质与国家相应标准比较，并得出结论；分析校园内水及污水水质现状；提出改善校园内水及污水水质的建议及措施。

（3）监测资料的收集

校园环境水样很多，有地表水体，还有校园排放的污水，根据实际情况确定监测水环境。水环境现状调查和资料收集时，除收集校园内水污染物排放情况外，还需了解校园所在地区有关水污染源及其水质情况，有关受纳水体的水质参数等。有关水污染源的调查可参照表 3–27 进行。

表3–27　水污染源调查

污染源名称	每日用水量/t	每日排水量/t	排放的主要污染物	废水排放去向
食堂				
教工住宅区				
校医院				
实验室				
…				
污水总排放口				

（4）水环境监测项目和范围

①监测项目。水环境监测项目包括水质监测项目和水文监测项目。校园水环境监测项目可以只开展水质监测项目。对于地表水，水质监测项目可分为水质常规项目、特征污染物和水域敏感参数。水质常规项目可根据校园内实验室、校办工厂、医院、生活区等排放的污物来选取，水域敏感参数可选择受纳水域敏感的或曾出现超标而要求控制的污染物。此外，还要结合《地表水环境质量标准》（GB 3838—2002）、《污水综合排放标准》（GB 8978—1996）、《生活饮用水水质卫生规范》（2001）确定水质监测指标，可按表 3-28 进行。

表3-28　水质监测指标

水质类别	水质监测指标										
饮用水	pH	Cr^{6+}	Cd	Pb	Mn	Fe	总硬度	NO_3—N	余氯	大肠菌群	…
地表水	pH	Cr^{6+}	Cd	Pb	DO	COD	BOD_5	NH_3—N	NO_2—N		
污水	pH	Cr^{6+}	Cd	Pb	SS	COD	BOD_5	NH_3—N	T—N	T—P	

②监测范围。如果校园内有湖泊（或人工湖），可直接在校园内的湖泊取样监测。如果校园废水排入城市下水道，可在污水总排放口或污水排放口进行监测。

（5）采样点布设、采样时间和频率、采样方法

①采样点布设。河流、湖泊首先设置监测断面，根据监测断面处的水面宽度设置采样垂线，再根据采样垂线处的水深设置采样点数目及采样位置（表 3-29）；污染源采样点的布设在污染源出口处。湖泊的采样点应尽可能覆盖污染物所形成的污染面积，并切实反映水域水质特征；如果校园废水直接排入城市下水道，可以在校园污水总排放口或污水排放口进行采样布点，以了解其排水水质和处理效果。

表3-29　地表水体监测断面及监测点的布设

断面名称	位置	断面类型	断面宽度、深度	采样垂线位置	采样点数目及位置	
W_1	河流流入校园处	对照断面				
W_2	排污口后100m	控制断面				
W_3	排污口后500m	控制断面				
W_4	…	控制断面				
W_n	河流流出校园处	削减断面				

②采样时间和采样频率。监测目的和水体不同，采样的频率往往也不相同。对湖泊的

水质调查时间为3~4天，至少应有1天对所有已选定的水质参数采样分析。一般情况下，每天每个水质参数只采样一次，对校园污水总排放口或污水排放口，可每隔2~3h采样一次。

③采样方法。根据监测项目确定是混合（综合）采样还是单独采样。采样器需事先用洗涤剂、10%硝酸或盐酸和蒸馏水洗涤干净并沥干，采样前用被采集的水样洗涤2~3次。采样时避免激烈搅动，以免水体和漂浮物进入采样桶；采样桶桶口要迎着水流方向浸入水中，水充满桶后迅速提出水面，需加保存剂时应在现场加入。为特殊监测项目采样时，要注意特殊要求。用碘量法测定水中的溶解氧时，需防止曝气或残存气泡的干扰等。

采样点、采样时间和频率、水样采集类型列于表3-30中。

表3-30 采样点、采样时间和频率、水样采集类型

采样点	采样时间	采样频率/（次/天）	水样类型（瞬时、混合、综合）
总排污口			
食堂污水			
实验室污水			
学生生活区污水			
家属区生活污水			
校医院污水			
…			
地表水			
饮用水			

（6）分析方法、数据处理与分析结果的表示

①分析方法。按照国家环境保护总局规定的《水和废水监测分析方法》进行分析，可参照表3-31编写。

表3-31 监测项目的分析方法

序号	监测项目	分析方法	检查下限/（mg/L）
1	pH值	玻璃电极法	—
2	DO	碘量法	0.2
3	COD_{Cr}	重铬酸钾法	5
4	NH_3—N	纳氏试剂比色法	0.05
5	NO_3—N	酚二磺酸分光光度法	0.02

续表

序号	监测项目	分析方法	检查下限/（mg/L）
6	T—N	碱性过硫酸钾消解—紫外分光光度法	0.05
7	T—P	钼酸铵法	0.01
8	Cr^{6+}	二苯碳酰二阱分光光度法	0.004
9	Fe	原子吸收分光光度法	0.05
…			

②数据处理。监测结果的原始数据要根据有效数字的保留规则正确记录，监测数据的运算要遵循运算规则。在数据处理中，对出现的可疑数据，首先从技术上查明原因，然后用统计检验处理，经检验验证后属于离群数据的应予以剔除，以使监测结果更符合实际情况。

③分析结果的表示。可参照表 3–32 对水质监测结果进行统计。

表3–32　水质监测结果统计表

采样点	pH	DO	COD_{Cr}	NH_3—N	NO_3—N	T—N	T—P	Cr^{6+}	Fe	…
总排口										
食堂污水										
实验室污水										
…										

（7）校园水环境评价

①评价方法。监测结果的统计可采用超标率与超标倍数法、单因子标准指数法等。

A. 超标率与超标倍数法。

$$超标率 = \frac{超标样品个数}{样品总数} \times 100\% \tag{3–27}$$

$$超标倍数 = \frac{C_i - C_{0i}}{C_{0i}} \tag{3–28}$$

其中：C_i 为第 i 种污染物的实测浓度；C_{0i} 为空气质量标准中第 i 种污染物的浓度限值。

将各测定污染因子评价指数列表，统计其超标率和超标倍数。

B. 单因子标准指数法。采用单因子标准指数法进行水环境质量现状评价。单项水

质参数 i 在第 j 个采样点的标准指数为：

$$S_{i,j}=\frac{C_{i,j}}{C_{si}} \tag{3-29}$$

pH 值的标准指数为：

$$S_{\mathrm{pH},j}=\frac{7.0-\mathrm{pH}_j}{7.0-\mathrm{pH}_{sd}} \quad (\mathrm{pH}_j \leqslant 7.0) \tag{3-30}$$

$$S_{\mathrm{pH},j}=\frac{\mathrm{pH}_j-7.0}{\mathrm{pH}_{sd}-7.0} \quad (\mathrm{pH}_j > 7.0) \tag{3-31}$$

DO 的标准指数为：

$$S_{\mathrm{DO},j}=\frac{\mathrm{DO}_f-\mathrm{DO}_j}{\mathrm{DO}_f-\mathrm{DO}_s} \quad (\mathrm{DO}_j \geqslant \mathrm{DO}_s) \tag{3-32}$$

$$S_{\mathrm{DO},j}=10-9\frac{\mathrm{DO}_j}{\mathrm{DO}_s} \quad (\mathrm{DO}_j \leqslant \mathrm{DO}_s) \tag{3-33}$$

$$\mathrm{DO}=458/(31.6+T) \tag{3-34}$$

式中：$S_{i,j}$ 为污染物 i 在监测点 j 的标准指数；$C_{i,j}$ 为污染物 i 在监测点 j 的浓度，单位是 mg/L；C_{si} 为水质参数 i 的地表水水质标准，单位是 mg/L；$S_{\mathrm{pH},j}$ 为监测点 j 的 pH 标准指数；$S_{\mathrm{DO},j}$ 为监测点 j 的 DO 标准指数；pH_j 为监测点 j 的 pH 值；pH_{sd}、pH_{su} 分别为地表水水质标准中规定的 pH 值下限、上限值；DO_f 为某水温 T 下的饱和溶解氧值；DO_j、DO_s 分别监测点 j 的溶解氧值、溶解氧标准值。

按表 3-33 对水质监测结果进行统计。

表3-33　水环境现状单因子指数

监测点		1	2	3	4	5	…
单项水质参数评价指标（$S_{i,j}$）	水温						
	pH						
	DO						
	COD						
	NH_3—N						
	T—N						
	T—P						
	SS						
	Cr^{6+}						
	…						

②监测结果评价。将校园水环境监测数据与国家相应标准比较，并得出结论；分析校园水环境现状；提出改善校园水环境的建议及措施。

A. 对监测结果的讨论。首先由每一个采样点上的采样人员介绍本采样点及其周围环境，监测过程中出现的异常问题；然后对本组所得监测结果进行总结，找出本组各采样时段内不同的水环境污染物的变化规律。

B. 校园水环境质量评价。将校园的水环境质量与国家相应标准比较，分析校园水环境现状，确定主要污染物并得出结论。

C. 找出目前校园空气环境质量出现问题的原因；提出改善校园空气环境质量的建议及措施。

3.7.2　校园及周边空气环境监测与分析

扫码查阅“污染土壤修复中的重金属监测”

（1）实训目的

①通过实训进一步巩固课本知识，掌握空气质量监测方案的制订、采样点的布设以及各污染因子的采样方法、分析方法、误差分析及数据处理等。

②对校园环境空气进行定期监测，评价校园的环境空气质量，为研究校园及周边空气环境质量变化规律及制订校园环境规划提供基础数据。

③根据污染物分析，追踪污染源，为校园空气环境污染的治理提供依据。

④培养团队协作精神，以及综合分析与处理问题的能力。

（2）实训要求和内容

①实训要求。

A. 理论联系实际，实地调查，每组学生通过讨论制订监测方案，设计分析操作过程，处理实验数据，写出实验报告。

B. 实事求是地报出监测数据，保证实验结果准确、可靠。

C. 选择的项目要能反映监测区域水环境质量，选择的采样、分析监测方式要求科学合理。

②实训内容——校园及周边空气质量监测及评价。

A. 制订校园空气监测方案。对校园监测区进行现场调查，将以下调查内容以表格或其他能清晰表达的形式加以记录。

a. 校园空气污染源的类型、数量、方位、排出口的主要污染物及排放量、排放方式，同时了解原料、燃料及消耗量等。

b. 校园周边空气污染源的类型、数量、方位及排放量。

c. 校园周边的交通运输引起的污染情况、车流量。

d. 监测时段内校园气象资料：风向、风速、气温、气压、降水量、日照时间、相对湿度等。

e. 校园在整个城市中的位置。

f. 校园区域划分：居住区、教学区、实习工厂及每个区的绿化情况。

制订校园空气监测方案一览表，并确定监测项目。

B. 校园空气监测及结果分析。

a. 实施空气监测具体安排：全班同学分组完成监测方案中的内容，分别负责布设点上的采样及样品分析；空气采样前，准备及配制试剂，并对采样仪器进行调试，查看采样器及采样点电源配备等情况，由学生自己安排完成。

b. 空气采样时间及采样频率安排：监测实验过程中，空气采样至少连续三天，每天每个采样点根据监测项目确定采集次数。采样情况记录以表格形式列出。

c. 空气监测结果及分析：样品采集完，按照规定立即进行分析，并对分析结果进行数据处理。各项目分析监测及数据处理方法参考《空气和废气监测分析方法》（国家环境保护总局编），也可参考《环境监测》（第三版）（奚旦立主编）或本实验指导书的有关内容。最后将结果汇总在表格中。

C. 对校园的空气质量进行简单评价。找出本组各采样时段内不同的空气污染物的变化规律（同一天的不同时段及不同天的同一相应时段各污染物浓度的变化趋势）；将校园的空气质量与国家相应标准比较，分析校园空气质量现状；找出导致目前校园空气环境质量现状的原因，提出改善校园空气环境质量的建议及措施。

（3）监测资料的收集

①基础资料的收集。收集或绘制校园平面布置图，明确学校功能区分布、人口分布与健康状况、污染源分布及排污情况。大气污染受气象、季节、地形、地貌等因素的强烈影响而随时间变化，因此应收集气象资料，对校园内各种空气污染源、空气污染物排放状况及自然与社会环境特征进行调查，并对大气污染物排放做初步估算。

校园所在地气象数据，主要包括风向、风速、气温、气压、降水量、相对湿度等。具体调查内容如表 3–34 所示。

表3-34　气象资料调查

项目	调查内容
气温	年平均气温、最高气温、最低气温等
风速	年平均风速、最大风速、最小风速、年静风频率等
风向	主导风向、次主导风向及频率等
降水量	年平均降水量
相对湿度	年平均相对湿度

②校园内空气污染源调查。主要调查校园空气污染物的排放源、数量、燃料种类和使用量、污染物名称及排放方式、主要污染物等，为空气环境监测项目的选择提供依据，可参考表 3-35 进行调查。

表3-35　校园内空气污染源情况调查

污染源		位置	燃料种类	污染物名称	污染治理措施	污染排放方式	备注
生活区	食堂						
	澡堂						
	公寓						
	家属区						
	建筑工地						
	…						
教学区	教学楼						
	实验室						
	实习工厂						
	建筑工地						
	…						

③校园周边空气污染源调查。校园周边调查通常包括居民区、建筑工地、商业区以及交通道路等。由于大学校园一般位于交通干线旁，有的交通干线还穿越大学校园，因此校园周边道路附近空气污染源主要调查了解车流情况，同时监测汽车尾气排放情况，汽车尾气中主要含有 NO_x、CO、烟尘等污染物。对校园周边的调查可参见表 3-36，校园周边各路段汽车流量调查参见表 3-37。

表3-36　校园周边空气污染源情况调查

污染源		位置	燃料种类	污染物名称	污染治理措施	污染排放方式	备注
校园周边	建筑工地						
	居民区						
	道路						
	商业区						
	工业区						
	…						

表3-37　校园周边各路段汽车流量调查

路段		××路	××路	××路	…
每小时车流量/辆	大型车				
	中型车				
	小型车				

（4）空气环境监测项目的确定

根据《环境空气质量标准》（GB 3095—2012）和校园及其周边的空气污染物排放情况来筛选监测项目，结合大气污染源调查结果，可选区域特征污染物如TSP、PM_{10}、SO_2、NO_2、CO等作为大气环境监测项目。

（5）采样点的布设、采样时间和频率

①采样点的布设。根据污染物的等标排放量、结合校园各环境功能区的要求，以及当地的地形、地貌、气象条件，按功能区划分的布点法和网格布点法相结合的方式来布设采样点，并在校园及周边平面布置图中标出污染源的位置。校园及周边空气质量监测布点及监测项目参见表3-38。

表3-38　大气现状监测布点及监测项目

测点编号	测点名称	所处方位	监测项目
1	校园边界1	上风向10m	TSP、PM_{10}、SO_2、NO_2、CO等（可根据实际情况酌情删减）
2	教学楼	...	
3	生活区	...	
4	实验楼	...	
5	实习工厂	...	
6	校园边界2	下风向10m	
7	建筑工地	...	
8	居民区	...	

续表

测点编号	测点名称	所处方位	监测项目
9	商业区	…	TSP、PM_{10}、SO_2、NO_2、CO等（可根据实际情况酌情删减）
10	工业区	…	
11	道路	…	
…	…		

②采样时间和频率。采用间歇性采样，连续监测 3~5d，每天采样频率根据学生的实际情况而定，TSP、PM_{10} 每天采样一次，连续采样；SO_2、NO_2、CO 等每隔 2~3h 采样一次。采样时应同时记录气温、气压、风向、风速、阴晴等气象因素。采样记录表参见表 3-39。

表3-39　空气中××测定数据记录表

TSP/PM_{10}数据记录表

监测人：　　　　　　　　监测点位：

监测时间：　　　　　　　采样仪器型号：

采样点编号	采样器编号	滤膜编号	采样温度/K	采样气压/kPa	采样时间（t）	采样流量/（m^3/min）	滤膜质量/g		采样体积（V）		TSP/PM_{10}浓度/（mg/m^3）
							采样前	采样后	现场	标况	
1											
2											
…											

SO_2、NO_2、CO数据记录表

采样人：　　　　　　　　采样地点：　　　　　　　　采样时间：

采样点序号	采样器型号及编号	吸收管编号	采样温度/K	吸收液体积（$V_{吸}$）	采样气压/kPa	采样时间（t）	采样流量/（m^3/min）	采样体积/（V）		××浓度/（mg/m^3）
								现场	标况	
1										
2										
3										
…										

（6）采样和分析方法

根据大气环境监测因子的筛选结果所确定的监测项目，按照《空气和废气监测分析方法》《环境监测技术规范》和《环境空气质量标准》所规定的采样和分析方法执行。具体的采样和分析方法可参考表 3-40。大气环境监测采样和交接记录见表 3-41。

表3-40 采样的分析方法

序号	监测项目	采样方法	采样流量/（L/min）	采气量/L	分析方法	检出下限/（mg/m^3）
1	TSP	滤膜阻留法	125		重量法	0.1
2	PM_{10}	滤膜阻留法	125		重量法	0.1
3	SO_2	溶液吸收法	0.5		甲醛吸收盐酸副玫瑰苯胺法	0.009
4	NO_2	溶液吸收法	0.5		盐酸萘乙二胺分光光度法	0.01
…						

表3-41 大气环境采样和交接记录

采样地点： 采样点编号： 采样人： 采样时间：

流量校准值： 流量校准时间及校准人：

采样点序号	监测项目	采样器型号及编号	样品编号	采样起止时间	采样流量/（m^3/min）	采样气压/kPa	采样时间（t）	采样体积（V）		采样期间气象条件					备注
								现场	标况	风向	风速/（m/s）	温度/K	气压/kPa	天气情况	
1	TSP														
	PM_{10}														
	SO_2														
	NO_2														
	...														
2	TSP														
	PM_{10}														
	SO_2														
	NO_2														
	...														

（7）数据处理与结果分析

样品采集后，按照规定立即进行分析，并对分析结果进行数据处理。

①数据处理。监测结果的原始数据要根据有效数字的保留规则正确书写，监测数据的运算要遵循运算规则。在数据处理中，对出现的可疑数据，首先从技术上查明原因，然后用统计检验处理，经检验属于离群数据的应予以剔除，以使测定结果更符合

实际。

②监测结果统计。将监测结果按样品数、检出率、浓度范围进行统计并制成表格，颗粒态污染物表 3–42，气态污染物表 3–43 分别统计各污染因子的分析结果。

表3–42　污染物环境空气监测结果统计（实际状态）

编号	测定名称	样品数	检出率/%	日均值	
				浓度范围	超标率/%
1					
2					
3					
…					
GB 3095—2012中污染物标准值					

表3–43　污染物环境空气监测结果统计（标准状态）

编号	测定名称	样品数	检出率/%	小时平均值		日均值	
				浓度范围	超标率/%	浓度范围	超标率/%
1							
2							
3							
…							
GB 3095—2012中污染物标准值							

（8）校园空气质量评价

评价方法。监测结果的评价可采用超标率与超标倍数法、单因子指数评价法、空气质量指数法等。

A. 超标率与超标倍数法。

$$超标率=\frac{超标样品个数}{样品总数}\times 100\% \tag{3-35}$$

$$超标倍数=\frac{C_i-C_{0i}}{C_{0i}} \tag{3-36}$$

其中：C_i 为第 i 种污染物的实测浓度；C_{0i} 为空气质量标准中第 i 种污染物的浓度限值。

评价区各测定污染因子评价指数见表 3–44 和表 3–45。

B. 单因子指数评价法。大气环境质量现状评价采用单因子指数评价法，其计算公式为：

$$P_i=C_i/S_i \tag{3-37}$$

式中：P_i 为污染因子 i 的评价指数；C_i 为污染因子 i 的浓度值，单位是 mg/m^3；S_i 为污染因子 i 的环境质量标准值，单位是 mg/m^3。

评价区各测定污染因子评价指数见表 3–44 和表 3–45。

表3–44　各污染因子的评价指数（一次值）

测点编号	评价指数（P_i）				
	SO_2	NO_2	$PM_{2.5}$	…	特征污染物
1					
2					
3					
…					

表3–45　各污染因子的评价指数（日均值）

测点编号	评价指数（P_i）				
	SO_2	NO_2	$PM_{2.5}$	…	特征污染物
1					
2					
3					
…					

C. 空气质量指数（AQI）法。基于我国城市空气以煤烟型污染为主的现状采用主要污染物指标计算空气质量指数（AQI），表征空气质量状况。根据 TSP、PM_{10}、SO_2、NO_2、CO 等的实测日均浓度、污染指数分级浓度限值及污染指数计算式，计算各污染物的污染分指数，确定校园空气质量指数（AQI）、首要污染物、空气质量类别及空气质量状况。

首先根据各污染物的实测浓度及其分指数分级浓度限值（见表 3–46）计算各项空气质量分指数，然后确定空气质量指数（AQI）。当某种污染物实测质量浓度（C_p）处于两个浓度限值之间时，其空气质量分指数（IAQI）按下式算：

$$IAQI=\frac{IAQI_{Hi}-IAQI_{L0}}{BP_{Hi}-BP_{L0}}(C_p-Bp_{L0})+IAQI_{L0} \tag{3-38}$$

式中：IAQI 为某种污染物的空气质量分指数；C_p 为污染物实测浓度；BP_{Hi}、BP_{L0} 分别表示表 3–46 中与 C_p 相近的污染物 p 的浓度限值的高位值与低位值；$IAQI_{Hi}$、$IAQI_{L0}$ 分别表示表 3–46 中与 BP_{Hi}、BP_{L0} 对应的空气质量分指数。

计算得到各项污染物的空气质量分指数后，AQI 为各项空气质量分指数中的最大值，即：

$$IAQI=\max\{IAQI_1，IAQI_2，IAQI_3，\cdots，IAQI_n\} \quad (3-39)$$

当 AQI 大于 50 时，IAQI 最大的污染物为首要污染物。

根据表 3-46 的限值，IAQI 大于 100，即超过了空气质量标准的二类标准浓度限值，属于超标污染物。

表3-46　空气质量分指数及对应的污染物浓度限值

空气质量分指数（IAQI）	污染物项目浓度限值							
	0	50	100	150	200	300	400	500
SO_2 24h平均/（μg/m^3）	0	50	150	475	800	1600	2100	2620
SO_2 1h平均/（μg/m^3）	0	150	500	650	800	—	—	—
NO_2 24h平均/（μg/m^3）	0	40	80	180	280	565	750	940
NO_2 1h平均/（μg/m^3）	0	100	200	700	1200	2340	3090	3840
PM_{10} 24h平均/（μg/m^3）	0	50	150	250	350	420	500	600
CO 24h平均/（mg/m^3）	0	2	4	14	24	36	48	60
CO 1h平均/（mg/m^3）	0	5	10	35	60	90	120	150
O_3 8h滑动平均/（μg/m^3）	0	100	160	215	265	800	—	—
O_3 1h平均/（μg/m^3）	0	160	200	300	400	800	1000	1200
$PM_{2.5}$ 24h平均/（μg/m^3）	0	35	75	115	150	250	350	500

（9）监测结果评价

①对监测结果的讨论。首先由每一个采样点上的采样人员介绍本采样点及其周围环境，监测过程中出现的异常问题；然后对本组所得监测结果进行总结，找出本组各采样时段内不同空气污染物的变化规律并与其他组的相应结果进行比较，得出本采样点周围的空气环境质量。

②对校园空气质量评价。将校园的空气环境质量与国家相应标准比较并得出结论。从大气监测结果和评价指数来看，评价区各监测点各项指标均满足 GB 3095—1996 中的标准。

分析校园空气环境质量现状，找出目前校园空气环境质量出现问题的原因；预测未来两年内校园空气环境质量；提出改善校园空气环境质量的建议及措施。

对计算出的各污染物的污染分指数和空气质量指数（AQI）、首要污染物、空气质量类别及空气质量状况进行评价。

第4章 环境工程实验基础

4.1 反应器设计基础

4.1.1 反应器的分类及有关特征

用来进行物理、化学或生物反应的容器称为反应器。反应器的分类方法很多，其中应用较多的是按流体流动特性和混合状况来划分，如间歇反应器（batch reactor，BR）和连续流反应器（continuous flow reactor，CFR）。

间歇反应器又称批次反应器。在这种反应器中，流体进入反应器后，在足够的时间内混合以促进反应发生，然后排放；在整个反应进行过程中没有进料和出料，其基质（或底物）浓度、生成物浓度只随反应时间而变化。

连续流反应器的特点是流体连续地进入、反应并流出反应器。这种反应器又可分为如下两大类主要反应器形式。

①完全搅拌槽反应器（completely stlirred tank reactor，CSTR）或完全混合流反应器（completely mixed flow reactor，CMFR）。该类反应器的特点是反应器内物料均匀分布，出流中的组成与反应器内的组成相同。

②推流式反应器（plug flow reactor，PFR）。其特点是流体依次通过反应器，即先进入的部分先流出。在实际的连续流反应器中，流体的流动与混合状态介于上述两种理想反应器之间。

以上三大类反应器，即间歇反应器、完全搅拌槽反应器和推流式反应器是反应器设计中的基本类型，其基本特征见表 4–1。

表4–1 三种基本反应器类型及其特征

反应器类型	主要特征	物质浓度–时间分布（c–t）	物质浓度–空间分布（c–z）
BR	①在搅拌状态下可以具有理想的最大混合状态； ②在反应空间上没有浓度分布，但有浓度–时间分布； ③所有反应物随时间变化的经历都相同，具有相同的反应时间	C_0 C_e t_e	t_o

续表

反应器类型	主要特征	物质浓度-时间分布（c-t）	物质浓度-空间分布（c-z）
C_0 C_e CSTR	①其浓度-空间和浓度-时间分布均为单一值，且反应器出口浓度与反应器内浓度相同； ②反应器内各微元体具有最大程度的返混，造成各微元体存在不同的停留时间	C_e	C_e
C_0 C_e Z=L PFR	①在浓度空间分布上沿着反应器的轴向有一浓度分布，但空间上任一点的浓度却不随时间而变； ②反应器内的轴向返混程度为0，所有微元体在反应器内的停留时间均相同； ③对于一恒容过程，PFR的浓度-空间曲线与BR的浓度-时间曲线相当，有着相同的变化历程	C_0 C_e	C_0 $z=0$ C_e $z=L$

注：C_0、C_e 分别为反应器进、出口物质的浓度；t_0、t_e 分别为反应初始、终了时刻。

4.1.2　反应器设计的基本内容

一般反应器的设计主要有以下三方面内容：

①选择合适的反应器形式，根据反应物料在反应过程中的浓度效应、反应器内流体的流动特征，确定反应器的操作方式、结构类型以及流动方式等。

②确定最佳的工艺运行条件，如反应器进口的流量、反应温度、pH 值、通气量、压力等。

③计算所需反应器体积，根据所确定的操作条件、针对选取的反应器形式，计算完成规定处理要求的反应器体积，同时确定最优化的反应器结构和几何尺寸。

对于随时间变化的反应，流体在反应器内的停留时间影响反应进行的完全程度。理想反应器的停留时间可以表示为：

$$t_0 = \frac{V}{Q} \tag{4-1}$$

式中：t_0 为理论停留时间，单位是 s；V 为反应器中流体的体积或反应器有效体积，单位是 m^3；Q 为流体流入反应器的流量，单位是 m^3/s。

在大多数场合下的反应器设计中，停留时间的确定比其他运行参数更为重要。从式（4–1）可以看出，在待处理流体流量一定的情况下，停留时间的长短对于反应器体积的确定具有决定性作用。

当然，由于温度或其他原因造成的密度差异，不均匀进、出流可能造成的短流和局部紊流、反应器角落处的死区等因素的影响，使得实际反应器的行为与理想反应器并不相同。通常，实际反应器内的停留时间小于由式（4–1）计算出的理论停留时间。

4.1.3 几类主要反应器的设计

反应器设计时采用的基本方程有反应动力学方程、质量衡算方程、能量衡算方程和动量衡算方程。不同类型反应器、不同反应级数的反应动力学方程如表 4–2 所示。后三类方程的依据分别为质量守恒定律、能量守恒定律和动量守恒定律。对于一个完整的反应器系统，某物质质量、能量或动量的输入、输出以及反应消耗、累积之间的基本关系为：

$$输入量 = 输出量 + 反应消耗量 + 累积量 \tag{4–2}$$

采用式（4–2）可以设计理想反应器或对实际反应器进行近似设计。

表4–2 不同类型反应器、不同反应级数的反应动力学方程

反应级数	CSTR的反应动力学方程	BR或PFR的反应动力学方程
0	$k_t=[A_0]-[A]$	$k_t=[A_0]-[A]$
1	$k_t=\frac{[A_0]}{[A]}-1$	$k_t=-\ln\frac{[A]}{[A_0]}$
2	$k_t=\frac{1}{[A]}\cdot\frac{[A_0]}{[A]}-1$	$k_t=\frac{1}{[A]}\cdot\frac{1}{[A_0]}$

注：t 为停留时间；k 为反应速度常数；$[A_0]$、$[A]$ 分别为反应过程中某反应物的初始浓度和 t 时刻的浓度。

（1）间歇反应器（BR）

对于间歇反应器，其有效体积是根据反应流体的处理量确定的。假设间歇反应器的一个操作周期为 t，则：

$$t=t_r+t_b \tag{4–3}$$

其中，t_r 为从开始反应到达到所要求的反应程度为止所需要的时间，其长短与该反应的动力学和所要求的反应程度有关；t_b 为辅助操作时间。设计时的重点在于确定 t_r，而 t_b 则根据经验确定。

若要求该反应器在单位时间内所应处理的流体体积为 Q，则该反应器有的效体积 V 为：

$$V=Q（t_r+t_b） \tag{4–4}$$

由于间歇反应器在反应进行过程中无物料的输入和输出，且如果搅拌、反应器内物质充分混合、浓度均一，则反应物的浓度仅随时间而变化。因此，由式（4–2）可得：

$$反应组分的消耗速率 =- 反应组分的累积速率 \tag{4–5}$$

即：

$$V \cdot r_A = -\frac{\mathrm{d}N_A}{\mathrm{d}t} \tag{4–6}$$

$$r_A = \frac{1}{V} \cdot \frac{\mathrm{d}N_A}{\mathrm{d}t} \tag{4–7}$$

式中，V 为反应器的有效容积，单位是 m^3；N_A 为某反应组分 A 的量，单位是 mol；r_A 为反应组分 A 的反应速率，单位是 mol/（m^3 · s）。

当反应物相为液相反应时，式（4–7）简化为：

$$r_A = -\frac{\mathrm{d}[A]}{\mathrm{d}t} \tag{4–8}$$

若令 t=0，$[A]=[A_0]$；$t=t_r$ 时，$[A]=[A]$，将式（4–8）分离变量并进行积分，得：

$$r_A = -\int_{[A_0]}^{[A]} \frac{\mathrm{d}[A]}{\mathrm{d}t} \tag{4–9}$$

式（4–9）所示为反应组分 A 反应到某程度时所需要的反应时间 t_r 的大小。对于不同的反应类型或反应级数，r_A 有不同的表达形式（表 4–3）。如果已知 r_A，则通过作出 $\frac{1}{r_A} \sim [A]$的关系曲线，求得［A_0］到［A］之间曲线下的面积即为反应时间 t_r（图 4–1）。

表4–3　反应级数与速率方程的关系（单一组分）

反应级数	反应速率方程
0	$r_A=-k$
1	$r_A=-k[A]$
2	$r_A=-k[A]^2$

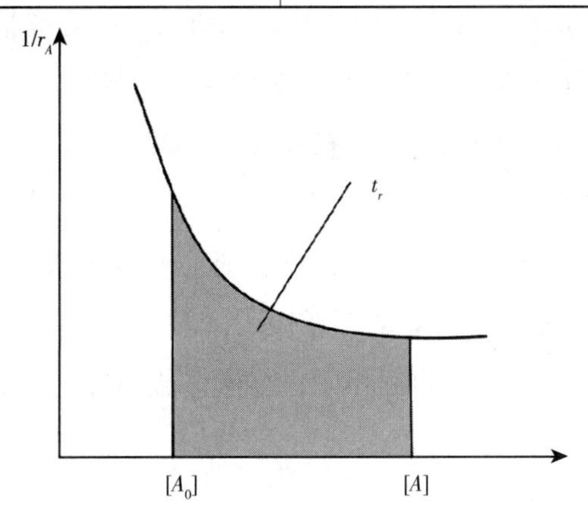

图4–1　图解法求间歇反应器的反应时间t_r

（2）连续操作的完全搅拌槽反应器（CSTR）

在 CSTR 反应器中，反应物质连续稳定地加入反应器内，同时反应产物也连续稳定地离开反应器，并保持反应体积不变；反应器内物系的组成将不随时间而变，即式（4–2）中无累积项。以反应组分 A 为例，由式（4–2）可得：

$$输入速率 = 输出速率 + 反应消耗速率 \tag{4–10}$$

即：

$$F_{A_0} = F_A + r_A \cdot V \tag{4–11}$$

式中，F_{A_0}、F_A 分别为单位时间进、出流中组分 A 物质的量，单位是 mol/s；r_A 为组分 A 的反应速率，单位是 mol/（m^3·s）；V 为反应器有效体积，单位是 m^3。

$$F_A = F_{A_0}(1 - x_A) \tag{4–12}$$

式中，x_A 为组分 A 的转化率。$x_A = 1 - \frac{[A]}{[A_0]}$（$[A_0]$和$[A]$分别为进、出流中组分 A 物质的浓度，单位是 mol/m^3）。因此：

$$F_{A_0} \cdot x_A = r_A \cdot V \tag{4–13}$$

$$\frac{V}{F_{A_0}} = \frac{x_A}{r_A} \tag{4–14}$$

又因为：

$$F_{A_0} = Q \cdot [A_0] \tag{4–15}$$

式中，Q 为单位时间内所应处理的物料（或流体）体积，单位是 m^3/s。所以：

$$\frac{V}{Q} = \frac{[A_0] \cdot x_A}{r_A} = \frac{[A_0] - [A]}{r_A} \tag{4–16}$$

令$\frac{V}{Q} = \tau$，则：

$$\tau = \frac{[A_0] \cdot x_A}{r_A} = \frac{[A_0] - [A]}{r_A} \tag{4–17}$$

式（4–14）、式（4–16）和式（4–17）为单级 CSTR 反应器的基本设计方程式。如果已知某反应的动力学方程，则以反应速率 r_A 的倒数与［A］和 x_A 分别作图（图 4–2），从而可求得反应器的停留时间和有效反应体积。

（3）连续操作的推流式反应器（PFR）

理想的 PFR 反应器的流动状态符合活塞流流动模型的基本假设，即通过反应器的微元体沿同方向以相同速度向前移动，在微元体的流动方向上不存在“返混”现象；所有微元体在反应器中的停留时间都相同；与流体流动方向垂直截面上物质的组成均一且不同随时间变化。

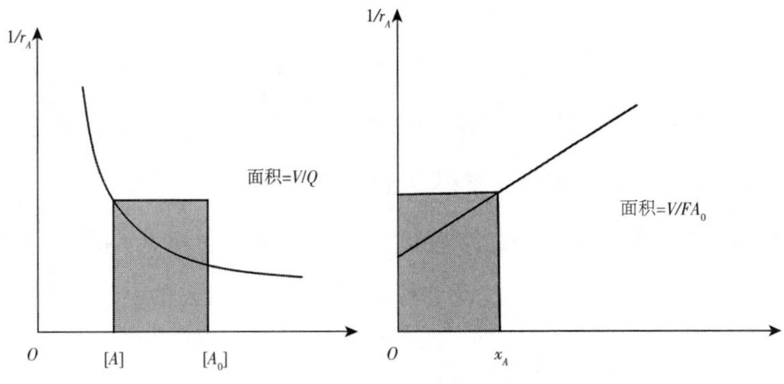

图4–2　CSTR设计式关系图

在 PFR 反应器内各参数均不随时间变化，却沿着 PFR 反应器的轴向位置而变。因此，对于稳态下的任一微元体，式（4–2）简化为：

$$输入量 = 输出量 + 反应消耗量 \tag{4–18}$$

以反应组分 A 为例，在 PFR 反应器（图 4–3）内的任一微元体 dV 中有：

$$F_A = F_{A_0} + \mathrm{d}F_A + r_A \mathrm{d}V \tag{4–19}$$

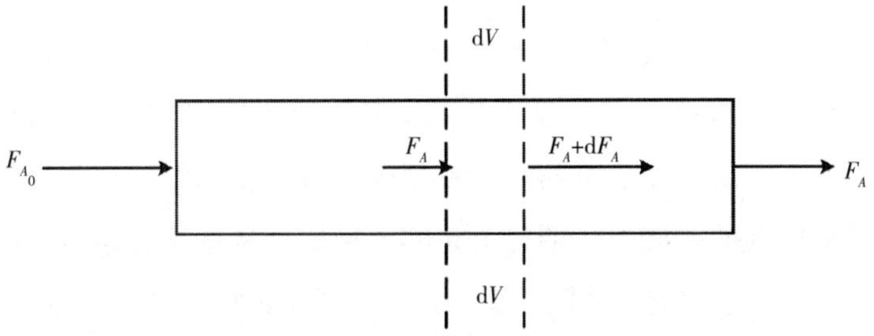

图4–3　PFR反应器质量衡算示意图

即

$$-\mathrm{d}F_A = r_A \mathrm{d}V \tag{4–20}$$

又因为 $F_A=F_{A_0}(1-x_A)$，即 $\mathrm{d}F_A=F_{A_0}\cdot \mathrm{d}x_A$。

所以：

$$F_{A_0}\cdot \mathrm{d}x_A = r_A \mathrm{d}V \tag{4–21}$$

即

$$\mathrm{d}V = \frac{F_{A_0}}{r_A}\mathrm{d}x_A \tag{4–22}$$

如果对整个反应器进行积分，可得：

$$V = F_{A0}\int_0^{x_A}\frac{\mathrm{d}x_A}{r_A} \tag{4–23}$$

由于 F_{A_0}=Q·[A_0]，$\tau=\dfrac{V}{Q}$，则：

$$\tau=[A_0]\int_0^{x_A}\frac{dx_A}{r_A}=[A_0]\int_{[A]}^{[A_0]}\frac{d[A]}{r_A} \tag{4-24}$$

以上各参数的物理意义与 CSTR 的基本设计式相同。

式（4–24）为推流式反应器的基本设计式，其图解积分意义如图 4–4 所示。

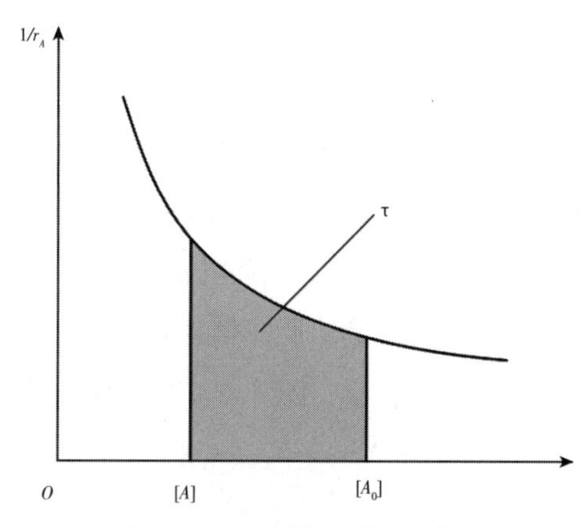

图4–4　PFR设计式图解示意

反应器的设计方法很多，前面仅仅介绍了其中应用较多的时间常数（停留时间）法。要使设计出的大型反应器具有与实验室规模反应器相同的特征和性能，可以在充分了解该反应过程原理的基础上，通过大量实验摸索、掌握并确定该过程的主要控制因素以及相关的时间常数（混合时间、反应时间、扩散时间、传质 / 传热时间等）；同时兼顾实践经验，借用计算机技术进行反应器的模拟设计与放大试验，然后进行传统意义上的反应器设计。

扫码查阅“实验常用仪器仪表”

4.2　环境工程设备设计与选型

4.2.1　成套设备中的单体设备

每一种成套实验装置中都包括若干单体设备，这些单体设备的属性各不相同，有的属于机械设备，有的属于容器设备；有的属于通用设备，有的属于专用设备。需要按照实验对象、实验流程的要求，逐一进行设备的选型或设计，然后组合成具有某种处理功能的实验装置。

以加压溶气气浮水处理实验工艺图为例（图 4–5），对其主要单体设备说明如下：

属于通用设备的有：污水泵、空压机、溶气水泵、各种阀门；

属于专用设备的有：刮沫机、搅拌机、释放器；

属于常压容器的有：气浮池、污泥池、调节池；

属于低压容器的有：溶气罐。

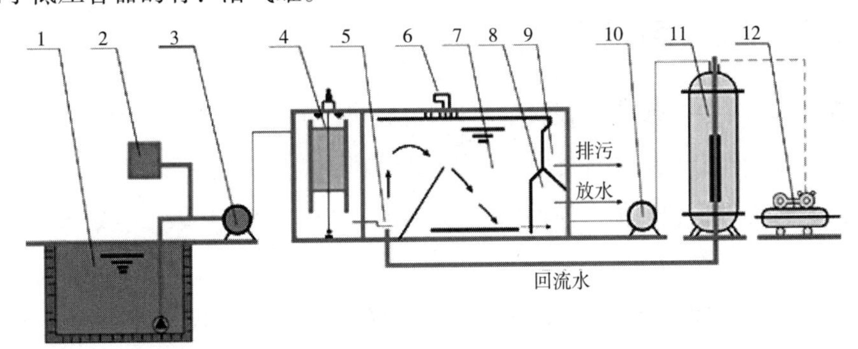

图4–5　加压溶气气浮工艺图

1—调节池　2—投加絮凝剂设备　3—污水泵　4—反应搅拌机　5—释放器　6—刮沫机　7—气浮池
8—溶气水存放池　9—污泥池　10—溶气水泵　11—溶气罐　12—空压机

4.2.2　通用设备选用原则

通用设备的形式多种多样，即使同一种型式的通用设备，也会因为制作中材料选择不同（如 PVC 或不锈钢材），材料产地和生产厂家不同（进口产品、合资企业产品）等因素，导致价格、性能、使用寿命、安全维修等方面发生较大的差异。一般在选择通用设备时应考虑以下原则：

（1）合理性

选择的通用设备首先必须满足处理工艺的要求，既要与工艺流程、处理规模、操作条件、控制水平相适应，又能充分发挥设备的作用。

（2）先进性

要求设备的运转可靠性、自控水平、处理能力和效率要尽可能达到先进水平。此外，要注意尽量满足今后处理装置改扩建的要求。

（3）安全性

要求安全可靠、操作稳定、对处理对象的波动有缓冲能力、无事故隐患。对工艺和建筑、地基、厂房等无苛刻要求；工人在操作时，劳动强度小，尽量避免高温高压高空作业。

（4）经济性

参考同行业同类设备的运行情况，综合考虑设备的生命周期费用，包括购置费用、运行费用、维修费用、管理费用等，选择的设备性价比高，易于加工、维修、更新，没有特殊的维护要求，运行费用较低。

4.2.3 专用设备设计原则

环境工程实验中需要专门设计的特殊设备，称为非标设备或准用设备。应根据污染物的处理要求确定专用设备类型，具体包括如下内容：

①根据各类设备的性能、使用特点和适用范围进行权衡比较，确定该设备的基本结构形式。

②根据设计数据进行必要的计算和分析，确定设备的基本尺寸和主要工艺参数。

③根据工艺操作条件和设备的工艺要求确定满足要求的设备材质。

④按工艺流程要求确定设备的连接方式，管口及人孔、手孔的数目和位置。

对于非定型设备，还需进行流体力学计算，具体设计程序如下：

通过流体力学计算确定工艺和公用工程连接管口、安全阀接口、放空口、排液口、排污口等连接管口的直径，并确定它们在设备上的安装位置。

按照带控制点工艺流程图和工艺控制的要求，确定设备上的控制仪表或测量元件的种类、数目、安装位置、接头形式和尺寸。

根据设备布置设计确定管口方位、设备的安装标高、支撑结构的尺寸和方位以及设备操作平台的结构与尺寸，并留有布置余地，便于在管道布置设计时进行修改。

向设备设计人员提供非定型设备设计条件，向土建人员提出设备操作平台等设计条件。

由设备设计人员根据各种规范进行机械设计、强度设计和检验，并绘制设备施工图纸。

管道布置设计完成后，由工艺人员绘制设备管口方位图，并经设备设计人员校核会签后归入设备施工图纸中。

第5章
水污染控制工程实验

扫码查阅“常用指标及分析方法”

5.1 水污染控制工程实验

5.1.1 自由沉淀实验

（1）实验目的

①观察沉淀过程，加深对自由沉淀概念、特点及规律的理解。

②掌握颗粒自由沉淀实验的方法。

③对实验数据进行分析、整理、计算和绘制颗粒自由沉淀曲线。

④加深对沉淀原理的理解，为沉淀池的设计提供必要的设计参数。

（2）实验原理

沉淀是指借助重力作用从液体中去除固体颗粒的一种过程，浓度较稀的、粒状颗粒的沉淀属于自由沉淀，其特点是静沉过程中颗粒互不干扰、等速下沉，其沉速在层流区符合 Stokes 公式，但由于水中颗粒的复杂性，颗粒粒径、颗粒比重很难或无法准确地测定，因而沉淀效果、特性无法通过公式求得，而是要通过静沉实验确定。

由于自由沉淀时颗粒是等速下沉，下沉速度与沉淀高度无关，因而自由沉淀可在一般沉淀柱内进行，但其直径应足够大，一般应使 $D \geqslant 100$mm，以免颗粒沉淀受柱壁干扰。

本实验采用中部取样法，即在一个水深为 H 的沉淀柱内进行自由沉淀实验，取样位置设在有效水深为 H 的沉降柱中端即 $H/2$ 处，如图 5-1 所示。

实验开始时，沉淀时间为 0，此时沉淀柱内悬浮物分布是均匀的，即每个断面上颗粒的数量与粒径的组成相同，悬浮物浓度为 c_0（mg/L），此时去除率 E=0。

实验开始后，悬浮物在筒内的分布变得不均匀。不同沉淀时间 t_i，颗粒下沉到池底的最小沉淀速度 u_i 相应为$u_i=\frac{H}{t_i}$。严格来说，此时应将实验筒内有效水深 H 的全部水样取出，测量其悬浮物含量，来计算出 t_i 时间内的沉淀效率。但这样工作量太大，而且每个实验筒只能求一个沉淀时间的沉淀效率。为了克服上述弊病，又考虑到实验筒内悬浮物浓度随水深的变化，所以我们提出的实验方法是将取样口设在 $H/2$ 处，近似地认为该处水样的悬浮物浓度代表整个有效水深内悬浮物的平均浓度。这样做在工程上的误差是允许的，而实验及测定工作也可以大为简化，在一个实验筒内就可以多次取样，完成沉淀曲线的实验。

若原水中悬浮物浓度为 c_0，经 t 时间沉降后水样残留 c_i，则沉降效率为：

$$E_i=\frac{c_0-c_i}{c_0}\times 100\%=\left(1-\frac{c_i}{c_0}\right)\times 100\% \tag{5-1}$$

沉降速度为：

$$u_i=\frac{H}{t_i} \tag{5-2}$$

按某一特定沉降速度 u_0 设计的沉淀池中，按上式计算所得的沉降效率只包括从水面到水深 H 处的水层中沉速 $u \geqslant u_0$ 的全部颗粒，而 $u < u_0$ 的颗粒则没能计入。

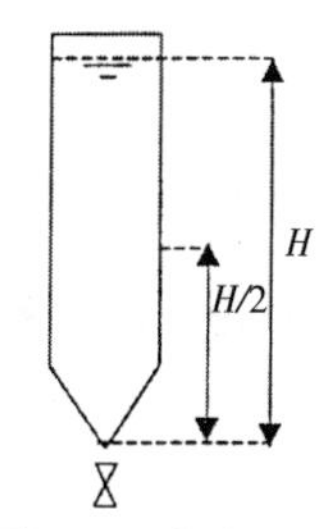

图 5-1　自由沉淀柱

实际上沉淀时间 t_i 内，由水中沉至池底的颗粒是由两部分颗粒组成的，即沉速 $u_s \geqslant u_0$ 的那一部分颗粒能全部沉至池底。除此之外，颗粒沉速 $u_s < u_0$ 的那一部分颗粒也有一部分能沉至池底。这是因为，这部分颗粒虽然粒径很小（沉速 $u_s < u_0$），但是这部分颗粒并不都在水面，而是均匀地分布在整个沉淀柱的高度内，因此，只要在水面下，它们下沉至池底所用的时间少于或等于具有沉速 u_0 的颗粒由水面降至池底所用的时间 t_i，那么这部分颗粒也能从水中被除去。

沉速 $u_s < u_0$ 的那部分颗粒虽然有一部分能从水中去除，但其中也是粒径大的沉到池底的多，粒径小的沉到池底的少，各种粒径颗粒去除率并不相同。因此，若能分别求出各种粒径的颗粒占全部颗粒的百分比，并求出该粒径在时间 t_i 内能沉至池底的颗粒占本粒径颗粒的百分比，则二者乘积即为此种粒径颗粒在全部颗粒中的去除率。因此，分别求出 $u_s < u_0$ 的那些颗粒的去除率并相加后，即可得出这部分颗粒的去除率。

为了推求其计算式，我们首先绘制 $u \sim P$ 关系曲线，其横坐标为颗粒沉速 u，纵坐标为未被去除颗粒的百分比 P，如图 5-2 所示。由图中可见，$\Delta P=P_1-P_2=\frac{c_1}{c_0}-\frac{c_2}{c_0}=\frac{c_1-c_2}{c_0}$，故 ΔP 是当选择的颗粒沉速由 u_1 降至 u_2 时，整个水中所能多去除的那部分颗粒的去除率，也就是所选择的要去除的颗粒粒径由 d_1 减到 d_2 时，此时水中所能多去除的，即

粒径在 $d_1 \sim d_2$ 之间的那部分颗粒所占的百分比。因此当 ΔP 间隔无限小时，则 dP 代表小于 d_i 的某一粒径 d 占全部颗粒的百分比。

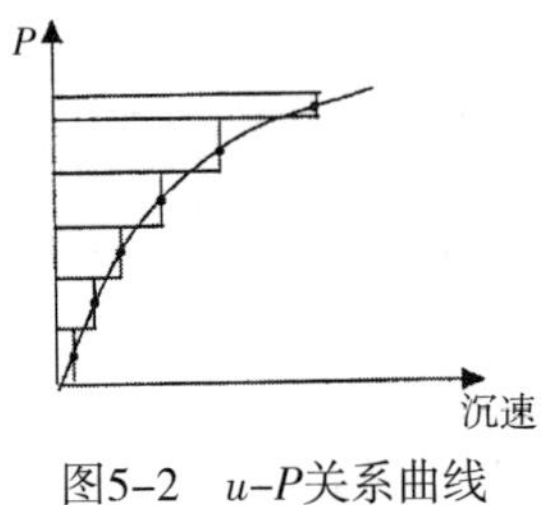

图5-2　u-P关系曲线

注：图 5-2 中的纵坐标 P 表示水中残余悬浮物浓度与原水悬浮物浓度之比。

由于颗粒均匀分布，又为等速沉淀，故沉速为 $u_s < u_0$ 的颗粒只有在 h 水深以内才能沉到池底。因此，能沉至池底的这部分颗粒占这种粒径的百分比为$\frac{h}{H}$，而$\frac{h}{H}=\frac{u_s}{u_0}$，由上述分析可见，d$P$ 反映了具有沉速 u_s 颗粒占全部颗粒的百分比，而$\frac{u_s}{u_0}$则反映了在设计沉速为 u_0 的前提下，具有沉速 u_s（$< u_0$）的颗粒去除量占本颗粒总量的百分比。故 $\frac{u_s}{u_0}\mathrm{d}P$ 正是反映了在设计沉速为 u_0 时，具有沉速为 u_s 的颗粒所能去除的部分占全部颗粒的比率。利用积分求解所有 $u_s<u_0$ 这部分颗粒的去除率，则为$\int_0^{P_0}\frac{u_s}{u_0}\mathrm{d}P$，故某一特定沉降速度 u_0 的沉淀池中，颗粒的总去除率为：

$$E=(1-P_0)+\int_0^{P_0}\frac{u_s}{u_0}\mathrm{d}P \tag{5-3}$$

（3）实验设备与试剂

①有机玻璃沉淀柱一根，内径≥ 100mm，高 1.5m。工作水深即由溢流口至取样口距离，共两种，H_1=1.5m，H_2=2.0m。每根沉降柱上设溢流管、取样管、进水管及放空管。

②计时用秒表或手表。

③玻璃烧杯、移液管、玻璃棒、漏斗、量筒等。

④悬浮物定量分析所需设备，万分之一天平、带盖称量瓶、干燥器、烘箱、过滤装置、定量滤纸等。

⑤生活污水，造纸、高炉煤气洗涤等工业废水或人工配制水样。

（4）实验步骤

①将实验用水倒入搅拌桶内，用泵循环或机械搅拌装置搅拌约 5 分钟，使水样中悬浮物分布均匀。

②用泵将水样输入沉淀试验筒，在输入过程中，从筒中取样两次，每次约 100mL（取样后要准确记下水样体积）。此水样的悬浮物浓度即为实验水样的原始浓度 c_0。

③当废水升到溢流口，溢流管流出水后，关紧沉淀试验筒底部的阀门，停泵，记录时间，沉淀实验开始。隔 5、10、20、30、60、90min 由取样口取样，记录沉淀柱内液面高度。取水样前要先排出取样管中的积水约 10mL，取水样后测量工作水深的变化。

④观察悬浮颗粒沉淀特点、现象。

⑤测定水样悬浮物含量。将每一种沉淀时间的两个水样作平行实验，用滤纸抽滤（滤纸应是已在烘箱内烘干后称量过的）。过滤后，再把滤纸放入已准确称量的带盖称量瓶内，在 105~110℃烘干箱内烘干后称量滤纸的增重，即为水样中悬浮物的重量。

⑥制作实验记录用表，如表 5-1 所示。

⑦计算不同沉淀时间 t 的水样中的悬浮物浓度 c、沉淀效率 E，以及相应的颗粒沉速 u_0。画出 $E \sim t$ 和 $E \sim u$ 的关系曲线。

表5-1　自由沉淀实验数据记录表

日期：　　　　　　　　　　　　　　　　　　　　　　　　　水样：

静沉时间/min	滤纸编号		称量瓶号		称量瓶+滤纸质量/g		取样体积/mL		瓶、纸+SS质量/g		水样SS质量/g		c_0/（mg/L）		c_i/（mg/L）		沉淀高度H/cm
0																	
5																	
10																	
20																	
30																	
60																	
90																	

（5）实验结果整理

①实验基本参数整理。

实验日期：　　　　　　　　水样性质及来源：

沉淀柱直径 d=　　　　　　　柱高 H=

水温 /℃　　　　　　　　　原水悬浮物浓度 c_0/（mg/L）

绘制沉淀柱草图及管路连接图。

②实验数据整理。将实验原始数据按表 5-2 整理，以备计算分析之用。

表5-2　实验原始数据整理表

沉淀高度/cm								
沉淀时间/min								
实测水样SS/（mg/L）								
计算用SS/（mg/L）								
未被移除颗粒百分比P_i								
颗粒沉速u/（mm/s）								

表中不同沉淀时间 t_i 时，沉淀管内未被移除的悬浮物的百分比及颗粒沉速分别按下式计算未被移除悬浮物的百分比

$$P_i=\frac{c_i}{c_0}\times 100\% \tag{5-4}$$

式中　c_0 为原水中 SS 浓度值，单位是 mg/L；c_i 为某沉淀时间后，水样中 SS 浓度值，单位是 mg/L。

相应颗粒沉速：

$$u_i=\frac{H_i}{t_i} \tag{5-5}$$

③以颗粒沉速 u 为横坐标，以 P 为纵坐标，在普通格纸上绘制 u–P 关系曲线。

④利用图解法列表（表 5-3），计算不同沉速时悬浮物的去除率。

表5-3　颗粒去除率计算表

序号	u_0	P_0	$1-P_0$	ΔP	u_s	$u_s\cdot\Delta P$	$\Sigma u_s\cdot\Delta P$	$\frac{\Sigma u_s\cdot\Delta P}{u_0}$	$E=(1-P_0)+\frac{\Sigma u_s\cdot\Delta P}{u_0}$

$$E=(1-P_0)+\frac{\Sigma u_s\cdot\Delta P}{u_0} \tag{5-6}$$

⑤根据上述计算结果，以 E 为纵坐标，分别以 u 及 t 为横坐标，绘制 u–E，t–E 关系曲线。

（6）注意事项

①向沉淀柱内进水时，速度要适中。既要避免速度过慢，以防止进水中一些较重颗粒沉淀；又要防止速度过快，以免造成柱内水体紊动，影响静沉实验效果。

②取样前，一定要记录管中水面至取样口距离 H_0（cm）。

③取样时，先排除管中积水而后取样，每次约取 100mL。

④测定悬浮物时，因颗粒较重，从烧杯取样要边搅边吸，以保证两平行水样的均匀性。贴于移液管壁上的细小颗粒一定要用蒸馏水洗净。

（7）思考题

①自由沉淀中颗粒沉速和絮凝沉淀中颗粒沉速有何区别?

②绘制沉淀静沉曲线的方法及意义是什么?

③沉淀柱高分别为 H=1.5m，H=2.0m，两组实验成果是否一样？为什么?

④利用上述实验资料，按 $E=\frac{c_0-c_i}{c_0}\times 100\%$ 计算不同沉淀时间 t 的沉淀效率 E，绘制 E–t，E–u 静沉曲线。

5.1.2　药剂混凝实验

（1）实验目的

①了解混凝法在印染废水处理中的应用。

②观察并确定在一定水力梯度的搅拌条件下处理某种废水时最佳混凝效果的 pH 值和药剂用量。

（2）实验理论基础与方法要点

印染污水的特点是水量大、水质复杂且变化大、pH 值高。除主要含有以染料为主的着色成分外，还含有一定数量的悬浮物、淀粉、洗涤剂等，以及少量的铬、氧、酚、硫等。染料在污水中呈胶体态，可用混凝法去除。混凝剂的选用与染料性质有关。例如，对于直接染料，混凝剂可用硫酸铝和石灰。对于还原染料或硫化染料，可用酸作为混凝剂，酸化到 pH = 1~2，还原染料即折出。碱式氯化铝对直接染料、还原染料和硫化染料都有较好的凝聚效果，但对于活性染料阳离子染料效果则较差。

混凝过程中投加的主要化学药剂称为混凝剂。其作用是通过它或者它的水解产物的压缩双电层、电性中和、卷带网捕以及吸附桥连四个方面的作用完成的。

无机盐混凝剂在水解产生的混凝过程中有三种作用：一是 Al^{3+}、Fe^{3+} 和低聚合度高电荷的多核络离子的脱稳凝聚作用；二是高聚合度络离子的桥连絮凝作用；三是氢氧化物沉淀形态存在时的网捕絮凝作用。这三种作用有时可能同时存在，在不同的条件下则可能以某一种为主。通常在 pH 值偏低，胶体及细微悬浮物浓度高，投药量尚不足的反应初期，脱稳凝聚是主要形式；在 pH 值较高，污染浓度较低，投药量充分时，网捕絮凝是主要形式；而在 pH 值和投药量适中时，桥连絮凝应为主要的作用形式。

（3）设备和材料

①六联式搅拌器装置一套，其结构如图 5-3 所示。

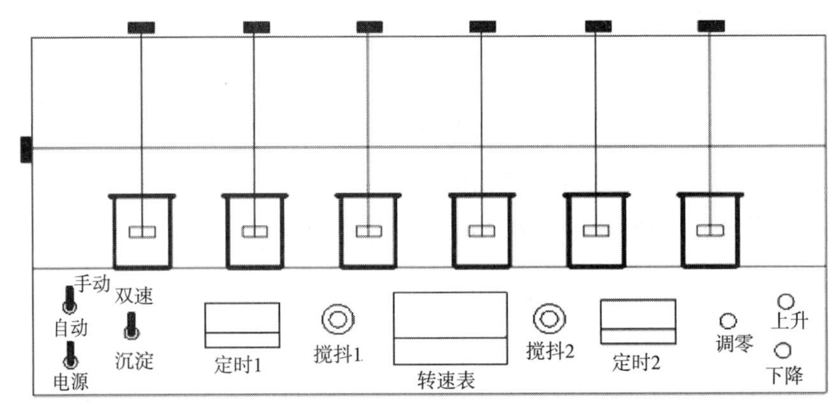

图5-3　实验装置图

②离心分离机 1 台。

③分光光度计 1 台。

④酸度计 1 台。

⑤聚丙烯酰胺（PAM）（0.1%）。

⑥碱式氯化铝（10%）。

⑦烧杯 1000mL 6 个，玻璃棒 2 个，烧杯 250mL　2 个。

⑧直接染料废液。

（4）实验步骤

①测定废水水质的主要特征：pH 值、色度（分光光度计法）等。

②初步确定废水能出现絮凝体的最小投药量。

在烧杯中加入 200mL 废水，缓慢搅拌同时逐步小量投入混凝剂稀溶液（碱式氯化铝），直至出现凝体为止。

③在六联搅拌器上，对六个试样做不同 pH 值对比实验。每个试样用废水 500mL。调节 pH 值为 4~9。同时加入上述最小投药量先快速搅拌混合 2min，然后慢速搅拌凝聚 15min。观察各水样出现絮凝体的时间和状况。待沉淀 20~30min 后，取上清液利用分光光度计在 λ_{max} 处测定各自的 A 或 T。计算脱色率 E 并绘出 E-pH 曲线，由此确定其最佳 pH 值。

（5）最佳投药量确定

分别以最小投药量的 25%~200% 浓度取六个废水试样，控制在最佳 pH 值，进行上述搅拌实验。观察结果并确定最佳投药量。每次实验还将观察污泥沉降高度和浓度。

通过实验确定最佳投药量：以脱色率 E 值为纵坐标、混凝剂投药量为横坐标作图，求出最佳投药量。

药浓度 100mg/L 时，最佳 pH 值为__________；

最佳碱铝投药量为__________；

最佳 pH 值为__________；

在最佳 pH 值、最佳投药量的实验条件下，明矾、碱铝的脱色率（用比色法测定色度）为__________。

（6）注意事项

①取水样时，必须把水样混合均匀，以保证各个烧杯中的水样性质一样。

②注意避免某些烧杯中的水样受温度的影响，各烧杯中水样温差＜0.5℃。

③注意保证搅拌轴放在烧杯中心处，叶片在杯内的高低位置应一样。

④从烧杯中吸出澄清水时，应避免搅动已经沉淀的矾花。

⑤测定水质时应选用同一套仪器进行。例如，当 pH 计不止一套时，由于仪器精密度可能不一致，故应只选用同一套。

（7）实验报告参考格式

混凝实验

水样：____________________　取样地点：____________________

取样日期：________________　实验日期：____________________

实验人：____________________　同组人：____________________

①实验结果。

混合时间：____________分钟，搅拌速度：____________转 / 分。

反应时间：____________分钟，搅拌速度：____________转 / 分。

沉淀时间：____________分钟。

实验水样容积（注入各个烧杯的水样量）：____________毫升。

A. 改变混凝剂用量。

混凝剂种类：____________，溶液浓度：____________%。

每 500 毫升水样投入 1 毫升混凝剂溶液后浓度：____________毫克 / 升。

助凝剂种类：____________，溶液浓度：____________%。

每 500 毫升水样投入 1 毫升助混凝剂溶液后浓度：____________毫克 / 升。

实验数据记录于表 5–4 中。

表5-4　实验数据记录表

烧杯号		原水	1号	2号	3号	4号
投药量	混凝剂/（mg/L）					
	助凝剂/（mg/L）					
水温/℃						
pH值						
出现矾花时间/分						
矾花沉淀情况						

实验中往往泥量很少，不易测定，可取近似值。

B. 改变 pH 值。

混凝剂种类：____________，投药量：____________mg/L。

NaOH 或 HCl 溶液浓度：____________%。

每 500mL 水样投 1mL NaOH（HCl）溶液后浓度：__________mg/L。

实验记录格式同前。

②结果分析。主要包括选定最佳投药量及相应的 pH 值，并指出如要进一步确定较准确的投药量或 pH 值应如何进行实验。

5.1.3　过滤实验

（1）实验目的

过滤是具有孔隙的物料层截留水中杂质，从而使水得到澄清的工艺过程。常用的过滤方法有砂滤、硅藻土涂膜过滤、烧结管微孔过滤、金属丝编织物过滤等。过滤不仅可以去除水中细小悬浮颗粒杂质，而且细菌病毒及有机物也会随浊度降低而被去除。本实验按照实际滤池的构造情况，内装石英砂滤料，利用自来水进行清洁砂层过滤和反冲洗实验。

通过本实验希望达到下述目的：

①熟悉普通快滤池过滤、冲洗的工作过程。

②加深对滤速、冲洗强度、滤层膨胀率、初滤水浊度的变化、冲洗强度与滤层膨胀率关系以及滤速与清洁滤层水头损失的关系的理解。

③掌握清洁砂层过滤时水头损失计算方法和水头损失变化规律。

④掌握反冲洗滤层时水头损失计算方法。

（2）实验原理

快滤池滤料层能截留粒径远比滤料孔隙小的水中杂质，主要通过接触絮凝作用，其次为筛滤作用和沉淀作用，当过滤水头损失达到最大允许水头损失时，滤池需进行冲洗。

为了取得良好的过滤效果，滤料应具有一定级配。生产上有时为了方便起见，常采用 0.5mm 和 1.2mm 孔径的筛子进行筛选，这样就不可避免地出现细滤料（或粗滤料）过多或过少现象。为此应采用一套不同筛孔的筛子进行筛选，从而决定滤料级配。在研究过滤过程的有关问题时，常常涉及孔隙度的概念，其计算方法为：

$$m=\frac{V_n}{V}=\frac{V-V_c}{V}=1-\frac{V_c}{V}=1-\frac{G}{V\gamma} \tag{5-7}$$

式中：m 为滤料孔隙（率）度，单位是 %；V_n 为滤料层孔隙体积，单位是 cm^3；V 为滤料层体积，单位是 cm^3；V_c 为滤料层中滤料所占体积，单位是 cm^3；G 为滤料重量（在 105℃下烘干），单位是 g；γ 为滤料重度，单位是 g/cm^3。

在过滤过程中，随着过滤时间的增加，滤层中悬浮颗粒的量会随之不断增加，这就必然会导致过滤过程水力条件的改变。使滤层孔隙率 m 减小，水流穿过砂层缝隙流速减小，滤层两侧压差增大，于是水头损失增大。为了保证滤后水质和过滤滤速，当过滤一段时间后，需要对滤层进行反冲洗，使滤料层在短时间内恢复工作能力。反冲洗的方式多种多样，其原理是一致的。反冲洗开始时承托层、滤料层未完全膨胀，相当于滤池处于反向过滤状态。当反冲洗速度增大后，滤料层完全膨胀，处于流态化状态。根据滤料层膨胀前后的厚度便可求出膨胀度（率）：

$$e=\frac{L-L_0}{L}\times 100\% \tag{5-8}$$

式中：L 为砂层膨胀后厚度，单位是 cm；L_0 为砂层膨胀前厚度，单位是 cm。

膨胀度 e 值的大小直接影响反冲洗效果，而反冲洗的强度大小决定滤料层的膨胀度。

（3）实验设备与试剂

①过滤装置 1 套 [过滤柱 d=100mm，L=2000mm 的有机玻璃管；转子流量计；测压板（需标刻度）；测压管]。

②秒表。

③温度计。

④尺子。

（4）实验步骤

①清洁砂层过滤水头损失实验步骤：

A. 启动电源。

B. 将过滤进水阀打开，反冲洗进水阀关闭。

C. 启动水泵，电磁阀 1，快滤 5min 使砂面保持稳定。

D. 开启过滤出水阀，待测压管中水位稳定后，计下滤柱最高、最低两根测压管中水位值。测出水浊度。

E. 增大过滤水量，即开启电磁阀 2，重复上面操作，分别测出最高、最低两根测压管中水位值。

F. 同上操作，依次开启电磁阀 3、4、5、6，增大过滤水量，计下不同水量时滤柱最高、最低两根测压管中水位值。

②滤层反冲洗实验步骤：

A. 量出滤层厚度 L_0，慢慢开启反冲洗进水阀，开启电磁阀 1（或者调整流量为 250L/h），使滤层刚刚膨胀起来，待滤层表面稳定后，记录反冲洗流量和滤层膨胀后的厚度 L_1，测反冲洗出水浊度。

B. 变化反冲洗流量，开大反冲洗流量即依次开启电磁阀 2、3、4、5、6（或者变化反冲洗流量依次为 500、750、1000、1250、1500L/h）。按以上步骤记录反冲洗流量和滤层膨胀后的厚度 L_2、L_3、L_4、L_5、L_6（注意不能使滤料溢出滤池）。

C. 停止反冲洗，水泵断电，关闭阀门，结束实验。

（5）实验结果整理

①过滤过程：

A. 将过滤时所测流量、测压管水头损失填入表 5-5 中。

B. 以流量 Q 为横坐标，水头损失 h 为纵坐标，绘制实验曲线。或绘出流速 v 与水头损失 h 的关系曲线。

C. 绘制流速与出水浊度关系图。

表5-5　清洁砂层过滤水头损失、出水浊度实验数据记录表

滤柱截面面积 S:　　　　　　　　　　原水浊度：

流量Q/（mL/s）	滤速v		实验水头损失			出水浊度
	Q/A/（cm/s）	36 Q/A/（m/h）	测压管水头/cm		$h=h_b-h_a$/cm	
			h_b	h_a		
Q_1=						
Q_2=						
Q_3=						
Q_4=						
Q_5=						

续表

流量Q/（mL/s）	滤速v		实验水头损失			出水浊度
	Q/A/（cm/s）	36 Q/A/（m/h）	测压管水头/cm		$h=h_b-h_a$/cm	
			h_b	h_a		
Q_6=						

注：A 为滤柱断面积；h_b 为最高测压管水位值；h_a 为最低测压管水位值。

②滤层反冲洗实验结果整理：

A. 将反冲洗流量变化情况，膨胀后砂层厚度填入表 5–6 中。

B. 以反冲洗强度为横坐标、砂层膨胀度为纵坐标，绘制实验曲线。

表5–6　滤层反冲洗强度与膨胀后厚度实验数据记录表

反冲洗前滤层厚度 L_0：

反冲洗流量Q /（mL/s）	反冲洗强度Q/A /（cm/s）	膨胀后砂层厚度L/cm	砂层膨胀度 $e=\frac{L-L_0}{L}\%$
Q_1=			
Q_2=			
Q_3=			
Q_4=			
Q_5=			
Q_6=			

（6）注意事项

①在过滤实验前，滤层中应保持一定水位，不要把水放空，以免过滤实验时测压管中积存空气。

②反冲洗滤柱中的滤料时，不要使进水阀门开启过大，应缓慢打开，以防滤料冲出柱外。

③反冲洗时，为了准确地量出砂层的厚度，一定要在砂面稳定后再测量。

（7）思考题

①滤层内有空气泡时对过滤、反冲洗有何影响?

②反冲洗强度为何不宜过大?

5.1.4 气浮实验

（1）实验目的

①了解气浮实验系统及设备，学习该系统的运行方法。

②通过气浮法去除废水中悬浮物及COD的实验，加深对气浮净水原理的理解。

③求出不同表面负荷（反应及分离停留时间）时的处理效率并进行比较和评价。

（2）实验原理

气浮净水方法是目前环境工程和给水排水工程中日益广泛应用的一种水处理方法。该法主要用于处理水中相对密度小于或接近1的悬浮杂质，如乳化油、羊毛脂、纤维以及其他各种有机或无机的悬浮絮体等。因此，气浮法在自来水厂、城市污水处理厂以及炼油厂、食品加工厂、造纸厂、毛纺厂、印染厂、化工厂等水处理中都有应用。

气浮法具有处理效果好、周期短、占地面积小以及处理后浮渣中固体物质含量较高等优点；但也存在设备多、操作复杂、动力消耗大等缺点。

气浮法就是使空气以微小形式出现于水中并慢慢自下而上上升，在上升过程中，气泡与水中污染物质接触，并把污染物质黏附在气泡上，从而形成密度小于水的气水结合物浮生到水面，使污染物质从水中分离出去。

产生密度小于水的气水结合物质的主要条件有：水中污染物具有足够的憎水性，加入水中的空气所形成气泡的平均直径不宜大于70 μm，气泡与水中污染物质应有足够的接触时间。

气浮法按水中气泡产生的方法可以分为布气气浮、溶气气浮和电气浮几种。由于布气气浮一般气泡直径较大、气浮效果较差，而电气浮直径虽不大但耗电较多，因此目前应用气浮法工程中以加压溶气气浮法最多。

加压溶气气浮法就是使空气在一定压力作用下溶解于水，达到饱和状态，然后使加压水表面压力突然减到常压，因此溶解于水的空气便以微小气泡形式从水中逸出来，这样就产生了供气浮用的合格的微小气泡。

（3）实验设备

①竖流式气浮池。

②加气设备：空压机（压力自动控制），过滤器，截门及流量计，压力表等。

③水源系统：包括水泵、配水箱、流量计、定量投药瓶及截门等。

④溶气水系统：包括集水箱、加压泵、流量计、溶气罐、压力表、截止阀门及减

压释放器等。

⑤排水管及排渣槽等。

⑥测定悬浮物 COD 含量及 pH 值等所用仪器设备。

（4）实验步骤

①在原水箱中加污水，用自来水配成所需水样（悬浮物约为 100mg/L）。同时在投药瓶中配好混凝剂（1% 的硫酸铝溶液）。

②将气浮池及溶气水箱中充满自来水待用。

③开启空压机使压力达到 0.35MPa（3.5kg/cm^2）以上（可自动停启）时，打开阀门，然后开启溶气水泵，使压力水 [压力不超过 0.3MPa（3kg/cm^2）] 与空气混合后进入溶气罐，按一定的回流比调节流量，并控制溶气罐水位在罐高 4/5 处以上。待溶气罐压力达 0.26 MPa（2.6kg/cm^2）时，打开释放器前阀门放溶气水，然后调节流量及气压使溶气罐气压稳定，气浮池进出水平衡。

④静态气浮实验确定最佳投药量。取 5 个 1000mL 量筒，加 750mL 原水样，分别按药量 20、40、60、80、100mg/L 加入混合剂 [1.0%$Al_2(SO_4)_3$]，快搅 1min，慢搅 3min，快速通过溶气水至 1000mL，静置 10min，观察现象，确定最佳投药量。

⑤调节投药量和原水流量用泵混合后通入气浮池，用调节排水量来控制池中水位或溢流排渣。

⑥根据气浮池体积及进水流量估算出水时间，待稳定后取进出水样测定悬浮物、COD 的含量及 pH 值。

（5）实验数据记录、计算及结论

记录实验操作条件，并将气浮实验结果记入表 5-7。

5.1.5　活性炭吸附实验

（1）实验目的

①了解活性炭的吸附工艺及性能。

②掌握用实验方法（含间歇法、连续法）确定活性炭吸附处理污水的设计参数的方法。

（2）实验原理

活性炭具有良好的吸附性能和稳定的化学性质，是目前国内外应用比较多的一种非极性吸附剂。与其他吸附剂相比，活性炭具有微孔发达、比表面积大的特点。通常比表面积可以达到 500~1700m^2/g，这是其吸附能力强、吸附容量大的主要原因。

表5-7 实验数据记录表

时间	表面负荷	回流比	原污水流量/（L/h）	溶气水流量/（L/h）	投药量		空气量/（L/h）	溶气罐压力/MPa	溶气罐水位/cm	悬浮物/（mg/L）			COD/（mg/L）			pH值		备注
					mg/L	mL/min				原水	出水	去除效率/%	原水	出水	去除效率/%	原水	出水	

活性炭吸附主要为物理吸附。吸附机理是活性炭表面的分子受到不平衡的力，从而使其他分子吸附于其表面上。当活性炭溶液中的吸附处于动态平衡状态时称为吸附平衡，达到平衡时，单位活性炭所吸附的物质的量称为平衡吸附量。在一定的吸附体系中，平衡吸附量是吸附质浓度和温度的函数。为了确定活性炭对某种物质的吸附能力，需进行吸附试验。当被吸附物质在溶液中的浓度和在活性炭表面的浓度均不再发生变化时，被吸附物质在溶液中的浓度称为平衡浓度。活性炭的吸附能力用吸附量 q 表示，即：

$$q=\frac{V(c_0-c)}{m} \tag{5-9}$$

式中：q 为活性炭吸附量，即单位质量的吸附剂所吸附的物质量，单位是 g/g；V 为污水体积，单位是 L；c_0、c 分别为吸附前原水及吸附平衡时污水中的物质的浓度，单位是 g/L；m 为活性炭投加量，单位是 g。

在温度一定的条件下，活性炭的吸附量 q 与吸附平衡时的浓度 c 之间的关系曲线称为等温线。在水处理工艺中，通常用的等温线有 Langmuir 和 Freundlich 等。其中 Freundlich 等温线的数学表达式为：

$$q=Kc^{\frac{1}{n}} \tag{5-10}$$

式中：K 为与吸附剂比表面积、温度和吸附质等有关的系数；n 为与温度、pH 值、吸附剂及被吸附物质的性质有关的常数；q 为活性炭吸附量。

K 和 n 可以通过间歇式活性炭吸附实验测得。将上式取对数后变换为：

$$\lg q=\lg k+\frac{1}{n}\lg c \tag{5-11}$$

将 q 和 c 相应值绘在双对数坐标上，所得直线斜率为 $1/n$, 截距为 K。

由于间歇式静态吸附法处理能力低，设备多，故在工程中多采用活性炭进行连续吸附操作。连续流活性吸附性能可用博哈特（Bohart）和亚当斯（Adams）关系式表达，即：

$$-Kc_0t\ln\left[\frac{c_0}{c_B}-1\right]=\ln\left[\exp\left(\frac{KN_0H}{v}\right)-1\right] \tag{5-12}$$

因 $\exp(KN_0H/v)>1$，所以上式等号右边括号内的 1 可忽略不计，则工作时间 t 由上式可得：

$$t=\frac{N_0}{c_0v}\left[H-\frac{v}{KN_0}\ln\left(\frac{c_0}{c_B}-1\right)\right] \tag{5-13}$$

式中：t 为工作时间，单位是 h；v 为流速，即空塔速度，单位是 m/h；H 为活性炭层高度，单位是 m；K 为速度常数，单位是 m^3/（mg/h）或 L /（mg/h）；N_0 为吸附容量，即达到饱和时被吸附物质的吸附量，单位是 mg/L；c_0 为入流溶质浓度，单位是

mol/m³ 或 mg/L)；c_B 为允许流出溶质浓度，单位是 mol/m³ 或 mg/L。

在工作时间为零的时候，能保持出流溶质浓度不超过 c_B 的炭层理论高度称为活性炭层的临界高度 H_0。其值可根据上述方程当 $t=0$ 时进行计算，即：

$$H_0=\frac{v}{KN_0}\ln\left(\frac{c_0}{c_B}-1\right) \tag{5-14}$$

在实验时，如果取工作时间为 t, 原水样溶质浓度为 c_{01}，用三个活性炭柱串联（见图 5-4），第一个柱子出水为 c_{B1}，即为第二个活性炭柱的进水 c_{02}，第二个活性炭柱的出水为 c_{B2}, 就是第三个活性炭柱的进水 c_{03}, 由各炭柱不同的进、出水浓度 c_0、c_B 便可求出流速常数 K 值及吸附容量 N。

（3）实验设备及试剂

①间歇式活性炭吸附装置：间歇式吸附用三角烧杯，在烧杯内放入活性炭和水样进行振荡。

②连续流式活性炭吸附装置：连续式吸附采用有机玻璃柱 D25mm × 1000mm, 柱内 500~750mm 高烘干的活性炭，上、下两端均用单孔橡皮塞封牢，各柱下端设取样口。装置具体结构如图 5-4 所示。

③间歇与连续流实验所需的实验器材：

A. 振荡器（1 台）。

B. 有机玻璃柱（3 根 D25mm × 1000mm）。

C. 活性炭。

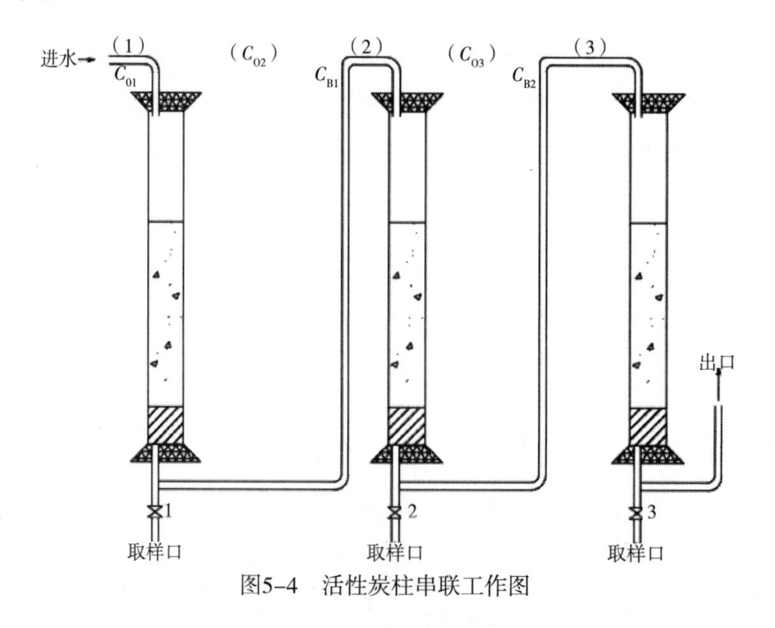

图5-4　活性炭柱串联工作图

D. 三角烧瓶（11 个，250mL）。

E. 可见光光度计。

F. 漏斗（10 个）及滤纸。

G. 配水及投配系统。

H. 酸度计（1 台）。

I. 温度计（1 只）。

J. 亚甲基蓝（分析纯）。

（4）实验步骤

①画出标准曲线：

A. 配制 100 mg/L 亚甲基蓝溶液。

B. 用紫外可见分光光度计对样品在 250~750nm 波长范围内进行全程扫描，确定最大吸收波长。一般最大吸收波长为 662~665nm。

C. 测定标准曲线（亚甲基蓝浓度 0~4 mg/L 时，浓度 c 与吸光度 A 成正比）。

分别移取 0、0.5、1.0、2.0、2.5、3.0、4.0 的 100mg/L 亚甲基蓝溶液于 100mL 容量瓶中，加水稀释至刻度，在上述最大波长下，以蒸馏水为参比，测定吸光度。

以浓度为横坐标，吸光度为纵坐标，绘制标准曲线，拟合出标准曲线方程。

②间歇式吸附实验步骤：

A. 将活性炭放在蒸馏水中浸泡 24h，然后在 105℃烘箱内烘至恒重（烘 24h），再将烘干的活性炭研碎成能通过 200 目的筛子的粉状活性炭。

因为粒状活性炭要达到吸附平衡耗时太长，往往需数日或数周，为了使实验能在短时间内结束，所以多用粉状炭。

B. 在三角烧瓶中分别加入 0、20、40、60、80、100、120、140、160、180 和 200mg 粉状活性炭。

C. 在三角烧瓶中各注入 100mL 10mg/L 的亚甲基蓝溶液。

D. 将上述三角烧瓶放在振荡器上振荡，当达到吸附平衡时即可停止振荡（振荡时间一般为 2h），然后用静沉法或滤纸过滤法移除活性炭。

E. 测定各三角烧瓶中亚甲基蓝的吸光度，计算亚甲基蓝的去除率、吸附量。

上述原始资料和测定结果记录在表中。

③连续流吸附实验步骤：

A. 在吸附柱中加入经水洗烘干后的活性炭。

B. 用自来水配制 10mg/L 的亚甲基蓝溶液。

C. 以 40~200 mL/min 的流量，按降流方式运行（运行时炭层中不应有空气气泡）。实验至少要用三种以上的不同流速进行。

D. 在每一流速运行稳定后，每隔 10~30min 由各炭柱取样，测定出水的亚甲基蓝的吸光度。

（5）实验数据记录及结果整理

①间歇式吸附实验。将实验数据记录于表 5-8 中。根据记录的数据，以 lg$q$ 为纵坐标，lg$c$ 为横坐标，得出 Freundlich 吸附等温线，该等温线截距为 lg$K$，斜率为 $1/n$，或利用 q、c 相应数据和公式经回归 $\lg q=\lg K+\frac{1}{n}\lg c$ 分析，求出 K、n 值。

表5-8　实验原始资料和测定结果记录表

编号	原水性状		出水性状		活性炭投加量/mg	吸附量 $q=V(c_0-c)/m$
	亚甲基蓝吸光度	亚甲基蓝浓度/（mg/L）	亚甲基蓝吸光度	亚甲基蓝浓度/（mg/L）		
1						
2						
3						
4						
5						
6						
7						
8						
9						
10						
11						

②连续流吸附实验。

A. 绘制穿透曲线，同时表示出亚甲基蓝在进水、出水中的浓度与时间的关系。

B. 计算亚甲基蓝在不同时间内转移到活性炭表面的量。计算方法可以采用图解积分法（矩形法或梯形法），求得吸附柱进水或出水曲线与时间之间的面积。

C. 画出去除量与时间的关系曲线。

（6）思考题

①吸附等温线有什么实际意义？

②作吸附等温线时为什么要用粉状活性炭？

③间歇式吸附与连续式吸附相比，吸附容量 q 是否一样？为什么？

④ Freundlich 吸附等温线和 Bohart–Adams 关系式各有什么实验意义？

5.1.6　离子交换实验

（1）实验目的

①通过离子交换法处理含铬（Ⅵ）废水动态实验，了解离子交换法处理工业废水的基本过程、装置及操作方法。

②通过实验绘制穿透曲线，了解固定床交换柱中交换带的推移过程。

③确定离子交换树脂的工作交换容量。

（2）实验原理

离子交换树脂是具有立体网状结构的分子聚合电解质，其极性基团的数量和种类，决定了树脂的总交换容量和选择性，而树脂的工作交换容量还与废水浓度、废水流速及再生水平等操作条件有关。

用离子交换法处理含铬（Ⅵ）废水时，H 型阳离子交换树脂等当量交换去除溶液中的 Cr^{3+}、Ca^{2+}、Mg^{2+} 及 K^{+}、Na^{+} 等金属离子（以 M^{2+} 代表）。同时降低溶液 pH 值，使 Cr（Ⅵ）以 $Cr_2O_7^{2-}$ 存在。其反应式为：

$$2RH+M^{2+} = R_2M+2H^{+}$$

$$2CrO_4^{2-}+2H^{+} = CR_2O_7^{2-}+H_2O$$

OH 型阴离子交换树脂等当量变换去除 $Cr_2O_7^{2-}$ 及 CrO_4^{-}，其反应式为：

$$2ROH+Cr_2O_7^{2-} = R_2Cr_2O_7+2OH^{-}$$

$$2ROH+Cr_2O_4^{-} = R_2CrO_4+2OH^{-}$$

为了使树脂恢复交换能力，阳离子交换柱用盐酸再生，阴离子交换柱用氢氧化钠再生。其反应式为：

$$R_2M+2HCl = 2RH+MCl_2$$

$$R_2Cr_2O_7+2NaOH = R_2CrO_4+Na_2CrO_4+H_2O$$

$$R_2CrO_4+2NaOH = 2ROH+2Na_2CrO_4$$

（3）实验设备与材料

①固定床复合离子交换装置一套，见图 5–5。

② 320 型 pH 计。

③ 326 型电导率仪。

④秒表 1 块。

⑤洗瓶 1 个、500mL 量筒 1 个、小塑料盆 1 个。

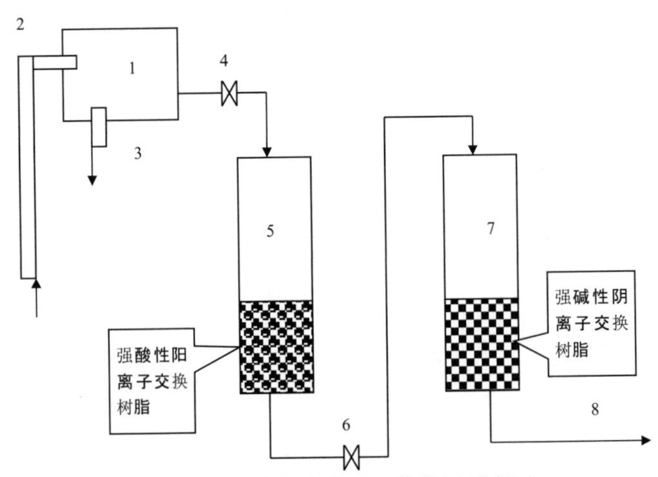

图5-5 固定床复合离子交换装置示意图

1—恒压水箱 2—恒压水箱溢流管 3—恒压水箱进水管（接自来水管） 4—流量控制阀门 5—阳离子交换柱（内装强酸性阳离子交换树脂） 6—中间试样取样阀门 7—阴离子交换树脂（内装强碱性阴离子交换树脂） 8—出水管

（4）实验步骤

①首先对照图 5-5 和实际的实验装置，熟悉所用离子交换柱的组成及各部分的作用。

②熟悉所用 pH 计和电导率仪的使用方法和注意事项，详细阅读说明书。

③准备好取样和测量流量的器具。

④打开连通恒压水箱进水口 3 的自来水阀门，调整流量使恒压水箱溢流口 2 有适当水流出，保持恒压水箱内液面恒定，注意在实验中观察恒压水箱的液面，使其保持不变。

⑤用取样杯从溢流口取样，测定自来水的 pH 值和电导率。

⑥打开恒压水箱的出水阀门 4 并开到最大，同时开始用秒表计时。

⑦在交换柱的出水管 8 处用秒表和量筒测定流量，测定时间为 1min 左右，把结果填入表 5-9 中。

⑧从开始计时后 10min 开始，每隔一定时间从出水管 8 和中间取样阀门 6 同时取样，取样量为取样杯容量的 2/3 左右。分别测定试样的 pH 值和电导率，把测定结果填入表 5-9 中。取样的时间间隔可参考表 5-9，但要使交换树脂接近达到饱和为止。同时观察随时间的推移交换树脂的颜色有无变化。

⑨实验结束后清洗所有仪器用具和场地，将所用仪器送还实验室。

表5-9　固定床离子交换柱实验数据记录表

水流量：　mL/min

试样	取样时间/min	10	20	30	50	80	
阳离子交换柱出水	pH值						
	电导率/（μS/cm）						
阴离子交换柱出水	pH值						
	电导率/（μS/cm）						

（5）实验基本要求

①实验前要做好预习，对实验的目的和步骤有详细的了解。

②实验过程中要认真观察和记录实验现象。

③同学之间要相互配合，做到分工合作。

④实验完成后把所用设备清理干净，整理好后送还实验室。

⑤分别绘出阳离子交换柱出水和阴离子交换柱出水的 pH 值和电导率随时间的变化曲线。

（6）实验报告要求

①画出实验装置的结构图。

②写出离子交换的原理。

③根据实验结果绘出不同水样的 pH 和电导率随时间的变化曲线。

④分析实验结果，解释不同交换柱出水中各测定参数随时间的变化规律。

（7）思考题

①电导率的物理意义是什么？

②为什么用测定电导率的方法来检测交换的结果？有无其他方法？

③测定阳离子交换柱出水 pH 值和电导率的目的是什么？

④离子交换树脂如何再生？

5.1.7　氧转移系数测定实验

扫码查阅“折点加氯消毒实验”“膜分离实验”“电渗析实验”

（1）实验目的

①加深了解曝气池中氧气由气相转移到液相的双膜理论。

②掌握氧转移系数的测定方法。

③了解空气扩散系统氧的转移规律。

④学会评价不同曝气装置的充氧能力或动力效率。

（2）实验的理论基础与方法要点

空气中的氧向水中转移，通常是以 Lewis（路易斯）和 Whitman（怀特）的双膜理论作为理论基础的，氧向液体的转移速度可用下列公式表示：

$$\frac{\mathrm{d}c}{\mathrm{d}t}=K_{\mathrm{La}}(c_s-c) \tag{5-15}$$

式中：c_s 为氧的饱和浓度，单位是 mg/L；c 为相应某一时刻 t 的溶解氧浓度；K_{La} 为氧总转移系数，单位是 h^{-1}。

将式（5-15）积分后得：

$$K_{\mathrm{La}}=2.303\frac{1}{t_1-t_0}\lg\frac{c_s-c_0}{c_s-c_1} \tag{5-16}$$

式中：c_0、c_1 分别为与时间 t_0 及 t_1 相应的溶解氧浓度。

由于曝气水的温度、压力以及污水性质和紊流程度等因素均影响氧的传递速度。所以应对温度和压力进行校正，同时必须引入 α、β 校正系数。

$$K_{\mathrm{La}}(T)=K_{\mathrm{La}}(20℃)\cdot 1.024^{T-20} \tag{5-17}$$

$$c_s=c_s(\text{试验})\times\frac{\text{标准大气压(毫米汞柱)}}{\text{试验时的大气压(毫米汞柱)}} \tag{5-18}$$

$$\alpha=\frac{K_{\mathrm{La}}(\text{污水})}{K_{\mathrm{La}}(\text{清水})} \tag{5-19}$$

α 的数值随净化程度的提高而变化。这个数字可能小于 1，也可能大于 1，已经净化良好的污水的值接近于 1，因为影响转移率的底物已经除去。

$$\beta=\frac{c_s(\text{污水})}{c_s(\text{清水})} \tag{5-20}$$

将 α、β 引入式（5-15）得：

$$\frac{\mathrm{d}c}{\mathrm{d}t}=\alpha K_{\mathrm{La}}(\beta c_s-c) \tag{5-21}$$

评价曝气设备充氧能力的实验方法有两种：即不稳定状态下进行的实验，也就是在实验过程中水中溶解氧浓度是变化的；而稳定状态下的实验氧的转移系数是常数。

在稳定状态下，氧转移常数以 r_{o_2} 表示：

$$r_{o_2}=\alpha K_{\mathrm{La}}(\beta c_s-c) \tag{5-22}$$

若在液体中投入大量的 Na_2SO_3，溶解氧的浓度 c 变为 0，则：

$$r_{o_2}=\alpha K_{\mathrm{La}}(\beta c_s) \tag{5-23}$$

在活性污泥法处理过程中，曝气设备的作用是使氧气、活性污泥、营养物三者充分混合，使活性污泥处于悬浮状态，促使氧气从气相转移到液相，从液相转移到活性污泥上，保证微生物有足够的氧气进行物质代谢，由于氧的供给是保证生物处理过程正常进行的主要因素，因此测定 K_{La} 对于工程设计以及评价曝气设备的供氧能力是非常必要的。

（3）实验设备与材料

①混合反应器：1 套。

②仪器：溶解氧瓶 8 个，酸式滴定管 1 个，移液管 1mL 2 个、2mL 2 个、50mL 1 个，三角锥形瓶 250mL 2 个，烧杯 250mL 3 个，玻璃棒 2 个，吸耳球 2 个。

③试剂：Na_2SO_3 饱和溶液 1%，$CoCl_2 \cdot 6H_2O$ 溶液；测定溶解氧试剂。

（4）实验步骤

①测定非稳态下氧的转移。

A. 用自来水灌满完全混合间歇反应器，加亚硫酸钠和钴催化脱氧。

水中每含 1mg/L 溶解氧，需投加 8mg/L 的 Na_2SO_3 和 2mg/L 的 $COCl_2 \cdot 6H_2O$ 或每升水中加 0.625mL 饱和 Na_2SO_3 溶液和 1% 的 $COCl_2 \cdot H_2O$ 溶液。

B. 将搅拌速度调整到 500 转 / 分，并将空气流量计调整到适当的测量范围（如 6 升 / 时）。

C. 测定随时间变化的溶解氧的浓度，假如用溶解分析仪测定可取得连续的读数，若用碘量法测定，需于 1、2、3、5、7、10、15、20 分钟各取样一次进行分析。

D. 记录水温。

②测定搅拌对于总转移系数 K_{La} 的影响。

A. 将实验步骤①用过的水放空，重新装入清水，一定要保证水的容积以及空气流量与步骤①相同。

B. 在搅拌速度各为 500、1000 和 1500 转 / 分时，重复步骤①的 A~D 项。

③测定气体流量对 K_{La} 的影响。

A. 将实验步骤①用过的水放空、重新装入清洁的水，一定要保证水的容积，搅拌速度和温度与实验步骤①相同。

B. 在空气流量各为 2、10、15 和 20 升 / 时的情况下，重复实验步骤①中的 A~D 项。

（5）实验结果分析

①按$K_{La} = \frac{r_{o_2}}{c_s - c}$求出各个实验的氧转移系数。

②画图表示 K_{La} 与各变量如搅拌速度、曝气量、水温之间的关系。

③确定实验所用污水的 α 和 β 的值。

（6）注意事项

①认真调试仪器设备，特别是溶解氧测定仪，要定时更换探头溶解液，使用前标定零点及满度。

②严格控制各项基本实验条件，如水温、搅拌强度等，尤其是对比实验，更应严格控制。

③所加试剂应溶解后，再均匀加入曝气筒。

（7）思考题

①曝气设备充氧性能指标为何均是清水？

②氧总转移系数 K_{La} 的意义是什么？如何计算？

③鼓风曝气设备与机械曝气设备充氧性能指标有何不同？

扫码查阅“工业废水可生化性的测定”“活性污泥动力学参数的测定”

5.1.8 完全混合曝气污水处理模拟实验

（1）实验目的

①通过操纵完全混合曝气微型污水处理系统，了解活性污泥法水处理的具体工艺及原理。

②通过对处理过程中溶解氧的测定，评价曝气设备的充氧能力。

（2）实验原理

普通活性污泥法处理工艺流程如图 5-6 所示。

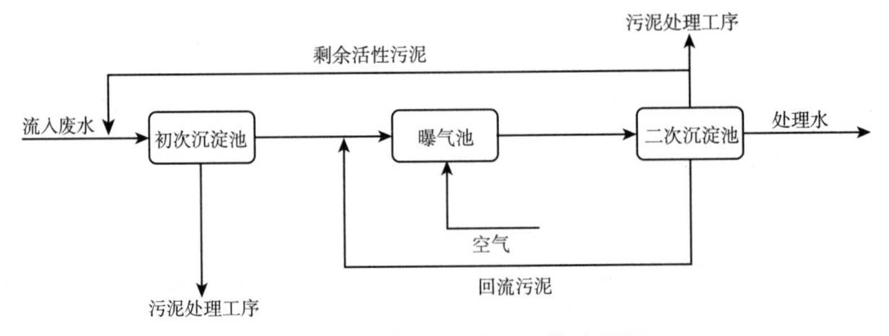

图5-6 活性污泥法处理工艺流程图

曝气处理过程是普通活性污泥法的核心，是通过空气、活性污泥和污染物三者充分混合，使活性污泥处于悬浮状态，促使氧气从气相转移到液相，再从液相转移到活性污泥上，保证微生物有足够的氧进行物质代谢。本实验的曝气过程是通过多阶完全混合曝气微型污水处理系统完成的。

（3）实验仪器

① KL-1 型微型表曝机（单机共 8 台）组成的污水处理系统。

②快速 DO 测定仪。

③移液管。

④烧杯（200mL，4 只）。

（4）实验步骤

①启动微型污水处理系统，调节系统至稳定工作状态。

②系统稳定运行 30min 后测定各模型曝气池内的溶解氧，此后每隔 1min 测定一次，共测 10 次，并记录测定结果。

（5）实验结果整理

①绘制普通活性污泥法工艺流程图。

②数据记录在表 5-10 中。

表5-10　实验数据记录表

DO值	一阶	二阶	三阶	四阶	五阶	六阶	七阶	八阶
1								
2								
3								
4								
5								
6								
7								
8								
9								
10								

（6）注意事项

①实验系统中电线较多，操作时应注意安全。

②溶解氧的测定点（或取样点）应在距池面 20cm 处。

5.1.9 SBR 反应器处理污水实验

（1）实验目的

①全面了解 SBR 反应器的基本构造。

②了解 SBR 反应器进行培菌、驯化的过程。

③了解 SBR 反应器正常的运转管理过程。

④观察活性污泥生物相，学会采集工艺设计参数（如反应器中溶解氧、COD 浓度的变化等）。

⑤掌握污泥负荷、容积负荷和去除负荷计算方法。

（2）实验原理

SBR 是序批式间歇活性污泥法（又称序批式反应器，Sequencing Batch Reactor）的简称。序批式间歇活性污泥法工艺由按一定时间顺序间歇操作运行的反应器组成。SBR 工艺的一个完整的操作过程，亦即每个间歇反应器在处理废水时的操作过程，包括五个阶段，分别称为进水期（或称充水期）、反应期、沉淀期、排水排泥期和闲置期。如图 5-7 所示为 SBR 处理工艺一个运行周期内的操作过程示意图，SBR 的运行工况以间歇操作为主要特征。

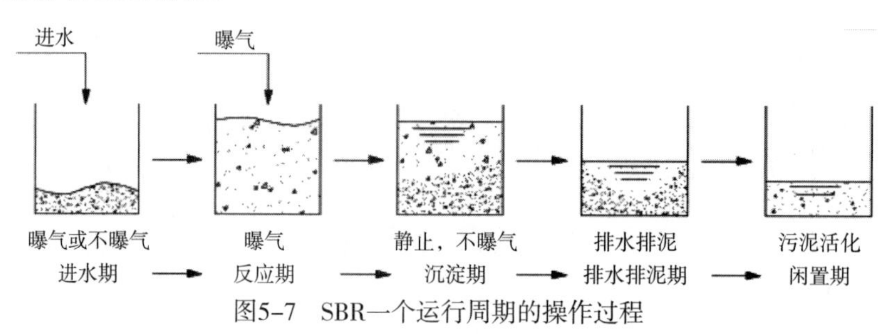

图5-7　SBR一个运行周期的操作过程

下面就这五个操作过程简述如下：

①进水期。将原污水或经过预处理以后的污水加入 SBR 反应器。

②反应期。反应期是在进水期结束后或 SBR 反应器充满水后进行曝气，如同连续式完全混合活性污泥法一样，对有机污染物进行生物降解。

③沉淀期。和传统活性污泥法处理工艺一样，沉降过程的功能是澄清出水、浓缩污泥。

④排水排泥期。SBR 反应器中的混合液在经过一定时间的沉降后，将反应器中的

上清液排出反应器，然后将相当于反应过程中生长而产生的污泥量排出反应器，以保持反应器内有一定数量的污泥。

⑤闲置期。闲置期的功能是在静置无进水的条件下，使微生物通过内源呼吸作用恢复其活性，并起到一定的反硝化作用而进行脱氮，为下一个运行周期创造良好的条件。

（3）实验设备与材料

① SBR 反应器装置。

② COD 测定仪。

③取样管。

④ pH 计。

⑤溶解氧测定仪。

（4）实验内容与方案

①进行培菌、驯化。培菌是使微生物的数量增加，达到一定的污泥浓度。驯化是对混合微生物群进行淘汰和诱导，不能适应环境条件和处理废水特性的微生物被淘汰或抑制，使具有分解特定污染物活性的微生物得到发育。活性污泥的培菌和驯化在实验前由教师完成。

②运行 SBR 反应器。

进水期：采用限量曝气的短时间进水方式（进水时也可不曝气）。

反应期：开始曝气，使活性污泥处于悬浮状态，曝气时间 3h。当反应器内污泥均匀分布时，取一定的水样测定活性污泥浓度。

沉淀期：停止曝气，静置 1h。

排水排泥期：利用滗水器排水到反应器的约 1/2 处，用排泥管排出适量污泥，用时 0.5h。

闲置期。

③反应时间对 COD 去除的影响和溶解氧变化规律的观察。短时间进水（由实验员提前准备水样）以后开始计时，每隔 0.5h 测一次水样 COD 和 DO 值并填入表 5-11 中，分析反应时间对 COD 去除的影响规律。

表5-11　实验曝气量

时间/h	原水	0.5	1	1.5	2	2.5	3	3.5	4	出水
COD/（mg/L）										
DO/（mg/L）										

④曝气量对 COD 去除的影响（可选项）。不同的小组在曝气阶段采用不同的曝气量，几个小组（如 4 个）之间互用数据，分析曝气量对污水处理效果的影响（分析比较一个周期完成后反应器出水的 COD 值）。

⑤出水水质指标检测。测定出水的 pH 值：______；COD：______mg/L；悬浮物（SS）：______mg/L。

⑥观察活性污泥生物相。在闲置期取少量剩余污泥制成涂片，在显微镜下观察活性污泥生物相（只用文字描述）。

（5）实验报告要求

①绘制溶解氧浓度与反应时间的关系曲线。

②绘制反应时间与 COD 去除率或者出水浓度的关系曲线。

③绘制曝气量与 COD 去除率或者出水浓度的关系曲线。

④计算反应器的污泥负荷和容积负荷。

⑤描述污泥中微生物的镜检结果。

5.1.10 A^2/O 法污水处理实验

（1）实验目的

厌氧—缺氧—好氧（A^2/O）工艺是污水除磷脱氮技术的主流工艺，同常规活性污泥相比，不仅能生物去除 BOD，而且能去除氮和磷，这对于防止水体富营养化的加剧具有重要的作用。本实验设备采用 A^2/O 工艺的教学演示和动态实验设备。

通过本实验希望达到以下目的：

①了解 A^2/O 工艺的组成，运行操作要点。

②确定实验设备去除率高、能量省的运行参数，了解生产运行。

③针对一些工业污染源对该工艺运行的冲击，提出准确的判断，避免造成较大的事故。

④用设备培训学生独立的工作能力，提高学生的技术素质和实践运行管理水平。

⑤利用设备运输方便的特点可以在拟建污水厂的现场，进行污水处理可行性的实验。

（2）实验原理

该实验的工艺流程如图 5-8 所示。

在利用生物去除水中有机物的同时，进行生物除磷脱氮，包括厌氧、缺氧、好氧三个不同过程的交替循环。

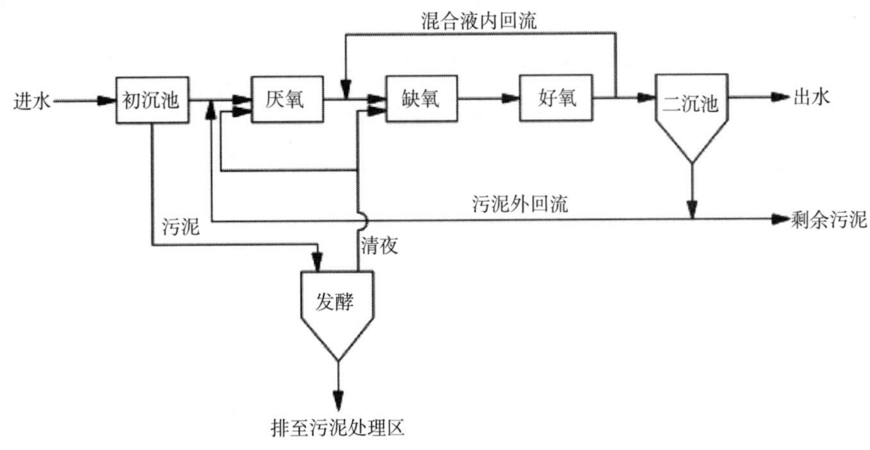

图5-8　工艺流程图

①厌氧池。如图 5-8 所示，污水首先进入厌氧区，兼性厌氧的发酵细菌将水中的可生物降解有机物转化为挥发性脂肪酸（VFAs）低分子发酵产物。除磷细菌可将菌体内存储的聚磷分解，所释放的能量可供好氧的除磷细菌在厌氧环境下维持生存，另一部分能量可供除磷细菌主动吸收环境中的 VFA 类低分子有机物，并以聚 β 丁酸（PHB）的形式在菌体内储存起来。

②缺氧池。污水自厌氧池进入缺氧区，反硝化细菌就利用好氧区中经混合液回流而带来的硝酸盐，以及污水中可生物降解有机物进行反硝化，达到同时去碳及脱氮的目的。

③好氧池。污水进入曝气的好氧区，除磷细胞除了可吸收、利用污水中残剩的可生物降解有机物外，主要是分解体内积存的 PHB，产生的能量可供本身生长繁殖。此外，还可以主动吸收周围环境中的溶解磷，并以聚磷的形式在体内储积起来。这时排放的出水中溶解磷浓度已相当低，这有利于自养的硝化细菌生长繁殖，并将氨氮经硝化作用转化为硝酸盐。非除磷的好氧性异养菌虽然也存在，但它在厌氧区受到严重压抑，在好氧区又得不到充足的营养，因此在与其他生理类群的微生物竞争中处于相对弱势。排放的剩余污泥中，由于含有大量能超量储积聚磷的储磷细菌，污泥含磷量最高可达到 6%（干重）以上，因此大大提高了磷的去除效果。

（3）实验设备组成和规格

设备本体材质主要是有机玻璃。

处理能力：约 5L/h。

运行控制方式：可编程序自动控制。

污泥负荷：（$kgBOD_5/kgMLVSS \cdot d$）0.15~0.25。

污泥龄：15~27d。

污泥回流比：40%~100%。

设计处理效果：出水 BOD_5 ≤ 20mg/L；BOD_5 去除率≥ 92%。

设备由一系列构筑物、设备和连接管路等组成。除了原水箱以外，所有的构筑物、设备和连接管路均安装在一个钢制台架上。该装置为 24h 连续运行的设备，应该保证原水箱水量充足，流水通畅，供电正常。

实验装置主要有：

①废水配水箱 1 个（PVC 制）。

②小型进水泵 1 台。

③进水流量计 1 个。

④静音充氧泵 1 台。

⑤气体流量计 1 个。

⑥废水搅拌器 2 套。

⑦污泥回流泵 1 台。

⑧污泥回流流量计 1 个。

⑨混合液回流泵 1 台。

⑩混合液回流流量计 1 个。

⑪自动控制箱 1 套。

⑫可编程序控制系统 1 套。

⑬实验台架 1 套。

⑭连接管道及阀门若干。

设备的外形尺寸：长 × 宽 × 高 =1000mm × 500mm × 1600mm。

装置为 24h 连续运行设备，每日需取样化验污水和污泥，并测定和调整运行参数。

主要监测设备：总有机碳 / 总氮测定仪；总磷测定仪；溶解氧测定仪。

（4）实验设备的启动和运行

首先必须认真阅读实验设备说明书，弄清楚组成装置的所有构筑物、设备和连接管路的作用，以及相互之间的关系，了解设备的工作原理。在此基础上方可开始设备的启动和运行。

①启动。

经清水试运行，确认设备动作正常，池体和管路无漏水时，方可开始微生物的驯化和培养。接种污泥可取自城市污水处理厂回流泵房的活性污泥，数量为厌氧池、缺氧池、好氧池和沉淀池的有效容积。开始运转时，全部设备均启动，进水流量可从小开始，回流量也相应减小，污泥全部回流，不排放剩余污泥，以培养异氧菌、储磷菌、硝化菌、脱氮菌等，提高系统 MLSS，固定进水流量及混合液回流比（如 50%），开启厌氧池和缺氧池搅拌，速度尽量慢，以不产生污泥沉淀为准，开启好氧池气泵进行曝气，曝气强度应使好氧池溶解氧 DO 达到 2mg/L 以上。

当系统 MLSS 达到 3000~5000mg/L 时，实验参数稳定，出水水质良好，可逐渐加大进水流量，并相应加大回流流量。视沉淀池内污泥积累情况，定时开启剩余污泥蠕动泵，其流量视二沉池中的污泥层厚度和泥龄而定，不能放空。同时，固定污泥回流比。

此时，检测出水水质。如果 COD、SS、NH_3—N、TP 等达标且系统状态稳定，就可以认为启动阶段结束。

②典型运行参数（表 5–12）。

表5–12　典型运行参数

项目	单位	范围
污泥负荷	$kgBOD_5/kgMLVSS \cdot d$	0.15~0.25
污泥龄	d	15~27
MLSS	mg/L	3000~5000
污泥回流比	%	20~50
混合液回流比	%	100~300
DO	mg/L	厌氧<0.3；缺氧<0.5；好氧<1.5~2.5

③主要影响因素（表 5–13）。

表5–13　主要影响因素

因素	影响
温度T	主要影响硝化、反硝化。适宜温度：15~30℃。温度对反硝化速率的影响与反应器类别及硝酸盐负荷有关，低负荷的系统受温度的影响较小。水温对生物除磷影响不大
溶解氧DO	厌氧池磷的释放，DO影响很大，应控制在0.2mg/L以下；缺氧池反硝化，DO<0.5 mg/L；好氧池硝化、磷的吸收，DO>2 mg/L
pH	厌氧池pH值不可太低，否则产生磷的无效释放，也不可太高，否则可能产生磷酸钙沉淀；缺氧池反硝化最适宜pH值7.0~7.5；好氧池硝化反应消耗碱度，对pH值敏感，适宜pH值7.0~8.0，磷的吸收，pH值不能低于6.5
C/N、C/P	厌氧池磷的释放需要挥发性脂肪酸VFA，随着C/P值的增大，磷的去除率明显增大，BOD_5/TP应大于20；缺氧池反硝化需要碳源，随着C/N值的增大，氮的去除率增大，BOD_5/TKN应大于6；好氧池异氧菌与硝化菌竞争底物，BOD_5/TKN不宜太大，一般认为：BOD负荷小于0.15 $BOD_5/gMLSS \cdot d$时，硝化反应才能正常进行

续表

因素	影响
出水SS	主要影响磷的去除，该工艺去除溶解性磷，而悬浮性磷仍存在于出水中
泥龄θc	硝化反应需要较长的泥龄，而出磷泥龄则不宜太高。因此，只要能满足硝化及反硝化要求，系统在最低泥龄运行
水力停留时间HRT	厌氧池HRT不宜过长，否则导致没有VFA吸收的龄释放，一般取1~2h；好氧池可取1~2h
回流比	混合液回流主要影响池容大小及脱氮效果，本实验最大回流比为300%；污泥回流主要考虑硝态氮含量对厌氧区龄的释放的影响，本实验最大回流比为100%
硝态氮	厌氧区硝态氮与储磷菌争夺VFA，产生反硝化，影响磷的释放
有毒物质	硝化菌对有毒物质比较敏感，主要是一些重金属如Zn、C、Hg等，无机物CN、叠氮化钠等，还有游离氨和亚硝酸盐

④提高除磷与脱氮效果的措施。

A. 提高脱氮率的措施。

降低系统容积负荷可提高氮的去除率。

反硝化需要碳源，投加甲醇可提高氮的去除效果。

硝化反应需要碱度，因此，控制 pH 值很重要。如原水碱度不足，应投加碱度或考虑前置反硝化工艺（因反硝化产生碱度，可部分补充）。

因硝化菌的生长世代周期较长，所以提高泥龄能够充分地进行硝化反应，提高脱氮率。

B. 提高除磷率的措施。

a. 生物处理工艺方面：

适当增长厌氧区水力停留时间，以使磷得到充分释放。

适当增大缺氧池的池容，这样会提高脱氮效果，以降低回流污泥中的硝酸盐的含量。

污泥回流至缺氧池，缺氧池至厌氧池增设二级混合液回流，这样一来进入厌氧池的混合液硝酸盐含量可降低（UCT 工艺）。

设前置厌氧 / 缺氧调节池，将污泥回流至调节池，以去除其中的硝酸盐，保证其后的厌氧池在最佳状态运行（改良 A/A//O 工艺）。

可将各区分段，利用有机物的梯度分布促进除磷脱氮（VIP 工艺）。

b. 其他工艺方面：

后置滤池，以降低出水 SS，从而去除悬浮性磷。

投加化学药剂，提高出磷效果。

初沉污泥发酵或硝化池污泥回流至厌氧区，以便将污泥中的颗粒性有机物转化为 VFA，但要注意避免甲烷的产生。

（5）实验内容

使用 A^2/O 模拟反应池净化含氮、磷废水——设计、安装、运行 A^2/O 系统，测试样品中的氮磷和有机碳浓度，计算去除效率，评价处理结果。

（6）主要实验步骤

①取实际废液或根据实验要求配制废液，确定废液体积和总氮、总磷、总有机碳、溶解氧浓度，调节 pH 值。

②安装实验系统。

③完成实验运行，控制废水流量，记录运行参数（运行时间、累积流量、出水 pH 值、取样情况等），观察实验现象。

④测试样品，计算去除率。

（7）实验结果整理与分析

①记录实验数据。

②对实验结果进行整理分析，计算去除率。

③分析流量、溶解氧等参数对去除率的影响。

扫码查阅“电解凝聚气浮水处理实验”

5.1.11　染料废水综合处理模拟实验

（1）实验目的

染料废水成分复杂，含有芳烃和杂环化合物等结构，不易降解，对环境的危害巨大。本实验以染料废水为模拟污染物，选择以微电解—生物法为主的染料废水处理工艺。实验装置由可编程时控器对废水的流入、加药混凝、曝气、反冲洗、排放等进行自动控制。它可对每一段的处理效果进行监测，整套设备也可分开单独使用。

通过本实验希望达到以下目的：

①了解废水处理中常用的单元操作技术。

②掌握由这些单元操作组成的处理流程。

③观察废水、污泥和空气在处理过程中的变化。

④通过对某种工业废水进行实际处理实验来取定其设计参数并对处理结果进行分析。

（2）实验装置的工作原理

实验装置如图 5–9 所示，具体工作流程为：污水池—微电解床—混凝反应槽—沉淀池—曝气二沉合建池—快滤池—吸附柱—清水池。

①废水首先进入污水池，在污水池内可放置搅拌器，均衡水质。

②电解适合预处理高浓度有机化工废水和印染废水，采用电解槽（可根据实验要求关闭曝气），废水用泵从污水池打入电解槽底部，从下而上，水中一部分污染物被去除，色度降低，可生化性提高。

③上部溢流出水进入混凝槽上筒体，同时进入的还有絮凝剂和助凝剂，絮凝剂和助凝剂是用泵从工作台下的溶药槽打上来的。上筒体的功能是使药剂和污水充分混合，采用曝气搅拌的方式。下筒体是混凝反应槽，其功能是使水中的胶体物质形成矾花。

④沉淀池采用竖流式，形成矾花的污水从下筒体的上部出水口排放进入沉淀池，矾花下沉后排出，上清液上部溢流出水。

⑤然后沉淀出水进入完全混合曝气池（曝气二沉合建池），进行活性污泥好氧生物处理，水中可生化有机污染物被去除。二沉池采用斜板沉淀池，该池兼有曝气池和沉淀池的功能，不需要设置污泥回流系统。

⑥为了提高处理水的水质，生物处理后的出水再顺次经过快滤池和吸附柱。快滤池的主要功能是去除细小的悬浮物，常用滤料是石英砂，当运行一段时间，滤料被截留杂质淤积或出水质变差时，滤池就要进行反冲洗，反冲洗用水来自工作台下的清水池，也是用泵抽取，冲洗废水排放。

⑦吸附柱内装填颗粒状活性碳，其主要功能是吸附难以生化的有机物，去除显色物质。

⑧经过紫外杀菌去除水中病原体及微生物等，提高水质。

（3）实验装置的组成和规格

如图5-9所示，装置外形总尺寸：长 × 宽 × 高 =5500mm × 600mm × 1600mm，装置本体全部由透明有机玻璃制成，水池6套（包括下列6池）包括微电解槽1套、混凝反应槽1套、竖流式沉淀池1套、曝气合建二沉池1套、虹吸滤池1套、活性炭吸附池等组成1套。电源为220V单相三线制，功率1200W。

① PVC废水箱1只。

② PVC水箱3只。

③无极调速电机2台。

④不锈钢搅拌器2套。

⑤调试器2只。

⑥串激电机1台。

⑦曝气装置2套。

⑧不锈钢材料电解槽 1 套。

⑨回流恒流泵 1 台。

⑩防腐防碱泵 2 台。

⑪转子流量计 2 只。

⑫气体流量计 1 只。

⑬气泵 1 台。

⑭进水电磁阀 1 只。

⑮出水电磁阀 1 只。

⑯抽吸真空泵 1 台。

⑰可编程时间控制器 11 只。

⑱直流稳压电源 1 台。

⑲倒顺开关 1 个。

⑳活性炭填料 1 套。

㉑虹吸滤池填料 1 套。

㉒水池底部采用防水板（厚度 25mm）。

㉓金属电控制箱 2 只。

㉔漏电保护开关 2 套。

㉕按钮开关 10 只。

㉖电源线 2 套。

㉗连接管道、阀门、活接、弯头、直接、1 批。

㉘不锈钢台架等组成 3 套。

监测设备：pH 计，溶解氧测定仪、COD 测定仪各一套。

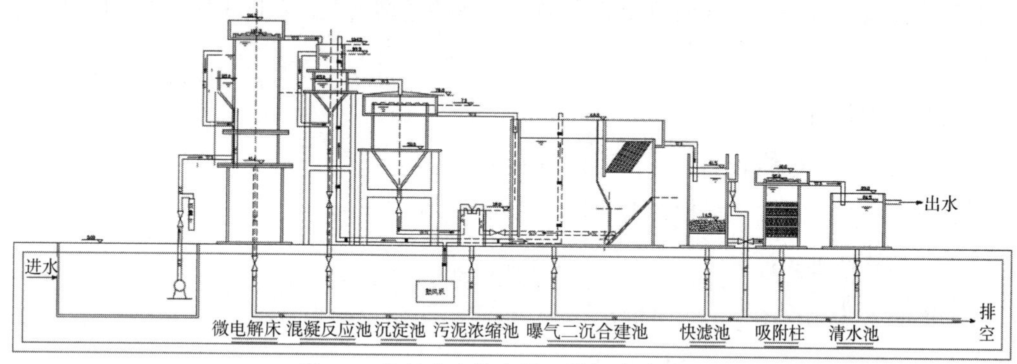

图5–9　染料废水综合处理模拟实验装置图

（4）装置的启动和运行

①清水实验。在装置安装就位、接通电源后，用自来水灌满所有水池，然后逐个实验所有的设备工作是否正常，观察池体、管道阀门是否渗水。

②实验准备。

电解槽：阴阳极板电解。

曝气二沉合建池：自城市污水处理厂曝气池取活性污泥投入曝气二沉合建池，测定污泥浓度并控制在3g/L左右。

快滤池：滤池下部装填粒径为2~4mm的石英砂，厚度为50mm，上部装填粒径为0.5~1.2mm的石英砂，厚度为200mm。

吸附柱：装填颗粒商品活性碳，厚度为250mm。

溶药槽：称量絮凝剂和助凝剂，完全溶解至固定的浓度，然后分别倒入溶药槽。

③运行。待准备工作结束之后，就可以开始装置的运行。首先将染料废水倒入搅拌配水箱，启动废水提升泵，调整进水量。当微电解槽有出水时启动投药泵和充氧泵，根据混凝槽内矾花的大小调整投药量和气量。混凝槽出水流入沉淀池，沉淀池出水流入曝气二沉合建池，使用溶解氧测定仪测定曝气二沉合建池曝气段内混合液的溶解氧值，调整曝气量使溶解氧含量在2mg/L。曝气二沉合建池的出水顺次经过快滤池和吸附柱，最后经臭氧与紫外杀菌后排出。

当沉淀、曝气二沉合建池沉淀段污泥积累过多时打开排污阀，将污泥排出。

当运行一段时间，滤池滤料被截留杂质淤积或出水质变差时，滤池就要进行反冲洗，启动反冲洗泵，冲洗水自下而上通过滤层，冲洗废水排放。冲洗时间约10min。

（5）实验方法及步骤

①启动微型污水处理系统，调节系统至稳定工作状态。

②系统稳定运行30min后测定各模型曝气池内的溶解氧、pH、COD等，并记录测定结果。

（6）注意事项

①此实验系统电线较多，操作时注意安全。

②溶解氧的测定点（或取样点）应在距池面20cm处。

（7）实验结果整理

①绘制工艺流程图。

②实验数据记录于表5-14中。

表 5-14　实验数据记录表

反应器	一阶	二阶	三阶	四阶	五阶	六阶	七阶	八阶
DO值								
COD								
pH值								

第6章
大气污染控制工程实验

6.1 粉尘物理性质测定

6.1.1 粉尘真密度测定

（1）实验目的

粉尘的真密度是指将粉尘颗粒表面及其内部的空气排出后测得的粉尘自身的密度。真密度是粉尘的一个基本物理性质，粉尘真密度的大小直接影响其在气体中的沉降或悬浮，是进行除尘理论计算和除尘器选型的重要参数。

通过本实验希望达到以下目的：

①了解测定粉尘真密度的原理。

②掌握用真空法测定粉尘真密度的操作步骤。

③了解引起真密度测量误差的因素及消除方法。

（2）实验原理

在自然状态下，粉尘颗粒之间存在着空隙，有的粉尘尘粒具有微孔，由于吸附作用，使得尘粒表面被一层空气包围。在此状态下测量出的粉尘体积，空气体积占了相当的比例，因而并不是粉尘本身的真实体积，根据这个体积数值计算出来的密度也不是粉尘的真密度，而是堆积密度。为了排出空气，测量出粉尘的真实体积，可以采用比重瓶液相置换法。

比重瓶液相置换法是将一定质量的粉尘装入比重瓶中，并向瓶中加入液体来浸润粉尘，然后抽真空以排出尘粒表面及间隙中的空气，使这些部分被液体占据，从而求出粉尘的真实体积。根据质量和体积即可算出粉尘的真密度。粉尘真密度测定原理如图 6–1 所示。

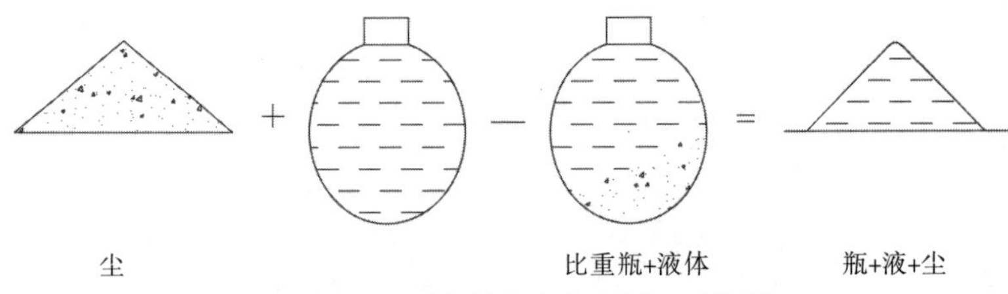

图6–1　测定粉尘真密度原理示意图

若比重瓶质量为 m_0，容积为 V_s，瓶内充满已知密度为 ρ_s 的液体，则总质量 m_1 为：

$$m_1 = m_0 + \rho_s V_s \tag{6-1}$$

当瓶内加入质量为 m_c、体积为 V_c 的粉尘试样后，瓶中减少了 V_c 体积的液体，故比重瓶的总质量 m_2 为：

$$m_2 = m_0 + \rho_s (V_s - V_c) + m_c \tag{6-2}$$

根据上述两式可得到粉尘试样真实体积 V_c 为：

$$V_c = \frac{m_1 - m_2 + m_c}{\rho_s} \tag{6-3}$$

所以粉尘试样的真密度 ρ_c 为：

$$\rho_c = \frac{m_c}{V_c} = \frac{m_c \rho_s}{m_1 + m_c - m_2} = \frac{\rho_s m_c}{m_s} \tag{6-4}$$

式中：m_c 为粉尘质量，单位是 g；V_c 为粉尘真实体积，单位是 cm^3；m_1 为比重瓶 + 液体的质量，单位是 g；m_2 为比重瓶 + 液体 + 粉尘的质量，单位是 g；m_s 为排出液体的质量，单位是 g；ρ_s 为液体的密度，单位是 g/cm^3。

（3）实验设备

①比重瓶：100mL，2 只。

②分析天平：0.1mg, 一台。

③真空泵：真空度 $>0.9 \times 10^5$Pa。

④烘箱：0~150℃，一台。

⑤真空干燥器：300mm，一只。

⑥滴管：一支。

⑦烧杯：250mL，一个。

⑧滑石粉试样，蒸馏水，滤纸若干。

（4）实验步骤

①将粉尘试样约 25g 放在烘箱内，于 105℃下烘干至恒重（每次称重前必须将粉尘试样放在干燥器中冷却到常温）。

②将上述粉尘试样用分析天平称重，记下粉尘质量 m_c。

③将比重瓶洗净，编号，烘干至恒重，用分析天平称重，记下质量 m_0。

④向比重瓶中加蒸馏水至标记，擦干瓶外边的水再称重，记下瓶和水的质量 m_1。

⑤将比重瓶中的水倒去，加入粉尘 m_c（比重瓶中粉尘试样不少于 20g）。

⑥用滴管向装有粉尘试样的比重瓶中加入蒸馏水至比重瓶容积的一半左右，使粉尘润湿。

⑦把装有粉尘试样的比重瓶和装有蒸馏水的烧杯一同放入真空干燥器中，盖好真空干燥器的盖子，抽真空。保持真空度在 98kPa 下 15~20min, 以便水充满所有间隙，同时去除烧杯内蒸馏水中可能存在的气泡。

⑧停止抽气，通过放气阀向真空干燥器缓慢进气，待真空表恢复常压指示后打开真空干燥器，取出比重瓶和蒸馏水杯，向比重瓶中加入蒸馏水至标记，擦干瓶外表面的水后称重，记下其质量 m_2。

⑨按以上步骤测定 3 个平行样品。

（5）实验结果整理

实验测定数据记录在表 6–1 中。

表6–1　粉尘真密度测定实验数据记录表

粉尘名称：

比重瓶编号	粉尘质量 m_c/g	比重瓶质量 m_0/g	比重瓶加水质量 m_1/g	比重瓶加粉尘和水质量 m_2/g	粉尘真密度/（kg/m^3）
平均					

将测定数据代入真密度表达式 $\rho_c=\dfrac{m_c}{V_c}=\dfrac{m_c\rho_s}{m_1+m_c-m_2}$ 即可计算出真密度。

做 3 个平行样品，要求 3 个样品测定结果的绝对误差不超过 $\pm0.02g/cm^3$。

（6）思考题

①结合实验测定的结果，讨论该实验过程中可能产生的误差及其原因和改进措施。

②粉尘的真密度在除尘器设计和选择过程中有哪些作用?

6.1.2　粉尘粒径分布测定

（1）实验目的

通风与除尘中所研究的粉尘都是由许多大小不同的粉尘粒子所组成的聚合体。粉尘的粒径分布也叫分散度，即粉尘中各种粒径或粒径范围的尘粒所占的百分数。以数量统计形式表征的粉尘粒径分布称为粉尘粒径数量分布；以质量统计形式表征的粉尘粒径分布称为粉尘粒径质量分布。粉尘的粒径分布不同，对人体健康的危害程度以及适用的除尘机理也不同，掌握粉尘的粒径分布可以为除尘器的设计、选用及除尘机理的研究提供基本的数据。

通过本实验希望达到以下目的：

①掌握用液体重力沉降法（移液管法）测定粉体粒径分布的原理和方法。

②加深对 Stokes 颗粒沉降速度方程的理解，灵活运用该方程。

③根据测量数据绘出粉尘累积分布曲线图以及主频率分布曲线。

（2）实验原理和方法

液体重力沉降法是根据不同大小的粒子在重力作用下，在液体中的沉降速度各不相同这一原理所得到的。粒子在液体（或气体）介质中做等速自然沉降时所具有的速度称为沉降速度，其大小可以用斯托克斯（Stokes）公式表示：

$$v_t = \frac{(\rho_p - \rho_L)gd_p^2}{18\mu} \tag{6-5}$$

式中：v_t 为粒子的沉降速度，单位是 cm/s；μ 为粒子的动力黏度，单位是 g/（cm · s）；ρ_p 为粒子的真密度，单位是 g/cm^3；ρ_L 为液体的真密度，单位是 g/cm^3；g 为重力加速度，单位是 m/s^2；d_p 为粒子的直径，单位是 cm。

由公式（6–5）变换可得：

$$d_p = \sqrt{\frac{18\mu v_t}{(\rho_p - \rho_L)g}} \tag{6-6}$$

这样，粒径大小便可以根据其沉降速度求得。但是，直接测得各种粒径的沉降速是困难的，而沉降速度是沉降高度与沉降时间的比值，以此替换沉降速度，使上式变为：

$$d_p = \sqrt{\frac{18\mu H}{(\rho_p - \rho_L)gt}} \tag{6-7}$$

或：

$$t = \frac{18\mu H}{(\rho_p - \rho_L)gd_p^2} \tag{6-8}$$

式中：H 为粒子的沉降高度，单位是 cm；t 为粒子的沉降时间，单位是 s。

粒子在液体中沉降情况如图 6–2 所示。粉样放入玻璃瓶内某种液体介质中，经搅拌后，使粉样均匀地扩散在整个液体中，如图中状态甲。经过 t_1 后，因重力作用，悬浮体由状态甲变为状态乙。在状态乙中，直径为 d_1 的粒子全部沉降到虚线以下，由状态甲变到状态乙，所需时间为 t_1。根据公式（6–8），$t_1 = \frac{18\mu H}{(\rho_p - \rho_L)gd_1^2}$，同理，直径为 d_2 的粒子全部沉降到虚线以下（达到状态丙）所需时间应为 $t_2 = \frac{18\mu H}{(\rho_p - \rho_L)gd_2^2}$，直径

为 d_3 的粒子全部沉降到虚线以下（达到状态丁）所需时间应为 $t_3=\frac{18\mu H}{(\rho_p-\rho_L)gd_3^2}$。

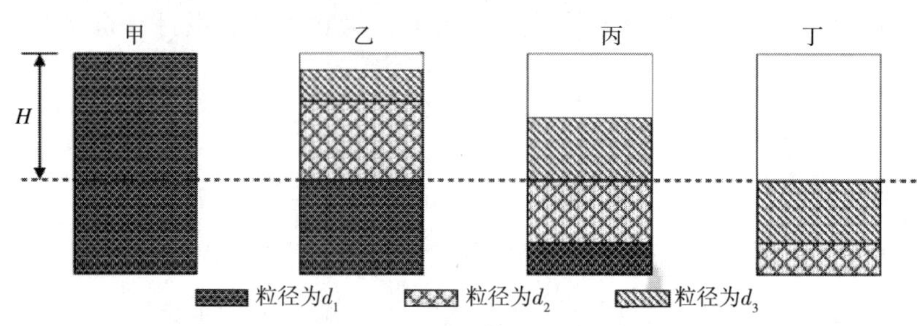

图6-2 粒子在液体中沉降示意图

根据上述关系，将粉体试样放在一定液体介质中，自然沉降，经过一定时间后，不同直径的粒子将分布在不同高度的液体介质中。根据这种情况，在不同沉降时间、不同沉降高度上取出一定量的液体，称量出所含有的粉体质量，便可以测定出粉体的粒径分布。

（3）实验装置和仪器

①实验装置如图 6-3 所示。

②实验仪器：

A. 液体重力沉降瓶 1 套（包括沉降瓶，移液管，带三通活塞的 10mL 梨形容器）。

B. 灌肠注射器 1 支。

C. 称量瓶 8 个。

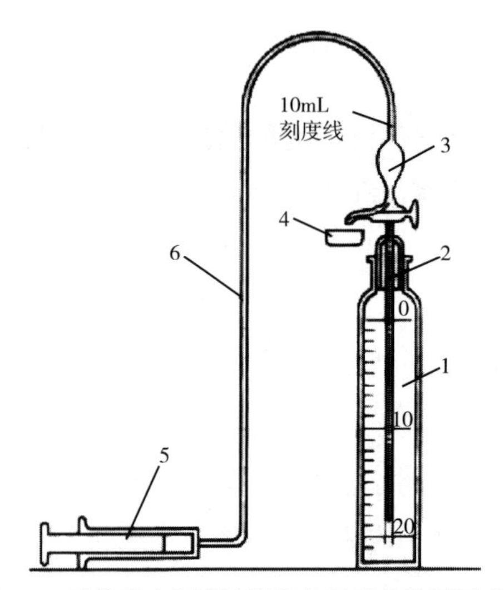

图6-3 液体重力沉降法测定粒径分布装置示意图

1—沉降瓶 2—移液管 3—带三通活塞的10mL梨形容器 4—称量瓶 5—注射器 6—乳胶管

D. 分析天平（分度值为 0.0001g）1 台。

E. 水银温度计 1 支（温度范围为 0~50℃，分度值为 0.5℃）。

F. 透明恒温水槽 1 个。

G. 电烘箱 1 台。

H. 干燥器 1 个。

I. 烧杯 2 个。

J. 搅拌器 1 台。

K. 乳胶管 2m。

L. 秒表 1 块。

③试剂。六偏磷酸钠水溶液，浓度为 0.003mol/L，它适用于大多数的无机粉尘。六偏磷酸钠的分子式为（$NaPO_3$）$_6$，相对分子质量为 611.8。

④本实验所用粉体为滑石粉。

（4）实验步骤

①准备工作：

A. 把所需玻璃仪器清洗干净，放入电烘箱内干燥，然后在干燥器中自然冷却至室温。

B. 取 30~40g 粉体试样（如有较大颗粒需用筛子筛分，除去 86μm 以上的大颗粒），放入电烘箱中，在（110±5）℃的温度下干燥 1h 或至恒重，然后在干燥器中自然冷却至室温。

C. 配制浓度为 0.003mol/L 的六偏磷酸钠水溶液作为分散液（解凝液），数量可根据需要而定。

D. 把干燥过的称量瓶分别编号，称量。

E. 测定沉降瓶的有效容积，将水充满到沉降瓶上零刻度线（600mL）处，用标准量筒测定水的体积。

F. 读出移液管底部刻度数值，测定移液管（长、中、短）有效长度，然后把自来水注入沉降瓶上零刻度线（600mL）处，每吸 10mL 溶液，测定液面下降高度。

G. 将粉样按粒径大小分组（如 40~30、30~20、20~10、10~5、5~2μm），按式（6-8）计算出每组内最大粉粒由液面沉降到移液管底部所需的时间，即为该粒径的预定吸液时间，并填入记录表内。

H. 调节透明恒温水槽中的水温，使与计算沉降时间所采用的温度一致。如无透明恒温水槽，可在室温下进行测定。下面仅按无透明恒温水槽的情况进行操作。

I. 在一个烧杯中装满蒸馏水，准备用其冲洗每次吸收液后附在容器壁上的粉粒。

②操作步骤：

A. 称取 6~10g 干燥过的粉体，精确至 1/10000g，放入烧杯中，然后向烧杯中加入

50~100mL 分散液，使粉体全部润湿后，再加液到 300mL 左右。

B. 把悬浮液搅拌 15min 左右，倒入沉降瓶中，把移液管插入沉降瓶中，然后由通气孔继续加分散液直到零刻度线（600mL）为止。

C. 将沉降瓶上下转动，摇晃数次，使粉粒在分散液中分散均匀，停止摇晃后，开始用秒表计时，作为起始沉降时间，同时记下室温。

D. 按计算出的预定吸液时间进行吸液。匀速向外拉注射器，液体沿移液管缓缓上升，当吸到 10mL 刻度线时，立即关闭活塞，使 10mL 液体和排液管相通，匀速向里推注射器，使 10mL 液体被压入已称重的称量瓶内。然后由排液管吸蒸馏水冲洗 10mL 容器，冲洗水排入称量瓶中，冲洗 2~3 次。按上述步骤根据计算的预定吸液时间依次操作，直到测得最小粒径为止，同时记下室温。

E. 把全部称量瓶放入电烘箱中，在小于 100℃的温度下进行烘干，待水分全部蒸发后，再在（110±5）℃的电烘箱烘 1h 或至恒重。然后在干燥器中自然冷却至室温，取出称量。

（5）实验数据记录和整理

将实验数据记录在表 6–2 中。

表6–2　液体重力沉降法测定粉体粒径分布记录表

粉体名称：滑石粉　粉体真密度：g/cm³

分散剂名称：六偏磷酸钠　分散剂相对分子质量：611.8　分散液浓度：0.003mol/L

分散液真密度：1.0016g/cm³ 分散液黏度：1.184　室内温度：℃

大气压力：Pa 真空装置真空度：Pa 真空装置剩余压力：Pa

测定人员：　　　　　　　　测定日期：

吸液管编号	吸管底部高度	液面刻度	沉降高度	吸液初始时间	吸液终止时间	实际吸液时间	吸液中的最大粒径	称量瓶编号	称量瓶烘干后质量	称量瓶质量	10mL分散液中分散剂质量	10mL分散液中粉体质量	初始时10mL分散液粉体的质量	筛下累积分布	筛上累积分布
粉体中位径 d_{50}= μm						粒径范围/μm									
						粒径相对频数分布 Δ*D*%									

①粒径小于 d_i 的粉体的质量（在 10mL 吸液中）为：

$$m_i=m_1-m_2-m_3 \tag{6-9}$$

式中：m_1 为烘干后称量瓶和剩余物（小于 d_i 的粉体）的质量，单位是 g；m_2 为称量瓶的质量，单位是 g；m_3 为 10mL 分散液中含分散剂质量，单位是 g。

$$m_3=611.8\times0.003\times10/1000=0.0183\ (\text{g})$$

②粒径为 d_i 的粉体的筛下累积分布为：

$$D_i=m_i/m_0 \tag{6-10}$$

式中：m_0 为 10mL 原始悬浮液中（沉降时间 t=0）的粉体质量，单位是 g。如果最初加入的粉体为 6g，则：

$$m_0=6/600\times10=0.1\ (\text{g})$$

③粒径为 d_i 的粉体的筛上累积分布为：

$$R_i=100\%-D_i \tag{6-11}$$

④将各组粒径为 d_i 的筛下累积分布 D_i（或筛上累积分布 R_i）的测定值标绘在特定的坐标线上（正态概率纸或对数正态概率纸或 R–R 分布纸），则实验点应落在一条直线上。根据该直线，可以方便地求出工程上需要的粒径的相对频数分布或频率分布及中位径等。

⑤粉体粒径 d_i 至 d_i+1（d_i>d_i+1）范围的相对频数分布为：

$$\Delta D_i=D_i-D_i+1 \tag{6-12}$$

式中：D_i 为粒径为 d_i 的粉体的筛下累积分布；D_i+1 为粒径为 d_i+1 的粉体的筛下累积分布。

⑥中位径 R=D=50% 时的粒径 d_{50} 即为中位径。

（6）注意事项

①每次吸 10mL 样品要在 15s 左右完成，则开始吸液时间应比计算的预定吸液时间提前 1/2 × 15=7.5s。

②每次吸液应为 10mL，太多或太少的样品应作废。

③吸液应匀速，不允许移液管中液体倒流。

④向称量瓶中排液时，应防止液体溅出。

（7）思考题

①选用分散液时有哪些要求？为什么？

②用吸液管吸液时，吸液速度过大或过小对测定结果有何影响？

③为什么吸液过程中不允许吸液管内液体倒流？

④影响测定误差的主要因素有哪些？实验中如何减小测定误差？

⑤你认为实验过程中还存在哪些问题？应如何改进？

6.2 除尘器性能测定实验

6.2.1 旋风除尘器性能测定

（1）实验目的

旋风除尘器是利用旋转的含尘气体所产生的离心力，将尘粒从气流中分离出来的一种气固分离装置。教学上通过本装置实验，使学生进一步提高对旋风除尘器结构形式和除尘机理的认识；掌握旋风除尘器主要性能指标测定内容和方法，并且对影响旋风除尘器性能的主要因素有较全面的了解；通过实验方案设计和实验结果分析，加强综合应用和创新能力的培养。

通过本实验希望达到以下目的：

①掌握管道中各点流速和气体流量的测定。

②掌握旋风除尘器的压力损失的测定。

③掌握旋风除尘器的除尘效率的测定。

（2）实验原理和方法

含尘气体从入口导入除尘器的外壳和排气管之间，形成旋转向下的外旋流，悬浮于外旋流的粉尘在离心力的作用下移向器壁，并随外旋流转到除尘器下部，由排尘孔排出。

①气体温度和含湿量的测定。由于除尘系统吸入的是室内空气，所以近似用室内空气的温度和湿度代表管道内气流的温度 t_s 和湿度 y_w。由挂在室内的干湿球温度计测量的干球温度和湿度温度，可查得空气的相对湿度 Φ，由干球温度可查得相应的饱和水蒸气压力 P_v，则空气所含水蒸气的体积分数：

$$y_w = \Phi \frac{P_v}{P_a} \tag{6-13}$$

式中：P_v 为饱和水蒸气压力，单位是 kPa；P_a 为当地大气压力，单位是 kPa。

②管道中各点气流速度的测定。当干烟气组分同空气近似，露点温度在 35~55℃之间，烟气绝对压力在 0.99×10^5~1.03×10^5Pa 时，可用下列公式计算烟气管道流速：

$$\upsilon_0 = 2.77 K_P \sqrt{T} \sqrt{P} \tag{6-14}$$

式中：v_0 为烟气管道流速，单位是 m/s；K_P 为毕托管的校正系数，K_P=0.84；T 为烟气温度，单位是℃；$\sqrt{P}$ 为各动压方根平均值，单位是 Pa。

$$\sqrt{P}=\frac{\sqrt{P_1}+\sqrt{P_2}+\ldots+\sqrt{P_n}}{n} \tag{6-15}$$

式中：P_n 为任一点的动压值，单位是 Pa；n 为动压的测点数。

③管道中气体流量的测定。气体流量计算公式：

$$Q_s=A\cdot v_0 \tag{6-16}$$

式中：A 为管道横断面面积，单位是 m^2。

④旋风除尘器压力损失的测定。本实验采用静压法测定旋风除尘器的压力损失。由于本实验装置中除尘器进、出口接管的断面面积相等，气流动压相等，所以除尘器压力损失等于进、出口接管断面静压之差，即：

$$\Delta P=P_1-P_2 \tag{6-17}$$

式中：P_1 为除尘器入口处气体的全压或静压，单位是 Pa；P_2 为除尘器出口处气体的全压或静压，单位是 Pa。

⑤除尘效率的测定与计算。除尘效率采用质量浓度法测定，即用等速采样法同时测出除尘器进、出口管道中气流平均含尘浓度 ρ_1 和 ρ_2，按下式计算：

$$\eta=\left(1-\frac{\rho_2 Q_2}{\rho_1 Q_1}\right)\times 100\ \% \tag{6-18}$$

（3）实验装置及参数

①实验装置。实验装置如图 6–4 所示。

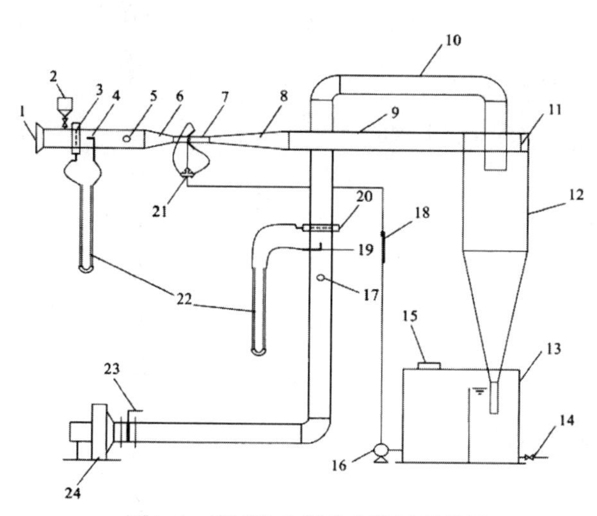

图6–4　旋风除尘器实验装置示意图

1—喇叭形均流管　2—粉尘布灰斗　3—静压测口 1　4—动压测口 1　5—取样口 1　6—渐缩管　7—喉管　8—渐扩管　9—进风管　10—出风管　11—切入口　12—旋风分离器　13—集水槽　14—放空阀　15—加水口　16—耐腐泵　17—取样口 2　18—进

水流量计　19—动压测口 2　20—静压测口 2　21—分配接头　22—U 形管压差计　23—风量调节阀　24—高压离心风机

②实验装置的主要技术参数：

气体动力装置布置为负压式。

气体进口管：直径 110mm。

气体出口管：直径 110mm。

旋风分离器：直筒直径 250mm、高 400mm。

旋风分离器进口连接尺寸：90mm × 65mm。

末端进口尺寸：90mm × 35mm。

下锥体：高 600mm，出液口：直径 90mm。

使用粉尘名称：滑石粉。

装置总高：1650mm，装置总长：1960mm，装置总宽：550mm。

主要材质：壳体由有机玻璃制成。

风机电源电压：三相 380V。

（4）实验仪器

①干湿球温度计 1 支。

②标准风速测定仪 1 台。

③空盒式气压表 1 个。

④秒表 1 个。

⑤钢卷尺 1 个。

⑥光电分析天平（分度值 1/1000g）1 台。

⑦倾斜式微压计 3 台。

⑧托盘天平（分度值为 1g）1 台。

⑨毕托管 2 支。

⑩干燥器 2 个。

⑪烟尘采样管 2 支。

⑫鼓风干燥箱 1 台。

⑬烟尘测试仪 2 台。

⑭超细玻璃纤维无胶滤筒 10 个。

（5）实验方法和步骤

①实验准备工作。测量记录室内空气的干球温度（除尘系统中气体的温度）、湿球温度及相对湿度，计算空气中水蒸气体积分数（除尘系统中气体的含湿量）；测量记录

当地大气压力；分别测量记录除尘器进、出口测定断面直径和断面面积，确定测定断面分环数和测点数，求出各测点距管道内壁的距离，并用胶布标记在皮托管和采样管上。

②实验步骤。

A. 将旋风除尘器进、出口断面的静压测孔与倾斜微压计连接，做好各断面气体静压的测定准备。

B. 启动风机，调整风机入口阀门，使之达到实验要求的气体流量，并固定阀门。

C. 在除尘器进、出口测定断面同时测量记录各测点的气流动压。关闭风机。

D. 记录并计算各测点气流速度、各断面平均气流速度、除尘器处理气体流量（Q_s）。

E. 用托盘天平称好一定量尘样（S），做好发尘准备。

F. 启动风机和发尘装置，调整好发生浓度（ρ_1），使实验系统运行达到稳定状态。

G. 测定除尘效率：保持风量并尽可能维持进口粉尘浓度不变，观察除尘系统中的含尘气流的变化情况。关闭风机，然后称量，计算除尘效率。

H. 改变系统风量，重复上述实验步骤，确定旋风除尘器在各种工况下的性能。

I. 停止发尘，关闭风机。

（6）实验数据记录与处理

①旋风除尘器处理气体流量与压力损失测定。将实验数据记录于表 6–3 中。

表6–3　旋风除尘器处理风量测定实验数据记录表

实验日期：　　　　　　　　实验人员：

当地大气压力P/kPa	烟气干球温度/℃	烟气湿球温度/℃	烟气相对湿度Φ/%	除尘器管道横断面面积A/m²	除尘器入口面积F/m²

测定次数	除尘器进气管			除尘器排气管			ΔP	v_0	Q_s	v_1
	K_1	Δl_1	P_1	K_2	Δl_2	P_2				
1										
2										
3										
4										
5										

符号说明：K 为微压计倾斜系数；Δl 为微压计读数，单位是 mm；P_s 为静压，单位是 Pa；v_0 为管道流速，单位是 m/s；Q_s 为风量，单位是 m³/h；v_1 为入口流速，单位是 m/s。

②除尘效率测定。除尘效率测定数据按表 6–4 记录整理。

表6-4　除尘器效率测定实验数据记录表

测定次数	除尘器进口气体含尘浓度						除尘器出口气体含尘浓度						除尘效率/%
	采样流量/(L/min)	采样时间/min	采样体积/L	滤筒初质量/g	滤筒总质量/g	粉尘浓度/(mg/m^3)	采样流量/(L/min)	采样时间/min	采样体积/L	滤筒初质量/g	滤筒总质量/g	粉尘浓度/(mg/m^3)	
1													
2													
3													
4													
5													

③压力损失、除尘效率与入口速度 v_1 的关系。整理不同入口速度下的 ΔP、η 资料，绘制 $v_1-\Delta P$ 和 $v_1-\eta$ 实验性能曲线，分析入口速度对旋风除尘器压力损失、除尘效率的影响。

（7）思考题

①通过实验，从旋风除尘器全效率和阻力随入口气速的变化规律能得出什么结论？它对除尘器的选择和运行使用有何意义？

②本实验中存在什么不足？应如何改进？

6.2.2　机械振打袋式除尘器性能测定

（1）实验目的

袋式除尘器利用织物过滤含尘气体，使粉尘沉积在织物表面上，以达到净化气体的目的，它是工业废气除尘方面应用广泛的高效除尘器，本实验主要研究这类除尘器的性能。袋式除尘器的除尘效率和压力损失必须由实验测定。

通过本实验希望达到以下目的：

①理解袋式除尘器结构形式和除尘机理。

②掌握袋式除尘器主要性能的实验研究方法。

③了解过滤速度对袋式除尘器压力损失及除尘效率的影响。

④提高对除尘技术基本知识和实验技能的综合应用能力，以及通过实验方案设计和实验结果分析，加强创新能力的培养。

（2）实验原理与方法

袋式除尘器性能与结构形式、滤料种类、清灰方式、粉尘特性及其运行参数等因数有关。本装置在结构、滤料种类、清灰方式和粉尘特性已定的前提下，测定袋式除尘器性能指标，并在此基础上测定运行参数 Q_s、V_F 对除尘器压力损失（ΔP）和除尘效率（η）的影响。

①气体温度和含湿量的测定、管道中各点气流速度的测定同 6.3.1。

②管道中气体流量的测定。测定袋式除尘器处理气体量（Q_s），应同时测出除尘器进、出口连接管道中的气体流量，取其平均值作为除尘器的处理气体流量。

$$Q_s = \frac{Q_{s1} + Q_{s2}}{2} \tag{6-19}$$

式中：Q_{s1}、Q_{s2} 分别为袋式除尘器进、出口连接管道中的气体流量，单位是 m^3/s。

除尘器漏风率（δ）的计算式为：

$$\delta = \frac{Q_{s1} - Q_{s2}}{Q_{s1}} \times 100\ \% \tag{6-20}$$

一般要求除尘器的漏风率为 –5%~5%。

③过滤速度 V_F 的计算：

$$V_F = \frac{60Q_s}{F}\ (\text{m/min}) \tag{6-21}$$

式中：F 为袋式除尘器总过滤面积，单位是 m^2。

④压力损失的测定和计算。袋式除尘器压力损失（ΔP）由通过清洁滤料的压力损失（ΔP_f）和通过颗粒层的压力损失（ΔP_p）组成。袋式除尘器的压力损失（ΔP）为除尘器进、出口管中气流的平均全压之差。当袋式除尘器进、出口管的断面面积相等时，则可采用其进、出口管中气体的平均静压之差计算。

袋式除尘器的压力损失与其清灰方式和清灰制度有关。当采用新滤料时，应预先发尘运行一段时间，使新滤料在反复过滤和清灰过程中，待残余粉尘基本达到稳定后再开始实验。

由于袋式除尘器在运行过程中，其压力损失随运行时间产生一定变化，因此，在测定压力损失时，应每隔一定时间连续测定（一般可考虑 5 次），并取其平均值作为除尘器的压力损失（ΔP）。

⑤除尘效率的测定和计算。除尘效率采用质量浓度法测定，即用等速采样法同时测出除尘器进、出口管道中气流平均含尘浓度 ρ_1 和 ρ_2，按下式计算。

$$\eta = \left(1 - \frac{\rho_2 Q_{S2}}{\rho_1 Q_{S1}}\right) \times 100\ \% \tag{6-22}$$

由于袋式除尘器效率高，除尘器进、出口气体含尘浓度相差较大，为保证测定精度，可在除尘器出口采样中，适当加大采样流量。

⑥压力损失、除尘效率与过滤速度关系的分析测定。机械振打袋式除尘器的过滤速度的调整，可通过改变风机入口阀门开度来实现。当然，在各组实验中，要保持除尘器清灰周期固定，除尘器进口气体含尘浓度（ρ_1）基本不变。

为保持实验过程中 ρ_1 基本不变，可根据发尘量（S）、发尘时间（t）和进口气体流量（Q_{s1}），按下式估算出入口含尘浓度（ρ_1）：

$$\rho_1=\frac{S}{tQ_{s1}}\ (\text{g/m}^3) \tag{6-23}$$

（3）实验装置

①实验装置与流程（图 6–5）。本除尘器共有 6 条滤袋，总过滤面积为 0.26m^2，滤料选用 208 工业涤纶绒布。在实验过程中能定量地连续供给粉尘，处理气体流量和过滤速度，方便控制发尘浓度。

②实验装置及主要技术数据。

A. 气体流动方式为内滤逆流式，动力装置布置为负压式。

B. 气体进风管：直径 75mm，气体出风管：直径 75mm。

C. 装置共有 6 个滤袋，滤袋直径为 140mm, 滤袋高度为 600mm。

D. 滤袋材料为 208 涤纶绒布。规格：透气性 $10\text{m}^3/(\text{m}^2\cdot\text{min})$、厚度 2mm、克重 550g/m^2。

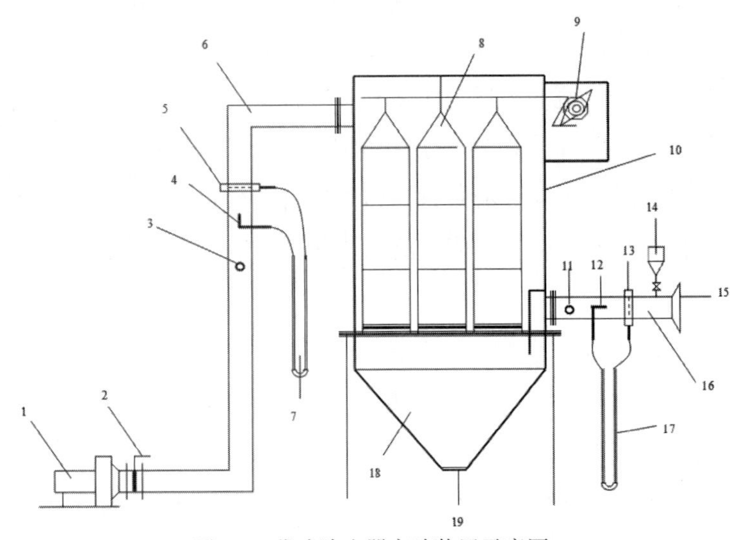

图6–5　袋式除尘器实验装置示意图

1—高压离心风机　2—风量调节阀　3—取样口 1　4—动压测口 1　5—静压测口 1　6—出风管　7—U 形管压差计 1　8—布袋　9—振打电机　10—滤室　11—取样口 2　12—动压测口 2　13—静压测口 2　14—粉尘布灰斗　15—喇叭形均流管　16—进风管　17—U 形管压差计 2

E. 过滤面积：$0.26\ \text{m}^2$。

F. 装置总高：1650mm，装置总长：1960mm，装置总宽：550mm。

G. 振打频率：50 次 / 分钟。

H. 主要材质：壳体由有机玻璃制成。

I. 风机电源电压：三相 380V。

J. 振打电机电压：220V/25W。

（4）实验仪器

①干湿球温度计 1 支。

②标准风速测定仪 1 台。

③空盒式气压表 1 个。

④秒表 1 个。

⑤钢卷尺 1 个。

⑥光电分析天平（分度值 1/1000g）1 台。

⑦倾斜式微压计 3 台。

⑧托盘天平（分度值为 1g） 1 台。

⑨毕托管 2 支。

⑩干燥器 2 个。

⑪烟尘采样管 2 支。

⑫鼓风干燥箱 1 台。

⑬烟尘测试仪 2 台。

⑭超细玻璃纤维无胶滤筒 10 个。

（5）实验方法和步骤

①实验准备工作。测量记录室内空气的干球温度（除尘系统中气体的温度）、湿球温度及相对湿度，计算空气中水蒸气体积分数（除尘系统中气体的含湿量）；测量记录当地大气压力；记录袋式除尘器型号规格、滤料种类、总过滤面积；测量记录除尘器进、出口测定断面直径和断面面积，确定测定断面分环数和测点数，求出各测点距管道内壁的距离，并用胶布标记在皮托管和采样管上。

②实验步骤。

A. 将除尘器进、出口断面的静压测孔与倾斜微压计连接，做好各断面气体静压的测定准备。

B. 启动风机，调整风机入口阀门，使之达到实验要求的气体流量，并固定阀门。

C. 在除尘器进、出口测定断面同时测量记录各测点的气流动压。

D. 记录并计算各测点气流速度、各断面平均气流速度、除尘器处理气体流量

（Q_s）、漏风率（δ）和过滤速度（V_F）。

E. 用托盘天平称好一定量尘样（S），做好发尘准备。

F. 启动风机和发尘装置，调整好发生浓度（ρ_1），使实验系统运行达到稳定状态（1min 左右）。

G. 测量进、出口含尘浓度。进口采样 3min，出口采样 15min。

H. 在进行采样的同时，测定记录除尘器压力损失。压力损失亦应在除尘器处于稳定运行状态下，每间隔 3min，连续测定并记录 5 次数据，取其平均值 ΔP 作为除尘器的压力损失。

I. 采样完毕，取出滤筒包好，置入鼓风干燥箱烘干后称重。计算除尘器进、出口管道中气体含尘浓度和除尘效率。

J. 停止风机和发尘装置，进行清灰振动 10 次。

K. 改变入口气体流量，稳定运行 1min 后，按上述方法，测取共 5 组数据。

L. 实验结束。整理好实验用的仪表、设备。

（6）实验数据记录与处理

①处理气体流量和过滤速度的测定。按表 6–5 记录和整理数据。按式（6–19）计算除尘器处理气体量，按式（6–20）计算除尘器漏风率，按式（6–21）计算除尘器过滤速度。

表6–5　袋式除尘器处理风量测定实验数据记录表

实验日期：　　　　　　实验人员：

除尘器型号、规格	除尘器过虑面积F/m²	当地大气压力P/kPa	烟气干球温度/℃	烟气湿球温度/℃	烟气相对湿度 ϕ /%

测定次数	除尘器进气管				除尘器排气管				Q_S	V_F	δ
	K_1	V_1	A_1	Q_{s1}	K_2	V_2	A_2	Q_{s2}			
1											
2											
3											
4											
5											

注：K 为微压计倾斜系数；P 为静压，单位是 Pa；V 为管道流速，单位是 m/s；A 为横截面面积，单位是 m²；Q_S 为风量，单位是 m³/s；V_F 为除尘器过滤速度，单位是 m/min；δ 为除尘器漏风率。

②压力损失。按表 6–6 记录整理数据。按式（6–17）计算压力损失，并取 5 次测

定数据的平均值（ΔP）作为除尘器压力损失。

③除尘效率。除尘效率测定数据按表 6–7 记录整理，除尘效率按式（6–22）计算。

④压力损失、除尘效率和过滤速度的关系。整理 5 组不同（V_F）下的 ΔP 和 η 资料，绘制 V_F—ΔP 和 V_F—η 实验性能曲线，分析过滤速度对袋式除尘器压力损失和除尘效率的影响。对每一组资料，分析在一次清灰周期中，压力损失、除尘效率和过滤速度随时间变化的情况。

表6–6　除尘器压力损失测定实验数据记录表

测定次数	每个间隔时间 t/min	静压差测定结果/Pa															除尘器压力损失 ΔP/Pa
		1（3min）			2（6min）			3（9min）			4（12min）			5（15min）			
		P_1	P_2	ΔP	P_1	P_2	ΔP	P_1	P_1	ΔP	P_1	P_2	ΔP	P_1	P_2	ΔP	
1	3																
2	3																
3	3																
4	3																
5	3																

表6–7　除尘器效率测定实验数据记录表

测定次数	除尘器进口气体含尘浓度						除尘器出口气体含尘浓度						除尘效率/%
	采样流量/(L/min)	采样时间/min	采样体积/L	滤筒初质量/g	滤筒总质量/g	粉尘浓度(mg/m^3)	采样流量(L/min)	采样时间/min	采样体积/L	滤筒初质量/g	滤筒总质量/g	粉尘浓度(mg/m^3)	
1													
2													
3													
4													
5													

（7）注意事项

①本实验装置采用手动清灰方式，所以应尽量保证在相同的清灰条件下进行实验。

②注意观察在除尘过程中压力损失的变化。

③尽量保证在实验过程中发尘浓度不变。

（8）思考题

①用发尘量求得的入口含尘浓度和用等速采样法测得的入口含尘浓度，哪个更准

确些？为什么？

②测定袋式除尘器压力损失，为什么要固定其清灰制度？为什么要在除尘器稳定运行状态下连续5次读数并取其平均值作为除尘器压力损失？

③试根据实验性能曲线 V_F—ΔP 和 V_F—η，分析过滤速度对袋式除尘器压力损失和除尘效率的影响。

④总结在一次清灰周期中，压力损失、除尘效率和过滤速度随过滤时间的变化规律。

6.2.3 板式静电除尘器性能测定

（1）实验目的

除尘效率是除尘器的基本技术性能之一。电除尘器除尘效率的测定是了解电除尘器工作状态和运行效果的重要手段。

通过实验希望达到以下目的：

①进一步了解电除尘器的电极配置和供电装置。

②观察电晕放电的外观形态。

③了解影响电除尘器除尘效率的主要因素，掌握除尘器的除尘效率、管道中各点流速和气体流量、板式静电除尘器的压力损失的测定方法。

④提高对电除尘技术基本知识和实验技能的综合应用能力，以及通过实验方案设计和实验结果分析，加强创新能力的培养。

（2）实验原理

电除尘器的除尘原理是使含尘气体的粉尘微粒，在高压静电场中荷电，荷电尘粒在电场的作用下，趋向集尘极和放电极，带负电荷的尘粒与集尘极接触后失去电子，成为中性而粘附于集尘极表面上，为数很少带电荷尘粒沉积在截面很少的放电极上。然后借助振打装置使电极抖动，将尘粒脱落到除尘的集灰斗内，达到收尘目的。

电除尘器中的除尘过程如图6–6所示，大致可分为三个阶段：

①粉尘荷电。在放电极与集尘极之间施加直流高电压，使放电极发生电晕放电，气体电离，生成大量的自由电子和正离子。在放电极附近的所谓电晕区内，正离子立即被电晕极（假定带负电）吸引过去而失去电荷。自由电子和随即形成的负离子则因受电场力的驱使向集尘极（正极）移动，并充满两极间的绝大部分空间。含尘气流通过电场空间时，自由电子、负离子与粉尘碰撞并附着其上，便实现了粉尘的荷电。

②粉尘沉降。荷电粉尘在电场中受电场力的作用被驱往集尘极，经过一定时间后

到达集尘极表面，放出所带电荷而沉积其上。

③清灰。集尘极表面上的粉尘沉积到一定厚度后，用机械振打等方法将其清除掉，使其落入下部灰斗中。放电极也会附着少量粉尘，隔一定时间也需进行清灰。

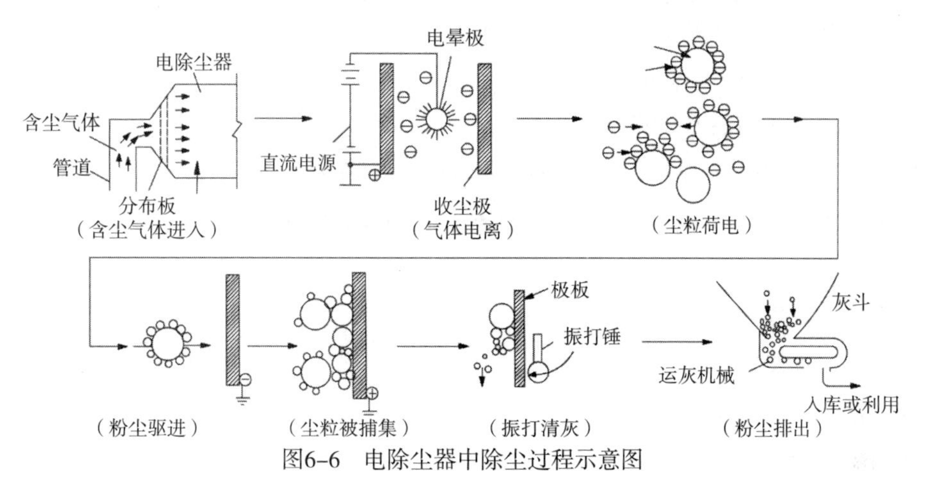

图6–6　电除尘器中除尘过程示意图

（3）实验方法

实验方法同 6.3.2。

（4）实验装置和仪器

①实验装置如图 6–7 所示。

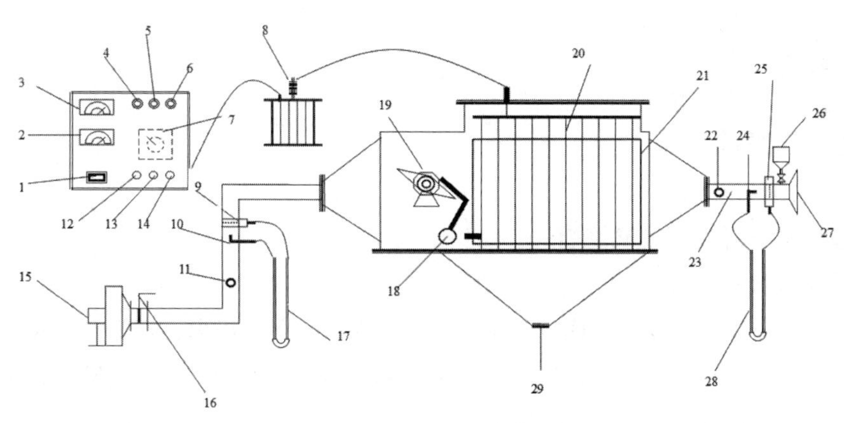

图6–7　板式电除尘器实验装置示意图

1—电源总开关　2—高压电流表　3—高压电压表　4—高压启动指示灯　5—高压关闭指示灯　6—振打工作指示灯　7—调压器　8—高压变压器　9—静压测口 1　10—动压测口 1　11—取样口 1　12—高压启动按钮　13—高压关闭按钮　14—振打工作按钮　15—高压离心风机　16—风量调节阀 17—U 形管压差计 1　18—振打铁锤　19—振打电机　20—电晕极　21—集尘板　22—取样口 2　23—进风管　24—动压测口 2　25—静压测口 2　26—粉尘布灰斗　27—喇叭形均流管　28—U 形管压差计 2

②实验装置主要技术数据。

A. 使用粉尘名称：滑石粉。

B. 板间距：350mm，通道数全 2 个。

C. 放电极：20 根，材料：高强度钼丝。

D. 电场电压：0~40kV，电流：0~10mA。

E. 集尘极总面积：$0.32m^2$。

F. 气体进、出管直径：90mm。

G. 电除尘器外形尺寸：长 600mm，宽 300mm，高 700mm。

H. 集尘板尺寸：450mm × 240mm，材料：普通镀锌钢板。

（5）实验仪器

①干湿球温度计 1 支。

②标准风速测定仪 1 台。

③空盒式气压表 1 个。

④秒表 1 个。

⑤钢卷尺 1 个。

⑥光电分析天平（分度值 1/1000g）1 台。

⑦倾斜式微压计 3 台。

⑧托盘天平（分度值为 1g）1 台。

⑨毕托管 2 支。

⑩干燥器 2 个。

⑪烟尘采样管 2 支。

⑫鼓风干燥箱 1 台。

⑬烟尘测试仪 2 台。

⑭超细玻璃纤维无胶滤筒 20 个。

（6）实验步骤

①实验准备工作。测定室内空气干球和湿球温度、大气压力，计算空气湿度，测量管道直径，确定分环数和测点数，求出各测点到管道内壁的距离，并用胶布标记在皮托管和采样管上。仔细检查设备的接线是否接地，如未接地，请先将接地接好方能通电。

②实验步骤。

A. 开启风机，测定各点流速和风量。用倾斜微压计测出各点气流的动压和静压，求出各点的气流速度、除尘器前后的风量。

B. 检查无误后，将控制器的电流插头插入交流 220V 插座中。将“电源开关”旋柄置于“开”的位置。控制器接通电源后，低压绿色信号灯亮。

C. 将电压调节手柄逆时针转到零位，轻轻按动高压“启动”按钮，高压变压器输入端主回路接通电源。这时高压红色信号灯亮，低压信号灯灭。

D. 启动风机后开始发尘，顺时针缓慢旋转电压调节手柄，使电压慢慢升高。待电压升至开始出现火花时停止升压。读取并记录 U_{max}、I_{max}。

E. 停机时将调压手柄旋回零位，按停止按钮，则主回路电源切断。这时高压信号灯灭，绿色低压信号灯亮。再将电源“开关”关闭，即切断电源。

F. 断电后，高压部分仍有残留电荷，必须使高压部分与地短路，消去残留电荷，再按要求做下一组实验。

G. 用托盘天平称好一定量的尘样。

H. 测定除尘效率：启动风机后开始发尘，记录发尘时间和发尘量。保持电场电压 U_2（低于火花放电电压）不变，尽可能保持进口粉尘浓度不变，改变系统风量 5 次，测定静电除尘器在各种工况下的性能。

I. 保持风量并尽可能维持进口粉尘浓度不变，顺时针缓慢旋转电压调节手柄，使电压慢慢升高，进行实验，测定 5 次，读取并记录 U_2、I_2；同时观察除尘系统中的含尘气流的变化情况。关闭风机，然后称量，计算除尘效率。

（7）实验数据记录与计算

①处理气体流量与压力损失的测定，将实验数据记录于表 6-8 中。

表6-8　电除尘器处理风量测定实验数据记录表

实验日期：　　　　　　实验人员：

当地大气压力P/kPa	烟气干球温度/℃	烟气湿球温度/℃	烟气相对湿度Φ/%	除尘器管道横断面面积A/m^2	除尘器入口面积F/m^2

测定次数	U_2	I_2	除尘器进气管						除尘器排气管						ΔP	Q_S	δ
			K_1	Δl_1	P_1	V_1	A_1	Q_{s1}	K_2	Δl_2	P_2	V_2	A_2	Q_{s2}			
1																	
2																	
3																	
4																	
5																	

符号说明：U_2 为直流高电压，单位是 kV；I_2 为直流高电流，单位是 mA；K 为微压计倾斜系数；Δl 为微压计读数，单位是 mm；P_s 为静压，单位是 Pa；V 为管道流速，单位是 m/s；A 为横截面面积，单位是 m^2；Q_S 为风量，单位是 m^3/s；δ 为除尘器漏风率。

②除尘效率测定数据按表 6-9 记录并整理。

表6-9 电除尘器效率测定实验数据记录表

测定次数	U_2/kV	除尘器进口气体含尘浓度						除尘器出口气体含尘浓度						除尘效率/%
		采样流量/(L/min)	采样时间/min	采样体积/L	滤筒初质量/g	滤筒总质量/g	粉尘浓度/(mg/m³)	采样流量/(L/min)	采样时间/min	采样体积/L	滤筒初质量/g	滤筒总质量/g	粉尘浓度/(mg/m³)	
1														
2														
3														
4														
5														

③压力损失、除尘效率与入口速度的关系。在 U_2、I_2 固定情况下，整理5组不同（V_0）下的 ΔP 和 η 资料，绘制 V_0—ΔP 和 V_0—η 实验性能曲线，分析入口速度对电除尘器压力损失和除尘效率的影响。

④除尘效率与直流高电压 U_2 的关系。在 Q_S 固定的情况下，整理5组不同（U_2）下的 η 资料于表6-10中，绘制 U_2—η 实验性能曲线，分析直流高电压对电除尘器除尘效率的影响。

表6-10 直流高电压与电除尘器除尘效率关系记录表

测定次数	Q_S m³/h	U_2/kV	除尘器进口气体含尘浓度						除尘器出口气体含尘浓度						除尘效率/%
			采样流量/(L/min)	采样时间/min	采样体积/L	滤筒初质量/g	滤筒总质量/g	粉尘浓度/(mg/m)³	采样流量/(L/min)	采样时间/min	采样体积/L	滤筒初质量/g	滤筒总质量/g	粉尘浓度/(mg/m³)	
1															
2															
3															
4															
5															

（8）注意事项

①检查全部电气连接线配接和电场高压进线是否正确，检查无误后，把高压控制箱电压调节旋钮转至0位，关闭电源，再接通高压变压器与控制箱之间的电源线。

②设备必须安全接地后才能使用。

③实验前准备就序后，经指导教师检查后才能启动高压。

④实验进行时，严禁触摸高压区，保证实验中人身安全。

⑤使用时，电压、电流应逐步升高，调至正常电压为止，其数值不得超过额定最大值。

⑥经过一段时间实验后，应将放电极、收尘极和灰斗中的粉尘清理干净，以保证前后实验结果具有可比性。

⑦待除尘结束后，先振打清灰，后调节控制箱输出电源、电压指示为零，再关上电源开关关闭电源。

（9）思考题

①根据实验性能曲线 $V_0—\Delta P$ 和 $V_0—\eta$，分析入口速度对电除尘器压力损失和除尘效率的影响。

②根据绘制 $U_2—\eta$ 实验性能曲线，分析直流高电压 U_2 对电除尘器除尘效率的影响的变化规律。

6.2.4　文丘里除尘器性能测定

（1）实验目的

文丘里除尘器是利用高速气流雾化产生的液滴捕集颗粒，以达到净化气体的目的，它是一种广泛使用的高效湿式除尘器。影响文丘里除尘器性能的因素较多，为了使其在合理的操作条件下达到高除尘效率，需要通过实验研究各因素影响其性能的规律。

通过本实验，要使学生进一步提高对文丘里除尘器结构形式和除尘机理的认识，掌握文丘里除尘器主要性能指标测定方法，了解湿法除尘器与干法除尘器性能测定的不同实验方法，了解影响文丘里除尘器性能的主要因素，并通过实验方案设计和实验结果分析，加强综合应用和创新能力的培养。

（2）实验原理

含尘气体由进气管进入收缩管，流速逐步增大，气流的压力逐步转变为动能，在喉管处气体流速达到最大。洗涤液通过喉管四周均匀布置的喷嘴进入，液滴被高速气流雾化和加速，充分雾化是实现高效除尘的基本条件。由于气流曳力，液滴在喉管部分被逐步加速，在液滴加速过程中，液滴与粒子间相对碰撞，实现微细粒子的捕集。在扩散段，气流速度减小和压力增加，使以颗粒为凝结核的凝聚速度加快，形成直径较大的含尘液滴，以便在后面的捕滴器中捕集下来，达到收尘目的。

（3）实验方法

文丘里除尘器性能（处理气体流量、压力损失、除尘效率及喉口速度、液气比、动力消耗等）与其结构形式和运行条件密切相关。本实验是在除尘器结构形式和运行条件已定的前提下，完成除尘器性能的测定。

①处理气体量的测定同 6.3.1。

②喉口速度的测定和计算。若文丘里洗涤器喉口断面面积为 A_T，则其喉口平均气流速度（V_T）为：

$$V_T=Q_s/A_T\ (\mathrm{m/s}) \tag{6-24}$$

③压力损失的测定和计算。文丘里洗涤器进、出口管的断面面积相等时，则可采用其进、出口管中气体的平均静压之差计算，即：

$$\Delta P=P_1-P_2$$

式中：P_1 为除尘器入口处气体的全压或静压，单位是 Pa；P_2 为除尘器出口处气体的全压或静压，单位是 Pa。

应该指出，洗涤器压力损失随操作条件变化而改变，本实验的压力损失的测定应在洗涤器稳定运行（V_T 或液气比 L 保持不变）的条件下进行，并同时测定记录 V_T、L 的数值。

④耗水量 Q_L 及液气比 L 的测定和计算。文丘里洗涤器的耗水量（Q_L），可通过设在洗涤器进水管上的流量计直接读得。在同时测得洗涤器处理气体量（Q_S）后，即可由下式求出液气比：

$$L=Q_L/Q_S\ (\mathrm{L/m^3}) \tag{6-25}$$

⑤除尘效率的测定和计算。文丘里洗涤除尘效率（η）的测定，亦应在按除尘器稳定运行的条件下进行，并同时记录 V_T、L 等操作指标。

文丘里除尘器的除尘效率采用质量浓度法测定，即用等速采样法同时测出除尘器进、出口管道中气流平均含尘浓度 ρ_1 和 ρ_2，按下式计算：

$$\eta=\left(1-\frac{\rho_2 Q_2}{\rho_1 Q_1}\right)\times 100\ \% \tag{6-26}$$

⑥除尘器动力消耗的测定和计算。文丘里洗涤器动力消耗（E）等于通过洗涤器气体的动力消耗与加入液体的动力消耗之和，计算式为：

$$E=\frac{1}{3600}\left(\Delta P+\Delta P_L\frac{Q_L}{Q_S}\right)（\text{kW}\cdot\text{h}/1000\text{m}^3\text{气体}）\quad（6–27）$$

式中：ΔP 为通过文丘里洗涤器气体的压力损失，单位是 Pa（3600 Pa= 1kW · h/1000m³ 气体）；ΔP_L 为加入洗涤器液体的压力损失，即供水压力，单位是 Pa；Q_L 为文丘里洗涤器耗水量，单位是 m^3/s；Q_S 为文丘里洗涤器处理气体量，单位是 m^3/s。

上式中所列的 ΔP_G、Q_S、Q_L 已在实验中测得。因此，只要在除尘器进水管上的压力表读得 ΔP_L，便可按式（6–27）计算除尘器动力消耗（E）。

应当注意的是，由于操作指标 V_T、L 对动力消耗（E）影响很大，所以本实验所测得的动力消耗（E）是针对某一操作状况而言的。

（4）实验装置

实验装置与仪器同 6.3.1。

（5）实验步骤

①实验准备工作。测量并记录室内空气的干球温度（除尘系统中气体的温度）、湿球温度及相对湿度；测量并记录当地大气压力；测量并记录除尘器进、出口测定断面直径和断面面积，确定测定断面分环数和测点数，求出各测点到管道内壁的距离，并用胶布标记在皮托管和采样管上。

②实验步骤。

A. 将文丘里除尘器进、出口断面的静压测孔与倾斜微压计连接，做好各断面气体静压的测定准备。

B. 启动风机，调整风机入口阀门，使之达到实验要求的气体流量，并固定阀门。

C. 在除尘器进、出口测定断面同时测量并记录各测点的气流动压。关闭风机。

D. 计算并记录各测点气流速度、各断面平均气流速度、除尘器处理气体流量（Q_s）。

E. 用托盘天平称好一定量尘样（S），做好发尘准备。

F. 调节文丘里洗涤除尘器供水系统，保证实验系统在液气比 L=0.7~1.0L/m³ 范围内稳定运行。

G. 启动风机和发尘装置，调整好发生浓度（ρ_1），使实验系统运行达到稳定状态。

H. 文丘里除尘器性能的测定和计算：在固定文丘里除尘器实验系统进口发尘浓度和液气比 L 条件下，观察除尘系统中的含尘气流的变化情况；测定和计算文丘里除尘器压力损失 ΔP、供水量 Q_L、供水压力 ΔP_L 和除尘效率（η）。

I. 在文丘里除尘器实验系统进口发尘浓度和液体量 Q_L 都不变的条件下，改变入口气体流量，稳定运行后，按上述方法操作，测取共 5 组数据。

J. 保持系统风量不变，尽可能保持进口粉尘浓度不变，测定文丘里除尘器在各种液气比工况下的性能。测取 5 组数据。

K. 停止发尘，关闭水泵，再关闭风机。

（6）实验数据记录与处理

①处理气体流量和喉口速度的测定。按表 6–11 记录和整理数据。按式（6–19）计算除尘器处理气体量，按式（6–24）计算除尘器喉口速度。

表6–11　文丘里除尘器性能测定实验数据记录表

实验日期：　　　　实验人员：

当地大气压力P/kPa	烟气干球温度/℃	烟气湿球温度/℃	烟气相对湿度Φ/%	除尘器管道横断面面积A/m^2	喉口面积A_T/m^2

	测定次数	除尘器进气管			除尘器排气管			ΔP	v_0	Q_S	V_T	Q_L	L	ΔP_L	E
		K_1	Δl_1	P_1	K_2	Δl_2	P_2								
气体流量变化情况	1														
	2														
	3														
	4														
	5														
	测定次数	除尘器进气管			除尘器排气管			ΔP	v_0	Q_S	V_T	Q_L	L	ΔP_L	E
		K_1	Δl_1	P_1	K_2	Δl_2	P_2								
液体流量变化情况	1														
	2														
	3														
	4														
	5														

注：K 为微压计倾斜系数；Δl 为微压计读数，单位是 mm；P_s 为静压，单位是 Pa；V_0 为管道流速，单位是 m/s；Q_s 为风量，单位是 m^3/h；V_T 为除尘器喉口速度，单位是 m/s；Q_L 为耗水量，单位是 m^3/h；L 为液气比；ΔP_L 为供水压力，单位是 Pa；E 为除尘器动力耗能，单位是 kW · h/1000m^3 气体。

②除尘效率测定数据按表 6–12 记录并整理。

表6-12　除尘效率测定实验数据记录表

测定次数	除尘器进口气体含尘浓度						除尘器出口气体含尘浓度						除尘效率/%
	采样流量/(L/min)	采样时间/min	采样体积/L	滤筒初质量/g	滤筒总质量/g	粉尘浓度/(mg/m^3)	采样流量/(L/min)	采样时间/min	采样体积/L	滤筒初质量/g	滤筒总质量/g	粉尘浓度/$(mg/m)^3$	
1−1													
1−2													
1−3													
1−4													
1−5													
2−1													
2−2													
2−3													
2−4													
2−5													

③压力损失、除尘效率、动力耗能和喉口速度的关系（固定 Q_L，改变气体流量情况）。整理不同喉口速度（V_T）下的 ΔP、η 和 E 资料，绘制 V_F–ΔP、V_F–η 和 V_F–E 实验性能曲线，分析喉口速度对文丘里除尘器压力损失、除尘效率和动力耗能的影响。

④压力损失、除尘效率、动力耗能和液气比的关系（固定 Q_S，改变气液体流量 Q_L 情况）。整理不同液气比 L 下的 ΔP、η 和 E 资料，绘制 L–ΔP、L–η 和 L–E 实验性能曲线，分析液气比 L 对文丘里除尘器压力损失、除尘效率和动力耗能的影响。

（7）思考题

①为什么文丘里除尘器性能测定实验应该在操作指标 V_T 或 Q_L 固定的状态下进行测定？

②根据实验结果，试分析影响文丘里除尘器除尘效率的主要因素。

③根据实验结果，试分析影响文丘里除尘器动力耗能的主要途径。

6.3 气态污染物控制实验

6.3.1 碱液吸收法净化气体中的二氧化硫

（1）实验目的

本实验采用填料吸收塔，利用5%的NaOH溶液吸收气体中的SO_2。通过实验可初步了解利用填料塔吸收净化有害气体的实验研究方法，同时有助于加深理解在填料塔内气液接触状况及吸收过程的基本原理。

通过本实验希望达到以下目的：

①了解利用吸收法净化废气中SO_2的效果。

②填料塔的基本结构及其吸收净化酸雾的工作原理。

③实验分析填料塔净化效率的影响因素。

④了解SO_2自动测定仪的工作原理，掌握其测定方法。

⑤掌握实验中配气方法，参数控制（如气体流速、液体流量等），取样方法及有关设备的操作方法。

（2）实验原理

含SO_2的气体可采用吸收法净化，由于SO_2在水中的溶解度较低，故常采用化学吸收的方法。本实验采用碱性吸收液（5%的NaOH吸收液）净化吸收SO_2气体。

吸收液从水箱通过水泵、转子流量计由填料塔上部经喷淋装置进入塔内，流经填料表面，由塔下部排出，再进入水箱。空气首先进入缓冲灌，SO_2由SO_2钢瓶进入缓冲灌，经缓冲灌混合后的含SO_2的空气从塔底进气口进入填料塔内，通过填料层与NaOH喷淋吸收液充分混合、接触、吸收，尾气由塔顶排出。

吸收过程发生的主要化学反应为：

$$2NaOH+SO_2 \longrightarrow Na_2SO_3+H_2O$$

$$Na_2SO_3+SO_2+H_2O \longrightarrow 2NaHSO_3$$

实验过程中通过测定填料净化塔进、出口气体中的含量，即可近似计算出吸收塔的平均净化效率。改变喷淋液的流量，重复上述过程，计算吸收塔的净化效率 η，进而了解吸收效果，确定最佳液气比 α。

（3）实验内容与方案

①实验准备。

A. 根据图 6-8 所示正确连接实验装置，并检查是否漏气，全面熟悉流程（包括 SO_2 自动测定仪）并检查电、气、水各系统。

B. SO_2 浓度测定仪使用前的准备工作：保证电池电量充足（当测定仪显示器上出现“BAT”字样时，应尽快更换电池，此时仪器可能仍在正常工作，但读数是不正确的。更换电池时，打开仪器背面盖板，正确装入碱性电池，并注意电池极性）；查看仪器过滤器（连接软管中，装有一个在线过滤器，以阻止尘埃和水蒸气进入仪器，如果发现过滤器出现潮湿或污染，应立即晾干或更换，推荐使用 AF10 型过滤器。更换时，把软管从过滤器的两端松开，换上新的过滤器，不得使用任何润滑剂，并保证箭头指向仪器）；将“POWER”（电源）开关置于“ZERO & STANDBY”（零点 / 待机）位置，使仪器自动校准零点（如果仪器未能达到零点，调节仪器上方的零点调整旋钮，直到显示“000 ± 1”为止，注意调零时在距离有害气体区域较远的清洁空气中进行）。

C. 称取 NaOH 试剂 5kg 溶于 $0.1m^3$ 水中，将其注入水箱中作为吸收系统的吸收液，开启水泵，根据液气比的要求调节喷淋水的流量。

②实验操作。

A. 开启填料塔的进液阀，并调节液体流量，使液体均匀喷布，并沿填料塔缓慢流下，以充分润湿填料表面，记录此时流量。调节各阀门，使喷淋液流量达到最大值，记录此时流量。

B. 开启风机，并逐渐打开吸收塔的进气阀，调节空气流量，仔细观察气液接触状况。用热球式风速计测量管道中的风速，并调节配风阀使空塔气速达到 2m/s（气体速度根据经验数据或实验需要来确定）。

C. 待吸收塔正常工作后，由实验指导教师开启 SO_2 钢瓶，并调节其流量，使空气中的 SO_2 含量为 0.1%~0.5%（体积百分比，具体数值由指导教师掌握，整个实验过程中保持进口 SO_2 浓度和流量不变）。

D. 经数分钟，待塔内操作完全稳定后，开始测量并记录数据。应测量并记录的数据包括进气流量 Q_1、喷淋液流量 Q_2、进口 SO_2 浓度 c_1、出口 c_2 浓度。

E. 根据测得的数据计算吸收废气中 SO_2 的理论液气比，在理论液气比的喷淋液流量和最大喷淋液流量范围内，改变喷淋液流量，重复上述操作，测量 SO_2 出口浓度，共测取 4~5 组数据。

F. 实验完毕后，先关掉 SO_2 钢瓶，待 1~2min 后再停止供液，最后停止鼓入空气。

（4）实验设备与材料（或样品）

①实验流程。本实验流程大致可分为污染源发生、吸收和排放三部分，请学生自己按照现场的装置按比例画出实验流程图。

②仪器设备。

A. SO_2 酸雾净化填料塔一台。

B. SO_2 与空气混合罐一个。

C. 转子流量计 2 个（液相转子流量计 1 个、SO_2 转子流量计 1 个）。

D. 风机一台。

E. SO_2 钢瓶（含气体）一个。

F. SGA 型 SO_2 自动分析仪两台。

G. 控制阀、橡胶连接管若干及必要的玻璃仪器等。

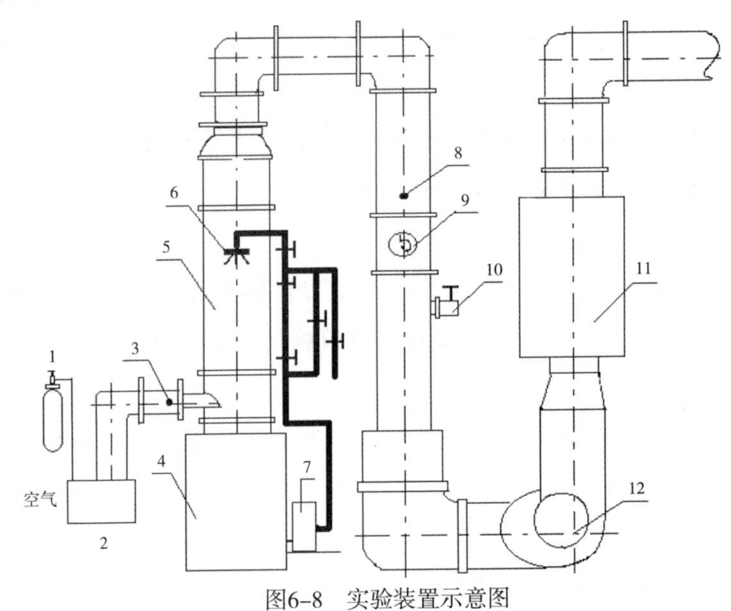

图6-8　实验装置示意图

1— SO_2 钢瓶　2—混合罐　3—进气测定口　4—水箱　5—吸收塔　6—喷头　7—水泵　8—出气测定口　9—配风阀　10—配气口　11—消音器　12—风机

③试剂。

A. 5kg 工业纯 NaOH 试剂。

B. 蒸馏水。

（5）实验基本要求

①根据实验装置的具体尺寸按一定比例缩小并画出实验流程图。要求：注明各处设备名称，吸收塔要认真画出正视图，不能画示意图。

②实验前认真阅读实验教材，掌握与实验相关的基本理论知识。熟练掌握实验内容、方法和步骤，严格按照实验内容和步骤进行实验，如实记录实验数据，认真计算实验结果，根据实验结果进行讨论，并完成实验报告。

③根据本实验流程的实际情况，分析管道内气速的大小受到哪些因素的影响；去除率的大小与哪些因素有关。

④分析此次实验过程中存在哪些问题，是如何解决的，希望对哪些实验方法或流程进行改进，并提出建议和改进意见。妥善管理 SO_2 钢瓶、控制 SO_2 气流，请注意安全。

（6）实验报告要求

①如实记录实验数据，字迹清晰工整，认真计算实验结果，根据实验结果进行讨论。

②实验数据表参考格式如表 6-13 所示。

表6-13　实验数据表参考格式

大气压：　　　　　　温度：

测定次数	管道风速/（m/s）	SO_2流量/（m^3/s）	喷淋液量/（L/h）	SO_2入口浓度/（mg/m^3）	SO_2出口浓度/（mg/m^3）
1					
2					
3					
4					
5					

（7）计算

吸收塔净化效率计算式为：

$$\eta = 1 - \frac{c_2}{c_1} \times 100\%$$

式中：η 为净化效率；c_1 为 SO_2 入口浓度；c_2 为 SO_2 出口浓度。

将实验数据及计算结果填入表 6-14 中。

表6-14 净化效率实验数据记录表

测定次数		SO_2浓度/（mg/m^3）	液气比	净化效率/%	平均净化效率/%
1	进气				
	出气				
2	进气				
	出气				
3	进气				
	出气				
4	进气				
	出气				
5	进气				
	出气				

根据所得的净化效率与对应的液气比结果绘制曲线，从图中确定最佳液气比条件。

（8）思考题

①根据实验结果绘制的曲线中，可以得到哪些结论？

②通过本次实验，有什么体会？对实验有何改进建议？

扫码查阅“干法脱除烟气中二氧化硫”

6.3.2 活性炭吸附净化气体中的氮氧化物

（1）实验目的

活性炭吸附广泛应用于防止大气污染、水质污染或有毒气体进化领域。用吸附法进化 NO_x 尾气是一种简便、有效的方法。通过吸附剂的物理吸附性能和大的比表面积将尾气中的污染气体分子吸附在吸附剂上；经过一段时间，吸附达到饱和。然后使吸附质解吸下来，达到进化的目的，吸附剂解吸后可重复使用。

本实验采用玻璃夹套式U形吸附器，用活性炭作为吸附剂，吸附净化浓度约为2500ppm的模拟尾气，得出吸附进化效率和转校时间数据。

通过本实验希望达到以下目的：

①深入理解吸附法进化有毒废气的原理和特点。

②解活性炭吸附剂在尾气进化方面的性能和作用。

③掌握活性炭吸附和解吸、样品分析和数据处理的技术。

（2）实验原理

活性炭是基于其较大的比表面积（可高达 1000m²/g）和较高的物理吸附性能吸附气体中的 NO_x。活性炭吸附 NO_x 是可逆过程，在一定的温度和压力下达到吸附平衡，而在高温、减压下被吸附的 NO_x 又被解吸出来，使活性炭得到再生。

在工业应用中，由于活性炭填充层的操作条件依活性炭的种类，特别是吸附细孔德比表面积、孔径分布以及填充高度、装填方法、原气条件的不同而异。所以通过实验应该明确吸附净化尾气系统的影响因素较多，操作条件是否合适直接关系到方法的技术经济性。

（3）实验装置、仪器及试剂

本实验采用一夹套式 U 形吸附器，吸附器内装填活性炭。实验装置如图 6-9 所示。

（4）仪器及试剂

①吸附器：硬质玻璃，直径 d=15mm，高度 H=150mm，套管外径 D=25mm，1 个。

②活性炭：果壳，粒径：200 目。

③稳定阀：YJ-0.6 型，1 个。

④蒸汽瓶：体积 V=5L，1 个。

⑤冷凝器：1 只。

⑥加热套：M-106 型，功率 W=500W，一个。

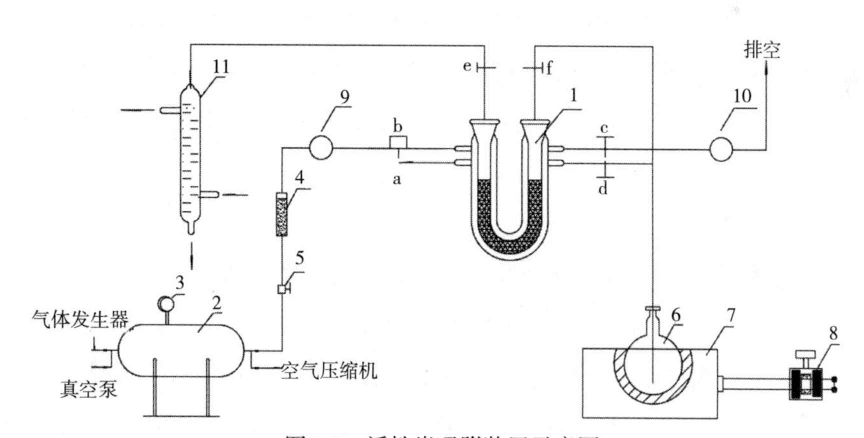

图6-9　活性炭吸附装置示意图

1—夹套式 U 形管吸附器　2—储气罐　3—真空压力表　4—转子流量计　5—稳压阀　6—蒸汽瓶　7—电热套　8—调压器　9—进气取样口　10—出气取样口　11—冷凝管　a—针形阀　b~f—霍夫曼夹

⑦吸气瓶：1 个。

⑧储气罐：不锈钢，容积 V=400L，最高耐压 P=15kg/cm³，1 个。

⑨空气压缩机：V-0 1/10 型，排气量 Q=0.1m³/min, 压力 P=20kg/cm²。

⑩真空泵：2XZ-0.5 型，抽气量 Q=0.5L/min, 转数 N=140r/min，1 台。

⑪医用注射器：容积 V=5mL，V=2mL，各 1 只。

⑫ 721 型分光光度计：1 台。

⑬调压器：TDGC-0.5 型，功率 W=500W，1 台。

⑭对氨基苯磺酸：分析纯 1 瓶。

⑮盐酸萘乙二胺：分析纯 1 瓶。

⑯冰醋酸：分析纯 1 瓶。

⑰氢氧化钠：分析纯 1 瓶。

⑱硫酸亚铁：工业纯 1 瓶。

⑲亚硝酸钠：工业纯 1 瓶。

（5）实验方法和步骤

实验前根据原气浓度确定合适的装炭量和气体流量，一般预选气体浓度为 2500ppm 左右，气体流量约 50L/h, 装炭量 10g。吸附阶段需控制气体流量，保持气流稳定；在气流稳定流动的状态下，定时取净化后的气体样品并测定其浓度；确定等温操作条件下活性炭吸附 NO_x 的效率和操作时间，当吸附效率低于 80% 时，停止吸附操作，开始对活性炭进行解析。解析前将吸附系统管路关闭，开启解析系统阀门，然后通入水蒸气对活性炭加热，使吸附在活性炭上的 NO_x 解析出来，进冷凝器后，NO_x 和水蒸气一起被冷凝成稀硝酸和亚硝酸混合物液，解析完成后停止向吸附器通水蒸气，并继续对保温加热套通水蒸气，加热干燥活性炭，以便为下一个实验操作过程做好准备。实验操作步骤如下：

①准备 NO_x 吸收。

②检查管路系统，使阀门 e、f 和 a 关闭，处于吸收系统状态。

③开启阀门 a、b 和 c，同时记录开始吸附的时间。

④运行 10min 后取样分析，此后每 30 min 取样一次，每次取 3 个样品。

⑤当吸附进化效率低于 80% 时，停止吸附操作，关闭阀门 a、b 和 c。

⑥开启阀门 e、f 和 d。置管路系统于解吸状态，打开冷却水管开关，向吸附器及其保温夹层通入水蒸气进行解吸和保温。

⑦当解吸液 pH 值小于 6 时，停止解吸，关闭阀门 e 和 f 待活性炭干燥以后再停止对吸附其保温夹层通蒸汽。

⑧实验结果取样分析有用盐酸萘乙二胺比色法，具体步骤参见环境监测。

（6）思考题

①活性炭吸附 NO_x 随时间的增加吸附进化效率逐渐降低，试从吸附原理出发分析活性炭的吸附容量及操作时间。

②随吸附温度的变化，吸附量也发生变化，根据等温吸附原理简单分析吸附温度对吸附效率的影响，解释吸附过程的理论依据。

③本实验实际采用的空数为多少？通常吸附操作空数为多少?

6.4　大气污染物控制综合实验

6.4.1　烟气流量及含尘浓度的测定

（1）实验目的

大气污染的主要来源是工业污染源排出的废气，其中烟道气造成的危害极为严重。因此，烟道气（简称烟气）测试是大气污染源监测的主要内容之一。测定烟气的流量和含尘浓度对于评价烟气排放的环境影响，检验除尘装置的功效有重要意义。

通过本实验希望达到以下目的：

①掌握烟气测试的原理和各种测量仪器的使用方法。

②了解烟气状态（温度、压力、含湿量等参数）的测量方法和烟气流速流量等参数的计算方法。

③掌握烟气含尘浓度的测定方法。

（2）实验原理

①采样位置的选择。正确选择采样位置和确定采样点数目对采集有代表性并符合测定要求的样品是非常重要的。采样位置应取气流平稳的管段，原则上应避免弯头部分和断面形状急剧变化的部分，与其距离至少是烟道直径的 1.5 倍，同时要求烟道中气流速度在 5m/s 以上。而采样孔和采样点的位置主要依据烟道的大小和断面的形状来确定。下面说明不同形状烟道采样点的布置。

A. 圆形烟道。圆形烟道的采样点分布见图 6–10（a）。将烟道的断面划分为适当数目的等面积同心圆环，各采样点均在等面积的中心线上，所分的等面积圆环数依烟道的直径大小而定。

B. 矩形烟道。将烟道断面分为等面积的矩形小块，各块的中心即采样点，见图 6–10（b）。不同面积矩形烟道等面积分块数见表 6–15。

表6–15　矩形烟道的分块和测点数

烟道断面面积/m^2	等面积分块数	测点数
<1	2×2	4
1~4	3×3	9
4~9	4×3	12

C. 拱形烟道。拱形烟道分别按圆形烟道和矩形烟道采样点布置原则，见图 6–10（c）。

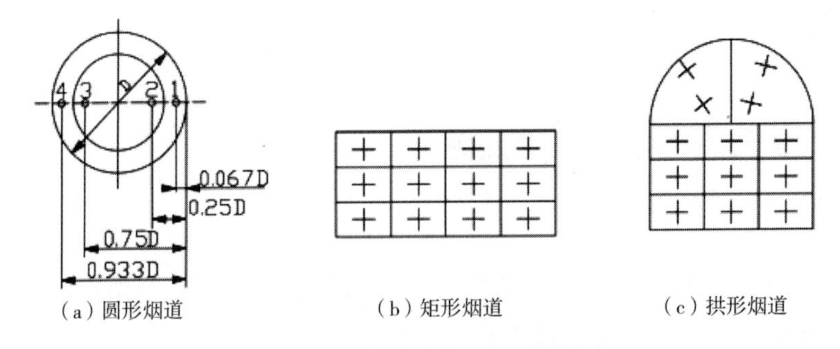

图6–10　烟道采样点布置原则

②烟气状态参数测定。烟气状态参数包括压力、温度、相对湿度和密度。

A. 压力。测量烟气压力的仪器为 S 形毕托管，适用于含尘浓度较大的烟道中。毕托管是由两根不锈钢管组成的，测端做成方向相反的两个互相平行的开口。测定时将毕托管与倾斜压力计用橡皮管连好，一个开口面向气流，测得全压；另一个开口背向气流，测得静压；两者之差便是动压。由于背向气流的开口上有吸力的影响，所得静压与实际值有一定误差，因而事先要加以校正。方法是：与标准风速管在气流速度为 2~60m/s 的气流中进行比较，S 形毕托管和标准风速管测得的速度值之比，称为毕托管的校正系数。当流速在 5~30m/s 的范围内，其校正系数值为 0.84。倾斜压力计测得的动压值按下式计算：

$$P=L \cdot K \cdot d \tag{6–28}$$

式中：L 为斜管压力计读数；K 为斜度修正系数，在斜管压力计标出，取值一般为 0.2，0.3，0.4，0.6，0.8；d 为酒精相对密度，d=0.81。

B. 温度。烟气的温度通过热电偶和便携式测温毫伏计的联用来测定。热电偶是利用两根不同金属导线在节点处产生的电位差随温度而变制成的。用毫伏计测出热电偶的电势差，就可以得到工作端所处的环境温度。

C. 相对湿度。烟气的相对湿度可用干湿球温度计直接测定。让烟气以一定的流速通过干湿球温度计，根据干湿球温度计的读数可计算烟气含湿量（水蒸气体积分数）：

$$x_{sw}=\frac{P_{hr}-C(t_c-t_b)(P_a-P_b)}{P_a+P_s} \tag{6-29}$$

式中：P_{hr} 为温度为 t_b 时的饱和水蒸气压力，单位是 Pa；t_b 为湿球温度，单位是℃；t_c 为干球温度，单位是℃；C 为系数，C=0.00066；P_a 为大气压力，单位是 Pa；P_s 为烟气静压，单位是 Pa；P_b 为通过湿球表面的烟气压力，单位是 Pa。

D. 密度。

$$\rho_g=\frac{P}{RT}=\frac{P}{287T} \tag{6-30}$$

式中：ρ_g 为烟气密度，单位是 kg/m；P 为大气压力，单位是 Pa；T 为烟气温度，单位是 K。

③烟气流量计算。

A. 烟气流速计算：当干烟气组分同空气近似，露点温度在 35~55℃之间，烟气绝对压力在 0.99×10^5~1.03×10^5Pa 时，可用下列公式计算烟气进口流速：

$$\upsilon_0=2.77K_p\sqrt{T}\sqrt{p} \tag{6-31}$$

式中：υ_o 为烟气进口流速，单位是 m/s；K_P 为毕托管的校正系数，K_P=0.84；T 为烟气底部温度，单位是℃；$\sqrt{P}$为各动压方根平均值，单位是 Pa。

$$\sqrt{P}=\frac{\sqrt{P_1}+\sqrt{P_2}+\cdots+\sqrt{P_n}}{n} \tag{6-32}$$

式中：P 为任一点的动压值，单位是 Pa；n 为动压的测点数。

B. 烟气流量计算。

烟气流量计算公式为：

$$Q_S=A\cdot\upsilon_o \tag{6-33}$$

式中：Q_S 为烟气流量，单位是 m^3/s；A 为烟道进口截面面积，单位是 m^2。

④烟气含尘浓度测定。对污染源排放的烟气颗粒浓度的测定，一般采用从烟道中抽取一定量的含尘烟气，由滤筒收集烟气中的颗粒后，根据收集尘粒的质量和抽取烟气的体积求出烟气中的尘粒浓度。为取得有代表性的样品，必须进行等动力采样，即尘粒进入采样嘴的速度等于该点的气流速度，因而要先预测烟气流速再换算成实际控制的采样流量。如图 6-11 所示是等动力采样的情形，图中采样头与气流平行，而且

采样速度和烟气流速相同，即采样头内、外的流场完全一致，因此随气流运动的颗粒没有受到任何干扰，仍按原来的方向和速度进入采样头。

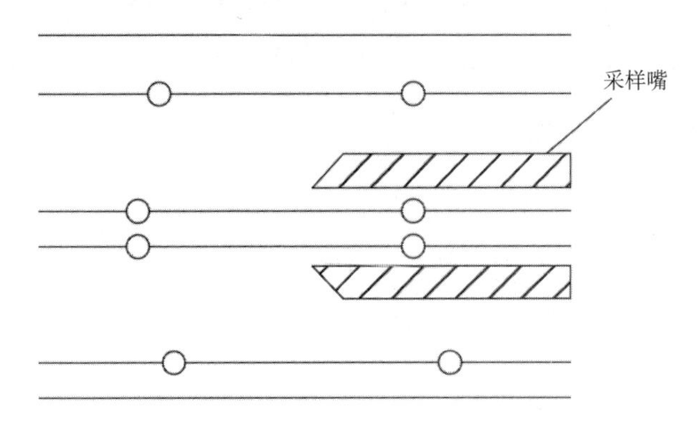

图6-11 等动力采样

如图 6-12 所示是非等动力采样的情形。其中图 6-12（a）中采样头与气流有一交角 θ，进入采样头的烟气虽保持原来速度，但方向发生了变化，其中的颗粒物由于惯性，将可能不随烟气进入采样头；图 6-12（b）中采样头虽然与烟气流线平行，但抽气速度超过烟气流速，由于惯性作用，样品中的颗粒物不会全部进入采样头；图 6-12（c）内气流低于烟气流速，导致样品体积之外的颗粒进入采样头。由此可见，采用等动力采样对于采集有代表性的样品是非常重要的。

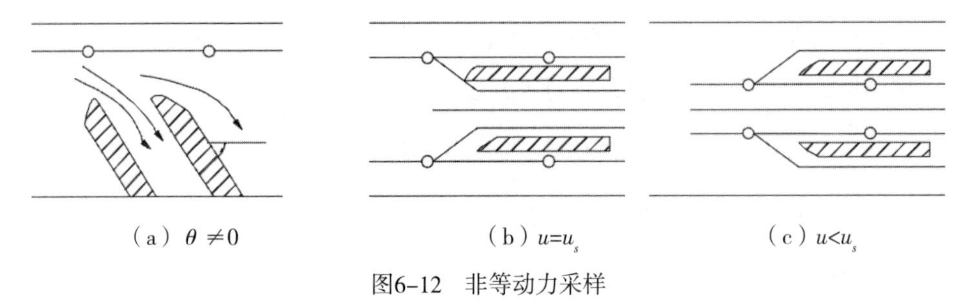

（a）$\theta \neq 0$　（b）$u=u_s$　（c）$u<u_s$

图6-12 非等动力采样

另外，在水平烟道中，由于存在重力沉降作用，较大的尘粒有偏离烟气流线向下运动的趋势，而在垂直烟道中尘粒分布较均匀，因此应优先选择在垂直管段上取样。

根据滤筒在采样前后的质量差以及采样的总质量，可以计算烟气的含尘浓度。应当注意的是，需要将采样体积换算成环境温度和压力下的体积：

$$V_t = V_0 \frac{273 + t_r P_a}{273 + t P_t} \tag{6-34}$$

式中：V_t 为环境条件下的采样体积，单位是 L；V_0 为现场采样体积，单位是 L；t_r

为测烟仪温度表的读数，单位是℃；t 为环境温度，单位是℃；P_a 为大气压力，单位是 Pa；P_r 为测烟仪压力表读数，单位是 Pa。

由于烟尘取样需要等动力采样，因此需要根据采样点的烟气流速和采样嘴的直径计算采样控制流量。若干烟气组分与干空气近似：

$$Q_r = 0.080d^2\upsilon_s\left(\frac{P_a+P_s}{T_s}\right)\left(\frac{T_r}{P_a+P_r}\right)^{1/2}\cdot(1-\chi_{sw}) \tag{6-35}$$

式中：Q_r 为等动力采样采样时，抽气泵流量计读数，单位是 L/min；d 为采样嘴直径，单位是 mm；υ_s 为采样点烟气流速，单位是 m/s；P_a 为大气压力，单位是 Pa；P_s 为烟气静压，单位是 Pa；P_r 为测烟仪压力表读数，单位是 Pa；T_s 为烟气绝对温度，单位是 K；T_r 为测烟仪温度（温度表读数），单位是 K；χ_{sw} 为烟气中水汽的体积分数。

（3）实验仪器和设备

① TH-880 Ⅳ型微电脑烟尘平行采样仪（武汉天虹智能仪表厂）：1 台。

②玻璃纤维滤筒：若干。

③镊子：1 支。

④分析天平：分度值 0.001g，1 台。

⑤烘箱：1 台。

⑥橡胶管：若干。

（4）实验方法和步骤

①滤筒的预处理。测试前先将滤筒编号，然后在 105℃烘箱中烘 2h，取出后置于干燥器内冷却 20min，再用分析天平测得初重并记录。

②采样位置选择。根据烟道的形状和尺寸确定采样点的数目和位置。

③烟气状态和环境参数测定。利用微电脑测烟仪配有的微差压传感器、干湿球温度传感器、温度热电偶等传感器测定烟气的压力、湿度和温度，计算烟气的流速和流量。同时记录环境大气压力和温度。

④烟尘采样。

A. 把预先干燥、恒重、编号的滤筒用镊子小心装在采样管的采样头内，再把选定好的采样嘴装到采样头上。

B. 根据每一个采样点的烟气流速和采样嘴的直径计算相应的采样控制流量。

C. 将采样管连接到烟尘浓度测试仪上，调节流量计使其流量为采样点的控制流量，找准采样点位置，将采样管插入采样孔，使采样嘴背对气流预热 10min 后转动 180°，即采样嘴正对气流方向，同时打开抽气泵的开关进行采样。

D. 逐点采样完毕后，关掉仪器开关，抽出采样管，待温度降下后，小心取出滤筒并保存好。

E. 采尘后的滤筒称重。将采集尘样的滤筒放在105℃烘箱中烘2h，取出置于玻璃干燥器内冷却20min后，用分析天平称重。

F. 计算各采样点烟气的含尘浓度。

（5）实验数据记录

将实验数据记录于表6-16中。

表6-16　烟气流量及含尘浓度测定实验数据记录表

测定日期：　　　　测定烟道：　　　　测定人员：

大气压力/kPa	大气温度/℃	烟气温度/℃	烟道全压/Pa	烟道静压/Pa	烟气干球温度/℃	烟气湿球温度/℃	温度计表面压力/Pa	烟气含湿量χ_{sw}	毕托管系数K_p

烟道断面面积：__________ m^2　　测点数：__________

采样点编号	动压/Pa	烟气流速/（m/s）	采样嘴直径/mm	采样流量/（L/min）	采样时间/min	采样体积/L	换算体积/L	滤筒号	滤筒初重/g	滤筒总重/g	烟尘浓度/（mg/L）
1											
2											
…											

断面平均流速：______ m/s；断面流量：______ m^3/s；平均烟尘浓度：_______ mg/L

（6）思考题

①测烟气温度、压力和含湿量等参数的目的是什么？

②实验前需要完成哪些准备工作？

③采集烟尘时为何要等动力采样？

④当烟道截面积较大时，为了减少烟尘浓度随时间的变化，能否缩短采样时间？如何操作？

扫码查阅“GR型消烟除尘脱硫一体化装置的模拟实验”

6.4.2　道路交通环境中颗粒物污染特性评价

（1）实验目的

目前，机动车尾气污染已成为城市大气污染的主要来源之一。大量汽车排出的

CO、HC、NO_x 和颗粒物等污染物严重影响了城市的环境质量，威胁着城市居民的身体健康。因此，对道路交通环境中颗粒物进行监测并对其污染特性进行评价是大气污染研究的一项重要的内容。

①掌握用重量法测定环境空气中颗粒物浓度的方法。

②掌握用粒度分布仪测定颗粒物中粒度分布的方法。

③通过对比道路交通与远离道路交通环境（如校内）中颗粒物的浓度及粒度分布，对道路交通环境中颗粒物污染特性进行评价。

（2）实验原理

通过具有一定切割器特性的采样器，以恒速抽取一定体积的空气，空气中粒径小于 100 μm 的悬浮颗粒物被截留在已恒重的滤膜上。根据采样前后滤膜质量之差及采样体积，计算总悬浮颗粒物的浓度。滤膜经处理后，可测定其粒度分布。

本方法适合于用大流量（1.1~1.7m^3/ min）或中流量（0.05~0.15 m^3/ min）总悬浮颗粒物采样器对空气中的总悬浮颗粒物进行测定。方法的检出限为 0.001mg/m^3。本实验采用中流量采样法测定。

本实验采用激光粒度分布仪测定颗粒物的粒径分布。

（3）实验仪器和材料

①中流量采样器：流量为 50~150L/min，滤膜直径为 8~10cm。

②流量校准装置：经过罗茨流量计校准的孔口校准器。

③气压计。

④滤膜：超细玻璃纤维滤膜或聚氯乙稀滤膜。滤膜储存袋及储存盒。

⑤分析天平：感量 0.1mg。

⑥激光粒度分布仪。

⑦超声波分散器。

（4）测定步骤

①环境空气中颗粒物的采集与浓度测定。

A. 采样器的流量校准：采样器每月用孔口校准器进行流量校准。

B. 采样步骤：

a. 每张滤膜使用前均需用光照检查，不得使用有针孔或有任何缺陷的滤膜采样。

b. 将滤膜放在恒温恒湿箱中平衡 24h，平衡室温度控制在 15~30℃之间，记录下平衡温度与湿度。采用放置于平衡室内的天平称重，读数准确至 0.1mg，记下滤膜的编号和质量，将其平展地放在滤膜盒中。

c. 将已恒重的滤膜用小镊子取出，绒面向上，平放在采样夹的网托上，拧紧采样夹，按照规定的流量采样。

d. 样品采完后，打开采样头，用镊子小心取下滤膜，使采样绒面向里，将滤膜对折，放入与之号码相同的滤膜袋中。将有关参数及现场温度、大气压力等记录填写在表 6–17 中。

C. 尘膜的平衡及称重：尘膜在恒温恒湿箱中，与干净滤膜平衡条件相同的温度、湿度下，平衡 24h。然后称重滤膜，记下滤膜质量。

D. 计算。

$$\text{环境颗粒物浓度}\ (\mathrm{mg/m^3}) = \frac{W}{Q_n \cdot t} \tag{6–36}$$

式中：W 为采集在滤膜上的总悬浮颗粒物质量，单位是 mg；t 为采样时间，单位是 min；Q_n 为标准状态下的采样流量，单位是 m^3/min，按下式计算：

$$Q_n = Q_1\sqrt{\frac{T_2 \times P_1}{T_1 \times P_2}} \times \frac{273 \times P_2}{101.3 \times T_2} = Q_1\sqrt{\frac{P_1 \times P_2}{T_1 \times T_2}} \times \frac{273}{101.3} = 2.69 \times Q_1\sqrt{\frac{P_1 \times P_2}{T_1 \times T_2}} \tag{6–37}$$

式中：Q_1 为现场采样流量，单位是 m^3/min；P_1 为采样器现场校准时大气压力，单位是 kPa；P_2 为采样时大气压力，单位是 kPa；T_1 为采样器现场校准时空气温度，单位是 K；T_2 为采样时的空气温度，单位是 K。

若 T_2、P_2 与采样器校准时的 T_1、P_1 相近，可用 T_1、P_1 代之。

将实验数据记录于表 6–18 中。

②颗粒物的粒度分布测试。

采用 BT–9300H 型激光粒度分布仪进行粒度测试，测试前先要将样品分为两份（十字法），分别与纯净水和乙醇（约 40ml）混合配置成悬浮液，加入适量分散剂（乙醇中不必放分散剂），搅拌均匀，放入超声波分散器中进行分散。

取一只干净的清洗过的样品池，手持侧面，用专用注射器抽取蒸馏水注入样品池中，蒸馏水高度达到样品池高度的 2/3 左右，用纸巾将样品池外表面擦干净，将有标记的面朝前，插入仪器中，压紧搅拌器，盖好测试室上盖，打开搅拌器开关，启动电脑进行背景测试。

达到最佳测试效果后用专用注射器从烧杯底部向上吸取悬浮液并放入样品池中，高度达到样品池黑点高度左右，插入仪器中，压紧搅拌器，盖好测试室上盖，打开搅拌器开关，然后测量其浓度。当浓度大于规定值时，可以向样品池中再注入少量介质；当浓度小于规定值时，可以从烧杯里重新抽取适量样品注入样品池中，最后保存。

打印出颗粒物样品的粒度分布仪测试结果报告单，并对测试结果进行对比分析，得出道路交通环境中颗粒物污染特性。

将实验数据记录于表 6-19 中。

表6-17 颗粒物采样记录（同时记录车流量）

__________市（县）______________监测点

日期	时间	采样温度/K	采样气压/kPa	采样器编号	滤膜编号	流量/（L/min）		备注
						Q_1	Q_n	

表6-18 颗粒物浓度分析记录

日期	时间	滤膜编号	流量Q_n/（m^3/min）	采样时间/min	采样体积/m^3	滤膜质量			颗粒物浓度/（mg/m^3）
						空膜	尘膜	差值	

表6-19 颗粒物粒径分布测定结果记录

日期	时间	滤膜编号	分散介质	遮光率	中位直径（D_{50}）/μm	体积平均直径 D/μm	面积平均直径 D/μm	比表面积/（m^2/kg）	PM_{10}累计分布百分数/%

（5）注意事项

①滤膜称重时的质量控制：取清洁滤膜若干张，在平衡室内平衡 24h，称重。每张滤膜称 10 次以上，则每张滤膜的平均值为该张滤膜的原始质量，此为“标准滤膜”。每次在称重清洁或样品滤膜的同时，称量两张“标准滤膜”，若称出的重量在原始重量 ±5mg 范围内，则认为该批样品滤膜称量合格，否则，应检查称量环境是否符合要求，并重新称量该批样品滤膜。

②经常检查采样头是否漏气。当滤膜上颗粒物与四周白边之间的界限逐渐模糊时，则表明应更换面板密封垫。

③称量不带衬纸的聚氯乙稀滤膜时，取放滤膜要用金属镊子触一下天平盘，以消除静电的影响。

④采用超声波分散器对中流量样品进行分散处理时，要控制分散时间，尽量分散彻底。

⑤分散剂用量不宜过多，以免影响实验结果。

（6）思考题

①道路交通与远离道路交通环境（如校内）中颗粒物的浓度是否超标（二级标

准）？对比二者的大小，并分析其原因。

②对比分析道路交通与远离道路交通环境（如校内）中颗粒物的粒度分布特征。

③总结测试区域道路交通环境中颗粒物的污染特性。

第7章
固体废物处理与处置实验

7.1 常用指标及分析方法

对于普通的固体废物，其物理化学性质通常涉及其物理组成、含水率、粒度、密度与相应的化学成分分析，如挥发性物质、灰分、热值以及固体废物中的 C、H、O、N 和 S 等元素的百分含量等。而对于有毒有害固体废物，还需了解其易燃性、腐蚀性和化学反应性等。

7.1.1 物理组成

固体废物的物理组成是指组成固体废物的各单一物理组分如食品、废纸、塑料、橡胶、皮革、纺织、废木料、玻璃等占固体废物总质量的百分比。对于城市生活垃圾的物理组成的实验室分析，常用手工采样分选法。

手工采样分选法具有简便、快速、直观性好、准确性相对较高的特点。其分析步骤为：

①在堆放好的固体废物中选定具有代表性的废物（对混合均匀后堆放的固体废物进行取样就相对简单）。

②以四分法逐级分割上述废物，直到每份废物的质量为 3~3.5kg 为止。

③将其中一份按预定物理组分的类别进行手工分选。

④将分选好的每一组废物分装入已知质量的容器中。

7.1.2 含水率

如果固体废物为无机物，则在测定含水率时，取 5~20g 的样品在 105℃下干燥，烘至恒重（前后两次的质量差不大于 0.1g）；如果固体废物中存在有机物，则取 20g 左右的样品在 60℃下干燥 24h。根据干燥前后的质量差计算出含水率 M:

$$M(\%)=\frac{W-d}{W}\times 100\% \tag{7-1}$$

式中： W 为样品初始湿重，单位是 g；d 为样品干燥后的质量，单位是 g。

7.1.3 挥发性物质与灰分

这两类指标的获取可参考水样中挥发性悬浮固体浓度和灰分的测定方法，也可采用以下简单的操作进行分析。

准确称取在 60℃下干燥 24h 后的样品，将其放在电炉上灼烧，直至不冒烟，放冷后再在（105±2）℃的烘箱内烘半小时，取出，放入干燥器内冷却，恒重后称重，则：

$$固体废物中挥发性物质含量（\%）=\frac{W_1-W_2}{W_1}\times 100\% \quad （7-2）$$

式中：W_1 为灼烧前废物的质量，单位是 g；W_2 为灼烧后废物的质量，单位是 g。

$$固体废物中灰分含量（\%）=\frac{W_2}{W_1}\times 100\% \quad （7-3）$$

式中，W_1、W_2 含义同式（7-2）。

7.1.4 元素分析

固体废物中的各元素如 C、H、O、N 和 S 等含量的分析对废物的有效利用和综合处理具有重要意义。例如，C、N 分析结果就直接影响固体废物在堆肥工艺中的物料配比的调控，而废物中蕴含的热值估算则更离不开元素分析。此类分析相对较简单，可以借助元素分析仪来进行。

7.1.5 热值

热值是焚烧法处理固体废物的一项重要指标。热值的获取常常采用量热计法和经验估算法。量热计法可参见实验 7.2.3。经验估算法通常借助固体废物中物理组成或元素分析的结果来进行。

由固体废物中各单一组分的热值以及该组分在废物中的百分含量来估算热值的方法称为统计计算法，即：

$$Q=Q_1n_1\%+Q_2n_2\%+\cdots+Q_in_i\% \quad （7-4）$$

式中：Q 为湿态下统计计算的热值，单位是 kJ/kg；Q_1，Q_2，…，Q_i 分别为各单一组分的热值数，单位是 kJ/kg；n_1，n_2，…，n_i 分别为各单一组分的热值数有关物理组成的百分含量。

根据固体废物中元素分析结果来进行热值的估算方法很多，式（7-5）即为常用的 Dulong 公式。

$$Q_w=337C+1428\left(H-\frac{O}{8}\right)+95S \qquad (7\text{–}5)$$

式中：Q_w为湿态热值，单位是 kJ/kg；C、H、O、S分别为各种元素在湿态下的百分率，单位是 %。

虽然由经验估算法获取的热值有一定误差，但在某些场合、一定条件下，这些估算的热值仍然具有较高的参考价值。

7.1.6 容重与空隙率

容重是指在实际的堆放条件下单位体积固体废物的质量（kg/m^3）；空隙率则为堆放条件下空隙体积占废物体积的百分比（%）。

在采用手工采样分选法分析固体废物的物理组成时，将具有代表性的一份装入已知容积的容器中，并压实到原废物堆放条件相似的堆放状态，测量其体积和质量，也可分别测定密实状态下每一组分的体积和质量。根据测量结果计算出原堆放条件下的总质量以及每一种组分的容重。

由固体废物的堆放体积和密实状态下的真体积可以计算其在堆放容器内的空隙率，即：

$$\text{空隙率（\%）}=\frac{V-V_P}{V}\times 100\% \qquad (7\text{–}6)$$

式中：V、V_p分别为固体废物在堆放状态下和密实状态下的体积。

空隙率的获取对固体废物可能采取的预处理手段具有指导性意义。

7.1.7 耗氧速率

在好氧堆肥法处理固体废物的工艺过程中，堆层中的耗氧速率的测定非常重要。它可以通过不同时间堆层内氧浓度的下降来求得。具体步骤为：测定前先向堆层通风，在堆层氧浓度达到最高值时（O_2含量为 20% 左右），记录该测定值。然后停止通风，间隔一定时间后测量氧浓度，同时记录每次的测量时间。在堆层中可以取有代表性的测试点，以每一测试点的氧浓度为纵坐标、时间为横坐标，绘制该层中氧浓度随时间的变化曲线。取氧浓度下降呈直线状的两次测试值，按式（7–7）计算，即可得到该堆层中的耗氧速率：

$$\Delta O_2\ (\%O/\min)=\frac{C_i^0-C_i}{t} \qquad (7\text{–}7)$$

式中：ΔO_2为耗氧速率，单位是 %O /min；C_i^0、C_i分别为某测试点直线段变化起始氧浓度和终止氧浓度（体积分数），单位是 %；t 为两次测试值相隔的时间，单位是 min。

7.2　固体废物处理与处置实验

7.2.1　有机固体废物含水率的测定

（1）实验目的

固体废物的物理性质与废物成分组成有密切关系，它常用组分、含水率、容重三个物理量来表示，废物的物理性质直接影响固体废物的处理和处置方法，不同来源的固体废物，其组分、含水率、容重差异较大。在此主要介绍含水率的测定方法。

通过本实验希望达到以下目的：

①了解固体废物含水率测定的方法及适用范围。

②掌握用烘干法测量固体废物含水率的方法。

（2）实验原理

含水率是指单位质量垃圾之含水量（质量百分比），即垃圾中所含水分质量与垃圾总质量之比的百分数，即：

$$含水率=\frac{样品初始质量-样品烘干恒重质量}{样品初始质量}\times100\%$$

通常固体废物含水率测定是将固体废物在（105 ± 5）℃下烘干一定时间后所失去的水分含量。

（3）实验仪器和设备

①烘箱（100~300℃）。

②干燥器（4 台）。

③天平（0.01~1000g，1mg~100g 各 1 台）。

④烧杯（500mL）。

⑤固体废物每种样本约 1kg，可用生活垃圾、建筑垃圾、餐厨垃圾、锅炉煤矿渣、办公垃圾、旱地土壤等作废物样品。

⑥乳胶手套、口罩及标签纸（附研钵、碾棒、60 或 80 目土样筛），数量根据学生人数确定。

（4）实验步骤

①称量样本的初始质量。先称量称量瓶的质量 m，取适量的固体废物样本（有机物 20~50g、无机物 5~100g）置于称量瓶中，称量称量瓶加样本的质量 m_1。

②烘干。将盛有样本的称量瓶放入烘箱中，无机物在 103~105℃、有机物在 60℃下烘至恒重，取出置于干燥器中冷却至室温（30~45min）。

③称量干燥后样本的质量。将冷却后含样本的称量瓶从干燥器中取出并称重为 m_2，直到前后误差≤ 0.01g，即为恒重，否则重复烘干、冷却和称量过程，直至恒重为止。

④计算含水率：

$$W=\frac{m_1-m}{m_2-m}\times 100\% \tag{7-8}$$

式中：W 为固体废物的含水率，单位是 %；m 为空称量瓶的质量，单位是 g；m_1 为干燥前称量瓶 + 样本的质量，单位是 g；m_2 为经干燥恒重后，称量瓶 + 样本的质量，单位是 g。

⑤平行测定。每一样本必须做平行测定，每 2 人一组，每 8 人（4 组）采集同一个样品。各自平行测定含水率，最后求 4 组算术平均值即为某物质的含水率。

⑥数据记录。将实验数据填到表 7–1 中。

表7–1　含水率测定实验数据记录表

测定次数	m	m_1	m_2	$\frac{m_1-m}{m_2-m}$	$\overline{m}$
1					
2					
3					
4					

（5）实验数据处理

代入式（7–8）计算含水率，结果填入表 7–1 中。

（6）注意事项

①样本从烘箱取出后必须立刻放入干燥器中，冷却后再称量，否则会吸收空气中的水分，影响称量的准确度。

②样本必须烘至恒重，否则会影响本实验测量的精度。

（7）问题与讨论

①根据实验室测定的垃圾粒密度、密度、含水率，如何计算干密度？

②干密度能够实测吗？

7.2.2　固体废物化学性质的测定

（1）实验目的

固体废物的化学性质包括挥发分、灰分、可燃分、发热值、元素组成等，这些参数是评定固体废物性质和选择采用堆肥、发酵、焚烧、热解等处理处置方法、设计处理处置设备等的重要依据，也是科研、实际生产中经常需要测量的参数，因此，要掌握它们的测定方法。本实验主要测定挥发分、灰分和可燃分三个基本参数。

通过本实验希望达到以下目的：

①加强对挥发分、灰分、可燃分概念的理解。

②掌握用重量法测定挥发分、灰分、可燃分的方法。

（2）实验原理

①挥发分和灰分。挥发分又称挥发性固体含量，是指固体废物在 600℃下的灼烧减量，常用 *VS*（%）表示。它是反映固体废物中有机物含量的一个指标参数。灰分是指固体废物中既不能燃烧，也不会挥发的物质，用 *A*（%）表示。它是反映固体废物中无机物含量的一个指标参数。挥发分和灰分一般同时测定。

②可燃分。把固体废物试样在（815 ± 10）℃的温度下灼烧，在此温度下，除了试样中的有机物质均被氧化外，金属也成为氧化物，灼烧损失的质量就是试样中的可燃物含量，即可燃分，用 *CS*（%）表示。可燃分反映了固体废物中可燃烧成分的量，它既是反映固体废物中有机物含量的参数，也是反映固体废物可燃烧性能的指标参数，是选择焚烧设备的重要依据。

（3）实验材料与设备

①实验材料：实验所用固体废物可根据实际情况选用人工配制的固体废物，也可以用实际产生的固体废物。

②实验设备：

A. 马弗炉。

B. 电子天平。

C. 烘箱。

D. 坩埚。

（4）实验步骤

①灰分和挥发分测定。

A. 准备 2 个坩埚，分别称取其质量，并记录下来。

B. 各取 20g 烘干好的试样（绝对干燥），分别加入准备好的 2 个坩埚中（重复样）。

C. 将盛放有试样的坩埚放入马弗炉中，在 600℃下灼烧 2h，然后取出冷却。

D. 分别称量并计算含灰量，最后结果取平均值。

$$A=\frac{m_1-m_0}{m_2-m_0}\times 100\% \tag{7-9}$$

式中：A 为试样灰分含量，单位是 %；m_1 为灼烧后坩埚和试样的总质量，单位是 g；m_2 为灼烧前坩埚和试样的总质量，单位是 g；m_0 为坩埚的质量，单位是 g。

E. 挥发分（VS）计算：

$$VS=(1-A)\times 100\% \tag{7-10}$$

式中：VS 为试样挥发分含量，单位是 %；A 为试样灰分含量，单位是 %。

②可燃分测定。其分析步骤基本同挥发分的测定步骤，所不同的是灼烧温度。

A. 准备 2 个坩埚，分别称取其质量，并记录下来。

B. 各取 20g 烘干好的试样（绝对干燥），分别加入准备好的 2 个坩埚中（重复样）。

C. 将盛放有试样的坩埚放入马弗炉中，在 815℃下灼烧 1h，然后取出冷却。

D. 分别称量并计算含灰量，最后结果取平均值。

$$A'=\frac{m_1-m_0}{m_2-m_0}\times 100\% \tag{7-11}$$

式中：A' 为试样灰分含量，单位是 %；m_1 为灼烧后坩埚和试样的总质量，单位是 g；m_2 为灼烧前坩埚和试样的总质量，单位是 g；m_0 为坩埚的质量，单位是 g。

E. 可燃分 CS（%）计算：

$$CS=(1-A')\times 100\% \tag{7-12}$$

式中：CS 为可燃分含量，单位是 %；A'为试样灰分含量，单位是 %。

③数据记录。将实验数据填到表 7-2 中。

表7-2　固体废物化学性质数据记录表

序号	测定参数	第一次	第二次	第三次	均值	备注
1	灰分/%					
2	挥发分/%					
3	可燃分/%					

（5）实验数据处理

将实验结果及相关数据分别代入式（7–9）、式（7–10）和式（7–12）计算，得到的数据记录于表 7–2 中。

（6）思考题

①固体废物灰分、挥发分和可燃分之间的关系是什么？

②固体废物灰分、挥发分和可燃分测定的意义是什么？

7.2.3　固体废物热值的测定

（1）实验目的

热值是固体废物的一个重要指标。固体废物热值的大小直接影响其处理处置方法的选择。热值是分析垃圾燃烧性能、设计焚烧设备、选用焚烧处理工艺的重要依据。根据经验，当生活垃圾的低热值大于 3350kJ/kg（800kcal/kg）时，固体废物燃烧所产生的热量能够满足焚烧炉所需的热能，也就是说，采用焚烧法处理低位热值大于 3350kJ/kg 的垃圾时无须添加辅助燃料，易于实现自燃，否则需补充辅助燃料。因此，测定固体废物的热值与工业生产中测定煤和石油的热值一样重要。

通过本实验希望达到以下目的：

①学会用氧弹量热计法测定固体废物的热值；

②掌握热值测定方法和氧弹热量计的基本操作方法。

（2）实验原理

①固体废物热值。根据热化学定义，1 摩尔物质完全氧化时的反应热称为该物质的燃烧热。对固体废物和无法确定相对分子质量的混合物，其单位质量完全氧化时的反应热称为热值。

固体废物的热值是指单位质量的固体废物完全燃烧所放出的热量。它有高位发热值和低位发热值之分。高位发热值 Q_H（简称高位热值或高热值）是指单位质量固体废物完全燃烧后，燃烧产物中的水分冷凝为 0℃的液态水时所放出的热量。低位发热值 Q_L（简称低位热值或低热值）是指单位质量固体废物完全燃烧后，燃烧产物中的水分冷却为 20℃的水蒸气时所放出的热量。高位热值扣除烟气中水蒸气消耗的汽化热即为低位热值。由于水蒸气的这部分汽化潜能是不能加以利用的，故在垃圾焚烧处理中一般都使用低位热值进行设计和计算。

要使物质维持燃烧，就要求其燃烧释放出来的热量足以提供加热废物达到燃烧温度所需要的热量和发生燃烧反应所必需的活化能。否则，就要消耗辅助燃料才能维持燃烧。根据经验，当垃圾的低位热值大于 3350kJ/kg 时，垃圾燃烧所产生的热量能够满足焚烧炉所需的热能，也就是说，采用焚烧法处理低位热值大于 3350kJ/kg 的垃圾时无须添加辅助燃料，否则需补充辅助燃料。

测量热效应的仪器称为量热计或卡计，量热计的种类很多，本实验采用氧弹量热计。

②热值测定。

A. 任何一种物质，在一定的温度下，物料所获得的热量（Q）为：

$$Q = C \cdot \Delta t = mq \tag{7-13}$$

式中：C 为热容量，单位是 J/K；m 为质量，单位是 g；Δt 为初始温度与燃烧温度之差，单位是 K；Q 为物料发热量。

所以，热容量（C）为：

$$C = \frac{mq}{\Delta t} \tag{7-14}$$

当操作温度一定、热量计中水体积一定、水纯度和温度一定的条件下，C 为常数，氧弹热量计系统的热容量也是固定的，当固体废物燃烧发热时，会引起热量计中水温变化（Δt），通过探头测定而得到固体废物的发热量。

发热量（q）为：

$$q = \frac{C \cdot \Delta t}{m} \tag{7-15}$$

式中：m 为待测物质量。

B. 热容量（J/K）计算公式：

$$E = \frac{Q_1 M_1 + Q_2 M_2 + VQ_3}{\Delta T} \tag{7-16}$$

式中：E 为热量计热容量，单位是 J/℃；Q_1 为苯甲酸标准热值，单位是 J/g；M_1 为苯甲酸重量，单位是 g；Q_2 为引燃（点火）丝热值，单位是 J/g；M_2 为引燃（点火）丝重量，单位是 g；V 为消耗的氢氧化钠溶液的体积，单位是 mL；Q_3 为硝酸生成热滴定校正（0.1mol 的硝酸生成热为 5.9J），单位是 J/g；ΔT 为修正后的量热体系温升，单位是℃，计算方法如下：

$$\begin{aligned} &\Delta T = (t_n - t_0) + \Delta\theta \\ &\Delta\theta = \frac{V_n - V_n}{\theta_n - \theta_0}\left(\frac{t_0 + t_n}{2} + \sum_{i=1}^{n-1} t_i - n\theta_n\right) + nV_n \end{aligned} \tag{7-17}$$

式中：V_0 和 V_n 分别为初期和末期的温度变化率，单位是℃ /30s；θ_0 和 θ_n 分别为初期和末期的平均温度，单位是℃。

C. 试样热值（J/g）计算公式：

$$Q = \frac{E \cdot \Delta T - \Sigma Gd}{G} \tag{7-18}$$

式中：ΣGd 为添加物产生的总热量，单位是 J；G 为试样重量，单位是 g。

其他符号意义同上。

（3）实验材料和设备

①氧弹量热计：XRY-1A（含温度计及相应配件）。

②苯甲酸。

③ 0.1mol/L 的 NaOH 溶液。

④碱式滴定管。

⑤电炉。

⑥烧杯、表面器皿盖。

⑦滴酚酞指示剂。

⑧压片机 1 台。

⑨ 10ml 量筒。

⑩点火丝：直径约 0.1mm 镍铬丝，长（80~100mm），再把等长的 10~15 根点火丝同时放在分析天平上称量，计算每根点火丝的平均重量。

⑪氧气钢瓶（含氧气表）：氧气纯度至少为 99.5%，不允许使用电解氧；压力足以使氧弹充氧量至 3.0MPa。

（4）实验步骤

①仪器使用方法。

A. 开机后，只要不按“点火”键，仪器逐次自动显示温度数据 100 个，测温次数从 00 到 99 递增，每半分钟一次，并伴有蜂鸣器的鸣响，此时按“结束”键或“复位”键能使显示测温次数复零。

B. 按“点火”键后，氧弹内点火丝得到约 24V 的交流电压，从而烧断点火丝，点燃坩埚中的样品，同时，测量次数复零。以后每隔半分钟测温一次并储存测温数据共 31 个，当测温次数达到 31 后，测温次数就自动复零。

C. 当样品燃烧，内筒水开始升温，平缓到顶后，开始下降，当有明显降温趋势时，可按“结束”键，然后按“数据”键，可使 00 次、01 次、02 次，一直到按“结束”键时的测温次数为止的测量温度数据重新逐一在五位数码管上显示出来，操作人员可进行记录和计算，或与实时笔录的温度数据（注：电脑储存的数据是蜂鸣器鸣响的那一秒的温度值）核对后计算 ΔT 和热值。操作人员每按一次“数据”键，被储存的温度数据和测温次数就自动逐个显示出来，方便操作人员查看测温记录。

D. 在读取数据状态，“点火”键不起作用，若需重新测量，必须先按“结束”键，使仪器回到测温状态。

E. 按“复位”键后，可重新实验。

F. 关掉电源，原储存的温度数据将自动被消除。

②热量计热容量（E）测定。

A. 先将外筒装满水，实验前用外筒搅拌器（手拉式）将外筒水温搅拌均匀。

B. 检查氧弹。

氧弹在出厂前已经经过严格的质量检验，但在每次使用前用户还须做如下检查：

a. 进气孔是否畅通；

b. 两支电极杆是否松动，圆形挡火板是否紧固；

c. 坩埚支架是否固定良好；

d. 氧弹弹体及氧弹密封盖上的螺纹密封圈上有无异物；

e. 充氧后整个弹体浸没在水中有无漏气；

f. 外观有无损伤等。

C. 用天平准确称取苯甲酸 1g（约 2 片）（切勿超过 1.1g，准至 0.0002g），放入已经烘干的坩埚中，并记录其质量（M_1）；准确量取长度为 15cm 长的铁丝并称重（$M_{2（起）}$）。

样品：固体废物压片，将压好的样品在分析天平上准确称量后即可供燃烧用。

D. 把盛有苯甲酸的坩埚固定在坩埚架上，将一根点火丝的两端固定在两个电机柱上，并让其与苯甲酸有良好的接触。然后在氧弹中加入 10 毫升蒸馏水，拧紧氧弹盖，并用进气管缓慢地充入氧气直至弹内压力为（2.8~3.0）MPa 为止，充好氧气的氧弹放入水中检查是否漏气，看不到冒气泡则说明氧弹不漏气。

充氧气程序如下：

将氧气表头的导管和氧弹的进气管接通，此时减压阀门应逆时针旋松（关紧）。打开阀门，直至指针在表压 100kg/cm^2（1kg/cm^2=98.0665kPa）左右，然后渐渐旋紧减压阀门（渐渐打开），使表指针在压力 2000kPa，即 20kg/cm^2 左右；此时氧气已充入氧弹中。1~2min 后旋松（关闭）减压阀门，关闭阀门，再松开导气管，氧弹已充有 21atm（1atm=101325Pa）的氧气（注意不可超过 30atm），可作燃料用。但减压阀门到阀门之间尚有余气，因此要旋紧减压阀门以放掉余气，再旋松阀门，使钢瓶和氧气表头恢复原状。

注意：点火丝不可接触坩埚，以免旁路点火电流，使点火失败；若是粉状样品，为得到更好的实验效果，用专用压饼机将试样压制成饼状后再试验；严禁挡火板将两电极短路；每次装点火丝前，请将残留在电极杆和压线环内的点火丝或其他异物清除干净；严禁超压充氧——正常为（2.8~3.0）MPa，充氧时间保持相对一致（30~45s）；氧弹盖不宜旋得太紧，旋到位后稍加一点力即可，以不漏气为准。

E. 把上述氧弹放入内筒中的氧弹座架上，再向内筒中加入约 3000 克（称准至 0.5 克）蒸馏水（温度已调至比外筒低 0.2~0.5℃），水面应至氧弹进气阀螺帽高度的约 2/3 处，每次用水量应相同。

注意：水量要准确。

F. 接上点火导线，并连好控制箱上的所有电路导线，盖上盖，将测温传感器插入内筒，打开电源和搅拌开关，仪器开始显示内筒水温，每隔半分钟，蜂鸣器报时一次。

G. 当内筒水温均匀上升后，每次报时时，记下显示的温度（T_1）。当记下第 10 次时，同时按“点火”键，测量次数自动复零。以后每隔半分钟，储存测温数据共 31 个，当测温次数达到 31 次后，按“结束”键表示实验结束（若温度达到最大值后记录的温度值不满 10 次，需人工记录几次）。并记录达到最大值时的温度（T_2）。

注意：每 30s 记录一个数据。

H. 停止搅拌，拿出传感器，打开水筒盖（注意：先拿出传感器，再打开水筒盖），取出内筒和氧弹，用放气阀放掉氧弹内的氧气，打开氧弹，观察氧弹内部，若有试样燃烧完全，则实验有效，取出未烧完的点火丝称重（$M_{2(末)}$）。若有试样燃烧不完全，则此次实验作废。

I. 燃烧后剩下的铁丝用尺子测量并记录，在计算中减去此长度。倒去不锈钢桶内的水，用布把表面擦干净，盖上盖子，为下一个实验做好准备。

J. 用蒸馏水洗涤氧弹内部及坩埚并擦拭干净，洗液收集至烧杯中的体积为 150~200 毫升。

K. 将盛有洗液的烧杯用表面器皿盖上，加热至沸腾 5 分钟，加 2 滴酚酞指示剂，用 0.1mol/L 的氢氧化钠标准溶液滴定，记录消耗的氢氧化钠溶液的体积 V_0。如发现在坩埚或氧弹内有积炭，则此次实验作废。

③样品热值测定。将混匀且有代表性的固体废物或固体废物粉碎成粒径为 2mm 的碎粒；若含水率高，则应于 105℃烘干，并记录水分含量，然后称取 1.0g 左右的样

品，其他步骤与上述实验步骤一样。

（5）注意事项

①点火丝不得掉到水池，不能碰到坩埚。

②氧弹每次工作前要加10ml蒸馏水。

③工作时，实验室关好门窗，尽量减少空气对流。氧弹最大充氧压力必须< 3.2MPa。因为氧弹是压力容器，所以有安全使用压力限制。如果充入压力超过这个限定值，则将氧弹中的 氧气放掉，调整减压器的压力，重新充氧。

④点火后，20s内身体任何部位不可置于氧弹上方，以防发生氧弹事故。

⑤两年内必须对氧弹进行水压试验一次，发现氧弹异常应及时进行水压试验。

⑥对于实验仪器轻拿轻放，并保持仪器表面干燥。

⑦该实验必须在老师的指导下进行。

（6）数据记录

将实验数据填到表7–3中。

表7–3　热值测定实验数据记录表

热量计热容量（E）的测定				样品热值的测定			
苯甲酸的燃烧热值：				引燃点火丝的燃烧热值：			
苯甲酸：				废物样品：			
苯甲酸质量M_1=				固体废物样品质量m_2=			
燃烧前点火丝质量$M_{2（起）}$=		点火丝燃烧后的质量$M_{2（末）}$=		燃烧前点火丝质量$m_{2（起）}$=		点火丝燃烧后的质量$m_{2（末）}$=	
点燃引火丝质量M_2=$M_{2（起）}$−$M_{2（末）}$=				点燃引火丝质量m_2=$m_{2（起）}$−$m_{2（末）}$=			
滴定NaOH浓度c=0.1mol/L				滴定NaOH浓度c=0.1mol/L			
滴定消耗（0.1mol/L）NaOH体积V_0=				滴定消耗（0.1mol/L）NaOH体积V_1=			
苯甲酸燃烧升温数据				固体废物燃烧升温数据			
实验序号	T/℃	实验序号	T/℃	实验序号	T/℃	实验序号	T/℃
1		5		1		5	
2		6		2		6	
3		7		3		7	
4		8		4		8	

续表

实验序号	T/℃	实验序号	T/℃	实验序号	T/℃	实验序号	T/℃
9		25		9		25	
10		26		10		26	
11		27		11		27	
12		28		12		28	
13		29		13		29	
14		30		14		30	
15		31		15		31	
16		32		16		32	
17		33		17		33	
18		34		18		34	
19		35		19		35	
20		36		20		36	
21		37		21		37	
22		38		22		38	
23		39		23		39	
24		40		24		40	
温度差温度差 Δt=				温度差 $\Delta t_{(样品)}$ =			
$E=\frac{Q_1M_1+Q_2M_2+V_0Q_3}{\Delta t}$				$Q=\frac{E\cdot\Delta T-\Sigma Gd}{G}$			

（7）实验数据处理

①热量计热容量（E）测定。

点燃引火丝质量 $M_2=M_{2(起)}-M_{2(末)}=$

消耗 NaOH 体积 V_0=

硝酸生成热滴定校正 Q_3=

$\Delta T=t_{(末)}-t_{(末)}=$

计算热量计热容量（E）$=\frac{Q_1M_1+Q_2M_2+V_0Q_3}{\Delta t}$

②样品热值测定。

点燃引火丝质量 $m_2=m_{2(起)}-m_{2(末)}=$

消耗 NaOH 体积 V_1=

硝酸生成热滴定校正 $Q_{3(样品)}$=

$\Delta T=t_{末(样品)}-t_{起(样品)}$=

计算固体废物样品热值 $Q=\dfrac{E\cdot\Delta T-\Sigma Gd}{G}$

（8）思考题

①本实验中测出的热值与高热值及低热值的关系是什么？

②氧弹测定物质的热值，经常出现点火不燃烧的现象，使无法测定热值，发生此现象的原因是什么？应如何解决？

7.2.4 筛分实验

（1）实验目的

滚筒筛是固体废物处理中最常用的筛分设备之一。利用作回转运动的筒形筛体将固体废物按粒度进行分级，工作时筒形筛体应倾斜安装。进入滚筒筛内的固体废物随筛体的转动作螺旋状翻动，在重力作用下，粒度小于筛孔的固体废物透过筛孔而被筛下，大于筛孔的固体废物则在筛体底端排出。

通过本实验希望达到以下目的：

①掌握滚筒筛筛分的基本原理和基本方法。

②了解影响筛分效率的主要因素。

③确定分选的适宜条件。

（2）实验原理

①滚筒筛筛分原理。物料在滚筒筛内的运动呈三种状态：

沉落状态：这时筛子的转速很低，物料颗粒由于筛子的圆周运动而被带起，然后滚落到向上运动的颗粒上面，物料混合很不充分，不易使中间的细料翻滚移向边缘而触及筛孔，因而分离效率极低。

抛落运动：当转速足够高但又低于临界速度时，物料颗粒克服重力作用沿筒壁上升，直至即将到达转筒最高点，此时重力超过了离心力，颗粒沿抛物线轨迹落回筛底，因而物料颗粒的翻滚程度最为剧烈，很少发生堆积现象，筛子的筛分效率最高。

离心状态：当筛子的转速进一步增大，达到某一临界速度时，物料由于离心作用附着在筒壁上而无法下落、翻滚，因而导致筛分效率相当低。

分选生活垃圾的滚筒筛，是在普通滚筒筛的基础上增设一些分选或清理机构，使之更适合于生活垃圾的筛分，主要有卧式旋转滚筒筛、立式滚筒筛和叶片滚筒筛三种。垃圾在滚筒筛内的运动可分解为沿筛体轴线方向的运动和垂直于筛体轴线平面的平面运动。沿筛体轴线方向的直线运动是由于筛体的倾斜安装而产生的，其速度即为垃圾通过筛体的速度。垃圾在垂直于筛体轴线平面的平面运动与筛体的转速密切相关。当筒体以较低于临界速度转动时，垃圾被带至一定高度后沿抛物线下落，这种运动有利于筛分的进行。一般滚筒筛的转动速度为临界速度的 30%~60%，该数值比垃圾物料获得最大落差所需的转速略低一些。

②筛分效率 。

筛子有两个重要工艺指标：一个是处理能力，即孔径一定的筛子在一定时间内单位面积上的处理能力；另一个是筛分效率，它是表明筛分工作的质量指标。

从理论上来讲，固体废物中凡是粒径小于筛孔尺寸的细粒都应该透过筛孔成为筛下产品，而大于筛孔尺寸的粗粒应全部留在筛上排出成为筛上产品。但是，实际上由于筛分过程中受各种因素的影响，总会有一些小于筛孔尺寸的细粒留在筛上随粗粒一起排出成为筛上产品，筛上产品中未透过筛孔的细粒越多，说明筛分效果越差。为了评定筛分设备的分离效果，引入筛分效率这个指标。筛分效率是指实际得到的筛下产品质量与入筛废物中所含小于筛孔尺寸的细粒物料质量之比，用百分数表示，即：

$$E=\frac{Q_1}{Q\times\frac{\alpha}{100}}\times 100\%=\frac{Q_1}{Q_{\alpha}}\times 10^4\% \qquad (7\text{-}19)$$

式中：E 为筛分效率，单位是 %；Q 为入筛固体废物质量，单位是 kg；Q_1 为筛下产品质量，单位是 kg；α 为入筛固体废物中小于筛孔的细粒含量，单位是 %。

但是，在实际筛分过程中要测量 Q_1 和 Q 是比较困难的（图 7–1），因此，必须变换成便于应用的计算式。按图 7–1 测定出筛下产品中小于筛孔尺寸的粗粒，有以下两个假设：

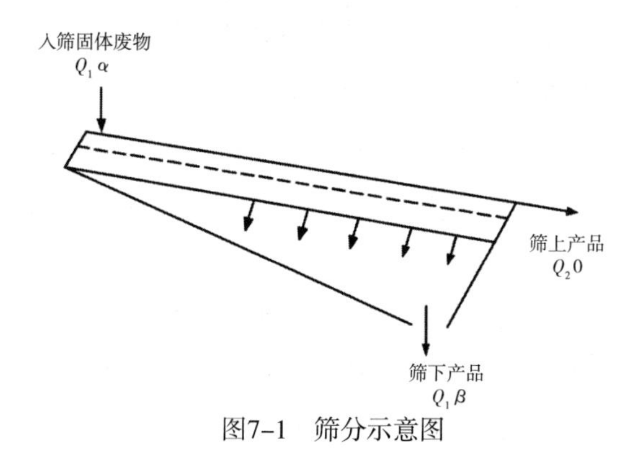

图7–1　筛分示意图

A. 物料入筛质量（Q）等于筛上产品质量（Q_2）和筛下产品质量（Q_1）之和，即

$$Q=Q_1+Q_2 \tag{7-20}$$

B. 固体废物中小于筛孔尺寸的细粒质量等于筛上产品与筛下产品中含有小于筛孔尺寸的细粒质量之和，即：

$$Q\alpha=100Q_1+Q_2\theta \tag{7-21}$$

将式（7-20）代入（7-21）得：

$$Q_1=\frac{(\alpha-\theta)\ Q}{100-\theta} \tag{7-22}$$

将 Q_1 代入式（7-19）得：

$$E=\frac{\alpha-\theta}{\alpha\ (100-\theta)}\times 10^4\% \tag{7-23}$$

（3）实验材料和设备

①生活垃圾若干。

②物料接收桶 3~5 个。

③台秤 1 台。

④ JKL12 滚筒筛分选机：由有机玻璃制成。

滚筒筛分设备主要参数：环境温度 5~40℃；运动参数 10~20r/min；动力功率 90W；筛体长度 1000mm；筛体直径 400mm；倾斜角度 4°~8°；筛孔直径 30~60mm。

（4）实验步骤

本实验测定不同粒径的生活垃圾在不同转动条件下的分选效果。

①将生活垃圾进行常规破碎处理。

② α 的测定：取 5~10kg 破碎好的垃圾，在 20r/min 的转速下过筛，将筛上产品称重后继续筛分，直到两次筛上产品的质量变化小于 1%，此时认为筛分完全。则有：

$$\alpha=\frac{\text{垃圾总质量}-\text{筛上产品质量}}{\text{垃圾总质量}}\times 100\% \tag{7-24}$$

③开启滚筒筛，运行稳定后开始进料实验。首先，固定进料量（70kg/h），调节转速分别为 10、20、30 和 40r/min，观察不同转速下垃圾在滚筒筛中的运动状态，将各个转速条件下得到的筛上和筛下部分垃圾质量记录于表 7-4 中，并计算出筛分效率。

④根据步骤（3）得到的最优转速（该转速下物料的筛分效率最高），调节进料量分别为 50、70、90 和 110kg/h，观察垃圾在滚筒筛中的运动状态，并比较不同转速下筛分效率的高低。将实验数据记录于表 7-5 中。

表7-4　不同转速下滚筒筛筛分实验数据记录表

实验日期：　年　月　日			(α=　　)		
序号	转速/（r/min）	运动状态	筛分效率 $E=\dfrac{Q_1}{Q\times\dfrac{\alpha}{100}}\times 100\%=\dfrac{Q_1}{Q_\alpha}\times 10^4\%$		
			Q_1	Q	E
1	10				
2	20				
3	30				
4	40				

表7-5　不同进料量下滚筒筛筛分实验数据记录表

实验日期：　年　月　日			(α=　　)		
序号	进料量/（kg/h）	运动状态	筛分效率 $E=\dfrac{Q_1}{Q\times\dfrac{\alpha}{100}}\times 100\%=\dfrac{Q_1}{Q_\alpha}\times 10^4\%$		
			Q_1	Q	E
1	50				
2	70				
3	90				
4	110				

（5）实验数据处理

按式（7-22）计算 Q_1；按式（7-20）计算 Q；按式（7-23）或式（7-19）计算筛分效率 E。并将计算结果记录于表 7-4 和表 7-5 中。

（6）思考题

①讨论转速和进料量对筛分的影响，以及提高筛分效率的方法。

②改变倾斜角度对筛分效果有何影响？

③滚筒筛操作有哪些注意事项？

扫码查阅“固体废物的重介质分选实验”“固体废物的风力分选实验——重量法”

7.2.5　固体废物的磁力分选实验

（1）实验目的

磁选是固体废物常用的预处理技术，是利用固体废物中各种物质的磁性差异在不均匀磁场中对其进行分选的一种处理方法。目的是使固体废物转变成便于运输、储存、回收利用和处置的状态。由于工艺中常涉及固体废物中某些成分的分离和浓缩，因此也是一种回收材料的过程。

通过本实验希望达到以下目的：

①直观了解和掌握固废分离中磁力分离的原理和影响因素。

②掌握磁选实验的操作方法。

③掌握磁力分离实验数据整理及结果分析方法。

（2）实验原理

磁力分离是根据不同固体废物间磁性的差异，在磁选设备产生的磁场作用下，把固废分为磁性和非磁性物料的过程。固体废物颗粒通过磁选机的磁场时，同时受到磁力和机械力（包括重力、离心力、介质阻力、摩擦力等）的作用。磁选强的颗粒受到的磁力大于所受的机械力，而非磁性颗粒所受的磁力很小，以机械力为主。由于受到磁力和机械力的合力不同，固体颗粒的运动轨迹不同，从而实现分离。

磁性颗粒进行磁选的必要条件是磁性颗粒所受的磁力$f_{磁}$必须大于与它方向相反的机械力的合力$\Sigma f_{机}$，而非磁性颗粒或磁性较小的磁性颗粒所受的磁力$f_{非磁}$必须小于它所受的机械力$\Sigma f_{机}$，即：

$$f_{磁} > \Sigma f_{机} > f_{非磁}$$

（3）实验设备和材料

① XCRS400*300 鼓型湿法弱磁选机：它利用湿式方法对细粒磁性矿石进行磁选，选别形式为顺流。该磁选机转鼓内装开放式磁系，当给矿时能迅速地分选出磁性矿物，磁性矿物在槽体中被磁力吸在鼓面上，在磁力搅拌下甩掉污泥，后随鼓面旋转并借助冲水排出机外。磁选机体积小，重量轻，操作简单。该设备不宜进行带有腐蚀性液体的选矿试验。

②其他仪器：烘箱 1 台；小型台秤 1 台；塑料接料斗 4 个；30mm 毛刷一把。

③含铁固废物料：可采用 0.5 毫米磁铁粉与煤泥的混合样；石英 80g、磁铁矿 20g 混合。注意记录物质的质量。

（4）实验步骤

①学习操作规程，设备检查、试运转，确保实验过程顺利进行和人机安全。

②准备物料：称取干的含铁固废物料 0.5~2kg，如果不干，则应烘干；破碎物料，将物料全部破碎至 3mm，混合均匀，以备实验时使用。

③把磁性和非磁产物接料斗并排放在磁选机出料口，注意位置。把磁选机插头插上，并接通本机电源。

④旋转调整磁极位置，使扇形磁极置于所需位置，调整调压器手柄，使输出直流电流在所需值。（极限使用值为 3.5A。）

⑤分别将不同粒度的物料缓慢加入磁选机，要求成一薄层并连续给料，也可同时开启喷水管和反冲水管适量给水；注意给样时应保持一定的速度，确保给料的稳定与准确。在给料过程中，分别接取磁性产品和非磁性产品。

⑥给矿完毕后，将运转按钮切断，转鼓停止转动；将磁选机内的非磁性产品冲洗干净，关闭冲水管及喷水管，然后排接尾矿。

⑦排接精矿，并清洗精矿槽和尾矿槽，并入各自产品槽中。

⑧切断整机电源。

⑨分别对磁性产品和非磁性产品脱水、烘干、称量。

⑩用同样的方法进行磁场强度对物料磁选效果的影响实验（数据记录于表 7–7 中）。

（5）实验数据记录与处理

①将实验数据分别记录于表 7–6 和表 7–7 中。

表7–6　粒度对物料磁性效果的影响

废物名称	产品名称	质量/g	质量分数/%	品位/%	回收率/%
粒度1	磁性产品				
	非磁性产品				
	物料				
粒度2	磁性产品				
	非磁性产品				
	物料				
…	磁性产品				
	非磁性产品				
	物料				

表7–7　磁场强度对物料磁性效果的影响

废物名称	产品名称	质量/g	质量分数/%	品位/%	回收率/%
强度1	磁性产品				
	非磁性产品				
	物料				
强度2	磁性产品				
	非磁性产品				
	物料				
…					

②实验数据处理。

A. 各产品的质量分数计算。

$$产品的质量分数=\frac{某产品的质量}{给入作业的总质量}\times100\%$$

B. 回收率计算，回收率是指从某种分选过程中排出的某种成分的质量与进入分选机的这种成分的质量之比。

$$回收率=\frac{分选出某种成分的质量}{进入分选机某种成分的质量}\times100\%$$

C. 以实验结果为依据，分别绘制实验条件下磁性产品的“实验条件—品位”“实验条件—回收率”曲线。

（6）思考题

①分析说明磁选的原理。

②根据物质磁性的差异对物质进行分类。

③根据实验结果说明影响磁选效果的主要因素。

7.2.6 好氧堆肥模拟实验

（1）实验目的

堆肥化技术是一种最常用的固体废物生物处理技术，是对固体废物进行稳定化、无害化处理的重要方式之一。

通过本实验希望达到以下目的：

①掌握有机垃圾好氧堆肥化的过程和原理，加深对好氧堆肥化的理解。

②了解好氧堆肥化过程的各种影响因素和控制措施。

（2）实验原理

好氧堆肥是在有氧条件下，好氧微生物对废物进行吸收、氧化、分解，微生物通过自身的生命活动，把一部分被吸收的有机物氧化成简单的无机物，同时释放出可供微生物生长活动所需的能量，而另一部分有机物则被合成新的细胞质，使微生物不断生长繁殖，产生出更多的生物体的过程（图 7–2）。在有机物生化降解的同时，伴有热量产生，因堆肥工艺中该热能不会全部散发到环境中，所以必然造成堆肥物料的温度升高，这样就会使一些不耐高温的微生物死亡，耐高温的细菌快速繁殖。

对于高温二次发酵堆肥工艺来说，通风供氧、堆料含水率、温度是最主要的发酵条件。另外，堆肥原料的有机质含量、粒度、C/N、C/P、pH 对堆肥过程也有影响。

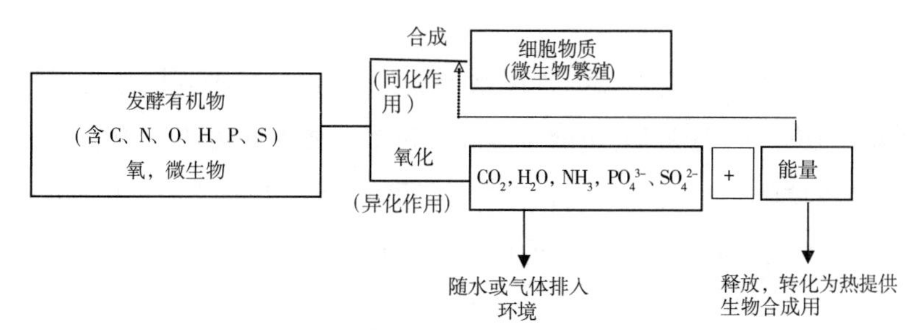

图7–2　好氧堆肥化中微生物好氧分解过程简图

（3）实验装置与设备

实验装置由反应器、强制通风供气系统和渗滤液收集系统三部分组成。装置与设备如图 7–3 所示。其他实验设备见表 7–8 。

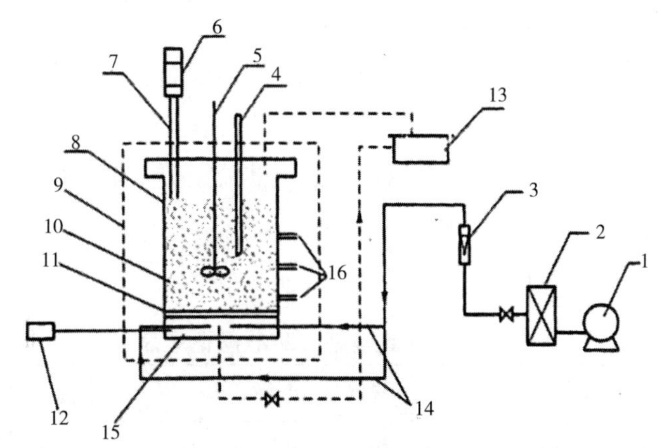

图7–3　好氧堆肥实验装置示意图

表7–8　辅助实验设备

序号	名称	型号规格	备注
1	空气压缩机	Z–0.29/7	
2	缓冲器	H/Φ=380mm/260mm	最高压力0.5MPa
3	转子流量计	LZB–6，量程0~0.6 m^3/h	20℃，101.3 MPa
4	温度计	量程0~100℃	
5	注射器	5.5L	
6	反应器主体	H/Φ=480mm/390mm	有机玻璃
7	温控仪	0~50℃	

（4）实验步骤

①首先检查设备有无异常（漏电、漏水等）。如一切正常则开始操作。

②将约 40kg 厨余垃圾进行人工剪切破碎并过筛，控制粒度小于 10mm。

③取少量有机垃圾称重，沥除水分，放入烘箱中烘干。再称重后，计算垃圾含水率。

④将破碎后的有机垃圾投入反应器中，控制供气流量 $1m^3/(h \cdot t)$。垃圾装入不宜太满，约三分之二左右高度。

⑤加入恒温水，打开温度控制开关与循环泵开关，对系统进行加热保温。

⑥开启垃圾翻转电机，使其反应均匀。

⑦在堆肥开始第 1、3、5、8、10、15 天分别取样测定堆体的含水率，记录堆体中央温度，从气体取样口取样测定 CO_2 和 O_2 浓度。

⑧再调节供气流量分别为 $5m^3/(h \cdot t)$ 和 $8m^3/(h \cdot t)$，重复上述实验步骤。

⑨反应结束后，卸除余料，关闭所有电源，检查设备状况，没有问题后离开。

（5）实验数据记录及处理

①记录实验主体设备的尺寸、实验温度、气体流量等基本参数。

②将实验数据记录在表 7–9 中。

③绘制堆肥体温度随时间变化的曲线。

表7–9　好氧堆肥实验数据记录表

项目	供气流量为 $1m^3/(h \cdot t)$				供气流量为 $5m^3/(h \cdot t)$				供气流量为 $8m^3/(h \cdot t)$			
	含水率/%	温度/℃	CO_2/%	O_2/%	含水率/%	温度/℃	CO_2/%	O_2/%	含水率/%	温度/℃	CO_2/%	O_2/%
原始垃圾		—	—	—		—	—	—		—	—	—
第1天												
第3天												
第5天												
第8天												
第10天												
第15天												

（6）思考题

①影响堆肥过程中堆体含水率的主要因素是什么？

②堆肥中通气量对堆肥过程有哪些影响？

7.2.7　固体废物填埋实验

扫码查阅“垃圾发酵实验”

（1）实验目的

土地填埋处置具有工艺简单、成本较低、适于处理多种类型固体废物的优点。目前，土地填埋处置已经成为固体废物处置的主要方法之一。本实验采用黏土型填埋柱处理固体废物。

通过本实验希望达到以下目的：

①了解填埋防渗层的一般布局。

②对各种有机垃圾进行填埋处理实验。

（2）实验原理

填埋处置就是在陆地上选择合适的天然场所或人工改造出合适的场所，把固体废物用土层覆盖起来的技术。这种处置方法可以有效地隔离污染物、保护好环境，并且具有工艺简单、成本低的优点。目前，土地填埋处置在大多数国家已成为固体废物最终处置的一种重要方法。随着环境工程的迅速发展，填埋处置已不仅仅是简单的堆、填、埋，而是更注重对固体废物进行“屏蔽隔离”的工程储存。填埋主要分为两种：一般城市垃圾与无害化的工业废渣是基于环境卫生角度而填埋，称卫生土地填埋或卫生填埋。而对有毒有害物质的填埋则是基于安全考虑，称安全土地填埋或安全填埋。

填埋分为厌氧填埋、好氧填埋和准好氧填埋三种类型。其中，好氧填埋类似高温堆肥，最大优点是可以减少因垃圾降解过程渗出液积累过多造成地下水污染，其次是好氧填埋分解速度快，所产生的高温可有效地消灭大肠杆菌和部分致病细菌；但好氧填埋处置工程结构复杂，施工难度大，投资费用高，故难于推广。准好氧填埋介于好氧和厌氧之间，也存在类似好氧填埋的问题，使用得不多。厌氧填埋是国内采用最多的填埋形式，具有结构简单、操作方便、工程造价低、可回收甲烷气体等优点。

（3）实验装置

JKL03 黏土覆盖反应柱：体积为 0.2 m^3/h；工作温度为 20~55℃；排气量≤ 70L。

该装置主体为有机玻璃柱，可视性好，能直接观察不同层面垃圾的反应分解过程，顶部设一集气罩，可对反应所产生的气体进行计量与收集。并设有加热恒温装置，反应温度可调，且在不同高度设有垃圾取样口，能对不同层面的垃圾取样分析。该装置装卸料方便、反应速度快，被广泛应用于环境工程的固废处理实验中。

（4）实验仪器

① BOD、COD、SS 配套分析装置 1 台。

②光电式浊度计 1 台。

③分光光度计 1 台。

④ pH 计 1 台。

⑤ 500mL 锥形瓶若干、1000mL 量筒 2 只。

⑥渗滤液收集筒。

（5）实验步骤

①运取生活垃圾，记录垃圾的来源与大致的物质组成。

②将生活垃圾除去砖石等异物后，利用手工分选的方法进行垃圾分类、取样并分析其物化性质（如含水率、挥发性物质和不可燃物质含量等）。

③将除去异物的垃圾加工成一定粒度后，混合均匀，将其分批填入填埋柱内并进行分层填埋至顶部，添加适量表土压实，至填埋高度后，盖上顶盖。

④首先检查设备有无异常（漏电、漏水等）。如一切正常则开始操作。

⑤加入恒温水，打开温度控制开关与循环泵开关，对系统进行加热保温。

⑥反应柱上、中、下段都装有温度传感器，并开始记录数据。

⑦反应时间一般为 10~60d，根据实际情况而定，在此期间，可在不同反应时间阶段进行取样并分析。天气热则发酵快，天气冷则发酵慢。

⑧用塑料桶收集渗滤液，定时记录环境温度、堆温、渗滤液产生量，定时取样并分析其水质（第一、第二天每天分析两次，以后每天分析一次）。

⑨根据收集的渗滤液水质及处理要求确定 2~3 种渗滤液处理方案（自行设计），有条件的情况下可将各种方案进行实验室模拟运行，以确定方案之间的优越性和可行性。

⑩在实验中可画出天数—温度曲线图。

⑪实验结束后，再次对垃圾进行主要物化性质分析，并妥善处置这些废物。关闭所有电源，检查设备状况，没有问题后离开。

（6）实验数据记录及处理

①记录实验主体设备的尺寸、实验温度、气体流量等基本参数。

②整理垃圾的来源与物理组成等数据。

③将填埋处理前后垃圾的物化性质变化记录于表 7-10 中。

表7–10　垃圾的主要物化性质

物化性质	填埋处理前	填埋处理后
含水率		
挥发性物质		
不可燃物质		

④填埋过程中渗滤液的水量、水质变化记录于表 7–11 中，作出各分析指标随时间的变化曲线。

表7–11　渗滤液的水量及水质变化情况

日期	环境温度/℃	堆温/℃	渗滤液产生量/L	渗滤液水质状况/（mg/L）					
				pH	SS	TDS	COD	BOD	…

⑤绘制渗滤液处理的流程框图，并说明每个工序的处理目标及采用此工序的主要原因。

⑥有条件的情况下可进行渗滤液处理模拟实验，运行效果记录于表 7–12 中。

表7–12　模拟处理试验中水质及运行效果记录

方案	水质指标	进水	工序1		工序2		…	总出水	总去除率/%
			出水1	去除率/%	出水2	去除率/%			
Ⅰ	pH值								
	SS								
	COD								
	氨氮								
	…								
Ⅱ	pH值								
	SS								
	COD								
	氨氮								
	…								

（7）注意事项

①加热器加热时，必须保证内部充满水，不能空烧。

②程序控制器如长时间不用，则内部会无电，不能正常工作。此时，需按一下复位按钮，并插上电源，方能正常使用。

③设备应放在通风干燥的地方，使用一段时间后应清洗。

④平时经常检查设备，如有异常情况应及时处理。

（8）思考题

①分析垃圾在渗滤处理前后物化性质变化的原因。

②渗滤液特性与垃圾的哪些性质有关？该实验所得渗滤液是否可以采用生物处理方法？为什么？

③试对拟采用的几种渗滤液处理方案进行比较分析，并确定该渗滤液的有效处理途径。

7.2.8 固体废物热解条件实验

（1）实验目的

废物热解焚烧过程中，有机成分在高温条件下被分解破坏，可实现快速、显著减容。与生物法相比，热解焚烧法处理周期短、占地面积小、可实现最大限度的减容，并可延长填埋场使用寿命；与普通焚烧法相比，热解过程产生的二次污染少。热解生成的气体或液体燃料在空气中燃烧与固体废物直接燃烧相比，不仅燃烧效率高，而且产生的气态污染物相对较少。

通过本实验希望达到以下目的：

①了解热解焚烧的概念。

②熟悉热解过程的控制参数。

（2）实验原理

热解是在无氧或缺氧状态下加热有机物，使之分解为气、液、固三种形态的混合物的化学分解过程。其中，气体是以氢气、一氧化碳、甲烷等低分子碳氢化合物为主的可燃性气体；液体是在常温下为液态的包括乙酸、丙酮、甲醇等化合物在内的燃料油；固体为纯碳与玻璃、金属、土、砂等混合形成的炭黑。

热解反应可表示如下：

$$\text{有机物}+\text{热}\xrightarrow{\text{无氧或缺氧}} g\text{G（气体）}+l\text{L（液体）}+s\text{S（固体）}$$

式中：g 为气态产物的化学计量；G 为气态产物的化学式；l 为液态产物的化学计量；L 为液态产物的化学式；s 为固态产物的化学计量；S 为固态产物的化学式。

焚烧炉内温度控制在 980℃左右，焚烧后体积比原来可缩小 50%~80%，分类收集的可燃性垃圾经焚烧处理后甚至可缩小 90%。近年来，将焚烧处理与高温（1650~1800℃）热分解、融熔处理结合，以进一步减小体积。

（3）实验装置及设备

①实验装置。实验装置由一套自制的装置组成。主要由控制装置、热解炉和气体净化收集系统三部分组成（图 7–4）。热解炉可选取卧式或立式电炉，要求炉管能耐受 800℃以上的高温，炉膛密闭。气体净化收集系统主要由旋风分离器、冷凝器、过滤器、煤气表组成。该装置要求密闭性好，有一定耐腐蚀能力。

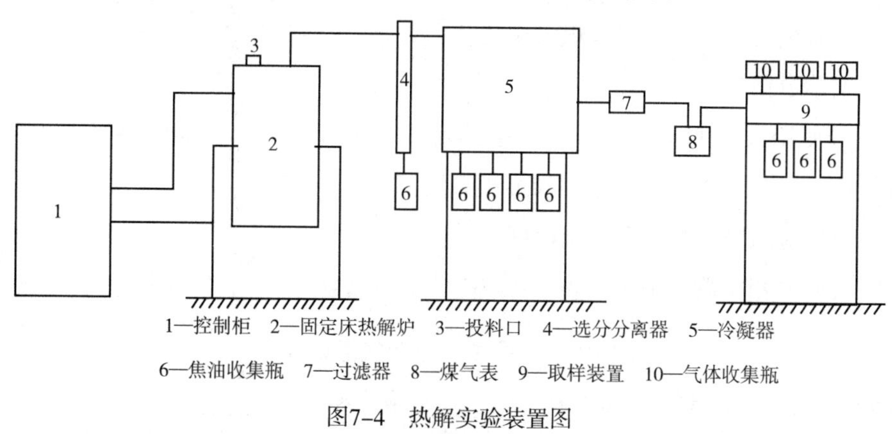

1—控制柜　2—固定床热解炉　3—投料口　4—选分分离器　5—冷凝器

6—焦油收集瓶　7—过滤器　8—煤气表　9—取样装置　10—气体收集瓶

图7–4　热解实验装置图

②实验材料与仪器仪表。

A. 实验材料可以选取普通混合收集的有机城市生活垃圾，也可选取纸张、塑料、橡胶等单类别的垃圾（本实验选用的是树枝）。

B. 烘箱 1 台。

C. 电解装置 1 台。

D. 100mL 量筒 1 只。

E. 电子天平 1 台。

F. 破碎机 1 台。

G. 定时钟 1 台。

H. 漏斗、漏斗架若干。

（4）实验步骤

①称取 1000g 物料，采用破碎机或其他破碎方法将物料破碎至粒度小于 10mm。

②从顶部将物料加入热解炉中。

③接通电源，升高炉温。升温速度控制在 25℃ /min，将炉温升到 400℃。

④恒温 10min。每隔 15min 记录产气流量，共记录 8h。

⑤有条件时可收集气体进行气相色谱分析。

⑥有条件时可测定所收集焦油的量，并进行成分分析。

⑦待热解炉自然降温后（不得立即开启炉膛），观察热处理产物，并称重。

⑧温度分别升高到 500℃、600℃、700℃、800℃。重复步骤①～⑦。

（5）注意事项

①原料不同，产气率会有很大差别，因此应根据实际情况，适当调整记录气体流量的时间间隔。

②气体必须安全收集，避免煤气中毒。

（6）实验数据记录及处理

①记录使用设备的基本参数，包括热解炉功率和旋风分离器的型号、风量、总高、直径等，以及气体流量的量程和最小刻度。

②记录反应床初始温度和升温时间。

③将实验的相关数据记录于表 7-13 中。

表7-13　不同终温下产气量记录表

热解炉功率：________　气体流量计量程：________　最小刻度：________

旋风分离器型号：________　风量：________　总高：________　直径：________

实验序号	1	2	3	4	5
初始温度/℃					
升温时间/min					
恒温温度/℃	400	500	600	700	800
恒温后15min气体流量/（m^3/h）					
恒温后30min气体流量/（m^3/h）					
…					
恒温后8h气体流量/（m^3/h）					

④根据实验数据，以产气量为纵坐标、热解时间为横坐标作图，分析产气量与时间的关系。

（7）思考题

①分析不同终温对产气率的影响。

②如能测定气体成分，分析不同终温对产生气体成分的影响。

7.3　固体废物“三化”技术研究实验

7.3.1　污泥浓缩实验

（1）实验目的

从一级处理或二级处理过程中产生的污泥在进行脱水前需加以浓缩，最常用的方式是重力浓缩。在污泥浓缩池中，悬浮颗粒的浓度比较高，颗粒的沉淀作用主要为成层沉淀和压缩沉淀。该浓缩过程受悬浮固体浓度、性质和浓缩池的水力条件等因素的影响，因此在有条件的情况下，一般需要通过相应的实验来确定工艺中的主要设计参数。

通过本实验希望达到以下目的：

①加深对成层沉淀和压缩沉淀的理解。

②了解运用固体通量设计计算浓缩池面积的方法。

（2）实验原理

浓缩池固体通量（G）的定义为：单位时间内通过浓缩池任一横断面上单位面积的固体质量 [kg/（m^2·d）或 kg/（m^2·h）]。在二沉池和连续流污泥重力浓缩池里，污泥颗粒的沉降主要由两个因素决定：污泥自身的重力和由于污泥回流和排泥产生的底流。因此，浓缩池的固体通量 G 应由污泥自重压密固体通量 G_i 和底流引起的向下流固体通量 G_u 组成，即：

$$G=G_i+G_u \tag{7-25}$$

式中：G 为固体通量，单位是（m^2·kg）/h；G_i 为污泥自重压密固体通量，单位是（m^2·kg）/h；G_u 为底流引起的向下流固体通量，单位是（m^2·kg）/h。

而：

$$G_u=uc_i \tag{7-26}$$

$$G_i=v_ic_i \tag{7-27}$$

式中：u 为向下流速度，即由于底部排泥导致产生的界面下降速度，单位是 m/h。若底部排泥量为 Q_u（m^3/h），浓缩池断面积为 A（m^2），则 $u=Q_u/A$。设计时 u 一般采用经验值，如活性污泥浓缩池的 u 取 0.25~0.51m/h。v_i 为污泥固体浓度为 c_i 时的界面沉速，单位是 m/h。其值可通过同一种污泥的不同固体浓度的静态实验，从沉降时间与界面高度的关系曲线求得［见图 7-5（a）］。例如，对于污泥浓度 c_i（设其起始界面高度为 H_0），通过该条浓缩曲线的起点作切线与横坐标相交，可得沉降时间 t_i，则该污泥浓度 c_i 时浓缩池的界面沉速 $v_i=\dfrac{H_0}{t_i}$（此污泥浓度下成层沉降时泥水界面的等速沉降速度）。

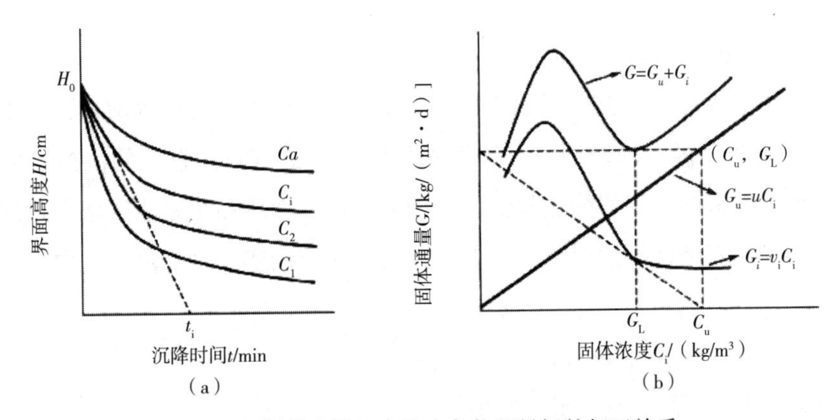

图 7-5　污泥静态浓缩实验中各物理量间的相互关系

c_i 为断面 i–i 处的固体浓度，单位是 kg/m³。

G、G_u 与 G_i 随断面固体浓度 c_i 的变化情况如图 7-5（b）所示。由于浓缩池各断面处固体浓度 c_i 是变化的，而 G 随 c_i 而变，且有一极小值即极限固体通量 G_L。由固体通量的定义可得浓缩池的设计面积 A 为：

$$A=\frac{Q_0C_0}{G_L}\tag{7-28}$$

式中：Q_0 为入流污泥流量，单位是 m³/h；c_0 为入流污固体浓度，单位是 kg/m³；G_L 为极限固体通量，单位是（m²·kg）/h。

可以看出，G_L 值对于浓缩池面积的设计计算是至关重要的。在实际工作中，一般先根据污泥的静态沉降实验数据作出 G_i~c_i 的关系曲线，根据设计的底流排泥浓度 c_u，自横坐标上的 c_u 点作该曲线的切线并与纵轴相交，其截距即为 G_L。

（3）实验装置与设备

①实验装置的主要组成部分为沉淀柱和高位水箱，如图 7-6 所示。

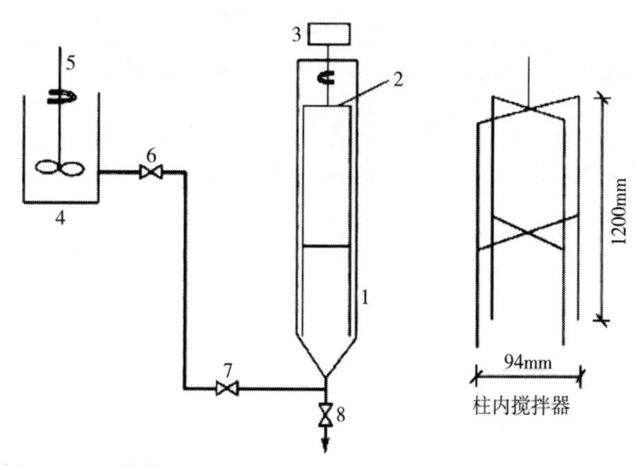

1—沉淀柱　2和5—搅拌机　3—电动机　4—高位水箱　6和7—进泥阀　8—排泥阀

图7-6　污泥的静态沉降实验装置示意图

②实验仪器与设备。

A. 沉淀柱：1 根，有机玻璃制（柱身自上而下标有刻度），高 H=1500~2000mm，直径 D=100mm。

B. 柱内搅拌器：不锈钢或铜制，长 L=1200mm，直径 D=3mm，4 根。

C. 电动机：TYC 型同步电动机，220V，24mA，1 台。

D. 高位水箱：硬塑料制，高 H=300 ~ 400mm，直径 D=300mm，1 只。

E. 连接管：水煤气管，直径 D=20mm，若干。

F. 分析 MLSS 用烘箱、分析天平、称量瓶、量筒、烧杯、漏斗等。

（4）实验步骤

本实验采用多次静态沉淀实验的方法。

①从城市污水处理厂取回剩余污泥和二沉池出水。测取污泥的 SVI 与 MLSS。

②将剩余污泥用二沉池出水配制成不同 MLSS 的悬浮液，可以分别为 4、5、6、8、l0、15、20、25、30kg/m^3 等。然后进行不同 MLSS 浓度下的静态沉降实验。

③将一配好的悬浮液倒入高位水箱，并加以搅拌使其混合、保持均匀。

④把悬浮液注入沉淀柱至一定高度。启动沉淀柱的搅拌器（转速约为 1r/min）搅拌 10min。

⑤观察污泥沉降现象。当出现泥水分界面时定期读出界面高度。开始时 0.5~1min 读取一次，以后 1~2min 读一次；当界面高度随时间变化缓慢时，停止读数。

⑥记录起始固体浓度、起始界面高度以及不同沉降时间对应的界面高度，并整理记录在表 7-14 中。

表7-14 污泥的静态沉降实验数据记录

沉降时间/min	起始污泥浓度/（kg/m^3）		起始污泥浓度/（kg/m^3）		起始污泥浓度/（kg/m^3）		…	起始污泥浓度/（kg/m^3）	
	界面高度/cm	界面高度/cm	界面高度/cm	界面高度/cm	界面高度/cm	界面高度/cm	…	界面高度/cm	界面高度/cm
0									
0.5									
1.0									
2.0									
2.5									
…									
80									

⑦根据上述实验数据，可得到不同污泥浓度沉降时的平均界面高度与沉降时间的关系曲线（$H—t$）；通过起始界面高度作各曲线的切线，求得相应的沉降时间，从而求出不同污泥浓度下沉降曲线初始直线段时的界面沉速 v_i（污泥发生成层沉降时的等速沉降速度）。

⑧求自重压密固体浓度 G_i，并整理记录于表 7-15 中；画出 G_i~c_i 关系图。

表7-15 污泥沉降过程中界面沉速v_i与自重压密固体浓度G_i

起始固体浓度c_i/（kg/m^3）	初始界面沉速v_i/（m/h）	自重压密固体浓度G_i/（m^2·h）
4.0		
5.0		
6.0		
8.0		
…		

⑨根据设计污泥浓缩后需达到的的固体浓度即 C_u，求出 G_L；即可计算出浓缩池的设计断面面积 A。

（5）注意事项

①污泥的注入速度不宜过快或过慢。过快会引起严重紊乱，过慢则会使沉降过早发生，二者均会影响实验结果。另外，污泥注入时应尽量避免空气泡进入沉降柱。

②重新进行下一个污泥浓度的沉降实验时，应将原有污泥排去，并将沉淀柱清洗干净后再开始。

③整个实验可分为 6~8 个组进行。每组完成 1~2 个污泥浓度的沉淀实验，然后综

合、整理所有的实验数据，完成实验报告。

（6）思考题

①本实验中污泥浓度的最低值应取多少？

②污泥浓缩池中污泥发生的是成层沉淀和压缩沉淀。阐述泥水界面视为等速沉降来估算自重压密固体通量的优缺点。

扫码查阅“污泥制备活性炭及性能测试”

7.3.2　污泥的脱水性能实验

（1）实验目的

污泥比阻（或称比阻抗）是表示污泥脱水性能的综合性指标。污泥比阻越大，脱水性能越差，反之，脱水性能越好。通过测定不同条件下污泥的比阻变化情况，可以为污泥脱水工艺流程以及可能采取的一些预处理方式与运行条件提供实验依据。在污泥中加入混凝剂、助滤剂等化学药剂，可使比阻降低，改善脱水性能。

通过本实验希望达到以下目的：

①进一步理解比阻的概念，并掌握测定污泥比阻的方法。

②掌握污泥脱水药剂的选择方法。

③掌握确定污泥的最佳混凝剂投加量。

④通过比阻测定评价污泥脱水性能。

（2）实验原理

由于污泥经重力浓缩或硝化后，含水率在 97% 左右，体积大，不便于运输。因此，多采用机械脱水，以减小污泥体积。将污泥的含水率降至 85% 以下的操作叫污泥脱水。目前污泥脱水常用的方法是机械脱水，污泥机械脱水是以过滤介质两面的压力差作为动力，达到泥水分离、污泥浓缩的目的。根据压力差的来源不同，分为真空过滤法（抽真空造成介质两面压力差），压缩法（截止一面对污泥加压，造成两面压力差）和离心过滤。污泥经脱水后具有固体特性（成块或饼状），便于运输和最终处理。

过滤比阻抗值和毛细吸水时间是被广泛用作衡量污泥脱水性能的两项指标。然而，这两项指标考虑的只是污泥的过滤性（有些污泥的过滤性虽然很好，却仍有大量的水残留在污泥中），因此，污泥脱水效果由其脱水速率和最终可脱水程度两方面决定，还需考察脱水后泥饼的含固率这项指标。

影响污泥脱水的因素较多，主要有水分在污泥中的存在状态、污泥絮体结构（粒径、密度和分形尺寸等）、污泥浓度、污泥预处理方式、压力差大小以及过滤介质种类和性质等。经过实验推导，在一定压力下，污泥过滤过程中滤液体积、过滤时间、过滤面积和污泥性能之间的关系为：

$$\frac{t}{V}=\frac{\mu r\omega}{2PA^2}\cdot V+K \tag{7-29}$$

式中：t 为过滤时间，单位是 s; V 为滤液体积，单位是 m^3; P 为过滤压力，单位是 Pa；A 为过滤面积，单位是 m^2；μ 为滤液的动力黏滞度，单位是 $Pa\cdot s/m^2$; ω 为滤过单位体积的滤液在过滤介质上截流的固体重量，单位是 kg/m^3；r 为比阻，单位是 cm/g 或 m/kg; K 为过滤介质阻抗，单位是 1/m。

式（7–29）给出了在一定压力的条件下过滤滤液的体积 V 与时间 t 的函数关系，指出了过滤面积 A、压力 P、污泥性能 μ 和 r 值等对过滤的影响。

污泥比阻 r 是表示污泥过滤特性的综合指标。其物理意义是：单位重量的污泥在一定压力下过滤时，在单位过滤面积上的阻力，即单位过滤面积上滤饼单位干重所具有的阻力；求此值的作用是比较不同污泥（或同一种污泥加入不同量的混凝剂后）的过滤性能。污泥比阻愈大，过滤性能愈差。r 在数值上等于动力学黏度为 1 时、滤液通过单位的泥饼产生单位滤液所需要的压力差。一般认为，比阻在 10^9~10^{10}cm/g 为难过滤污泥，比阻在（0.5~0.9）$\times 10^9$cm/g 为中等过滤性能污泥，比阻小于 0.4×10^9cm/g 为易过滤污泥；该判断因污泥种类、浓度以及操作条件的差异而不同。各种污泥的脱水性能可参考表 7–16。

表7–16　各种污泥的脱水性能

污泥种类	污泥比阻/（cm/g）	压力/0.1MPa
某初沉污泥	4.7×10^9	0.5
调质后初沉污泥	3.1×10^9	0.5
某活性污泥	2.88×10^{10}	0.5
调质后活性污泥	1.65×10^8	0.5
某硝化污泥	1.42×10^{10}	0.5
调质后硝化污泥	1.05×10^8	0.5
$Al(OH)_3$混凝污泥	2.2×10^9	3.5
$Fe(OH)_3$混凝污泥	1.5×10^9	3.5
黏土	5×10^8	3.5
$CaCO_3$	2×10^7	3.5

综上所述，令：

$$b = \frac{\mu r \omega}{2PA^2} \tag{7-30}$$

根据定义：

$$\omega = \frac{(V_0 - V_y) \cdot c_b}{V_y} \tag{7-31}$$

其中，V_0、V_y 分别为原污泥体积、滤液体积，单位是 mL；c_b 为滤饼固体浓度，单位是 kg/m^3。由式（7–29）可知，在一定压力下进行抽滤实验，通过测量不同过滤时间 t 时的滤液体积 V，并以滤液体积 V 为横坐标、t/V 为纵坐标作图，所得直线斜率即为 b 。因此，污泥比阻为：

$$r = \frac{2PA^2}{\mu} \cdot \frac{b}{\omega} \tag{7-32}$$

在污泥脱水中，往往需要对污泥进行调节，如加热、磁化或投加化学药剂等预处理，以调整污泥颗粒的表面性质或凝聚性能，达到改善污泥脱水性能的目的。最常用的方法是采用投加化学药剂调节，一般是向污泥中投加混凝剂以降低污泥比阻 r 值，达到改善污泥脱水性能的目的。而影响化学调节的因素，除污泥本身的性质外，还有混凝剂的种类、浓度、投加量和化学反应时间等。在相同实验条件下，采用不同药剂、浓度、投量、反应时间，可以通过污泥比阻实验来确定污泥脱水工艺最佳操作运行条件。

（3）实验装置与设备

①实验装置（图 7–7）。污泥脱水是依靠过滤介质（多孔性物质）两面的压力差作为推动力，使水分强制通过过滤介质，固体颗粒被截留在介质上，达到脱水的目的。本实验是用抽真空的方法造成压力差，并用调节阀调节压力，使整个实验过程压力差恒定。

过滤开始时滤液只需克服过滤介质的阻力，当滤饼逐步形成后，滤液还需克服滤饼本身的阻力。滤饼的性质可分为两类，一类为不可压缩性滤饼，如沉砂、初沉池污泥和其他无机污泥；另一类为可压缩性滤饼，如活性污泥，在压力的作用下，污泥会变形。

实验设备整体外形尺寸：1000mm × 400mm × 1300mm。每次测定污泥用量 50~100mL，真空压力 35.5 ~70.9 kPa，测定时间 20~40min。吸滤筒尺寸：直径 × 高度 =150mm × 250mm。

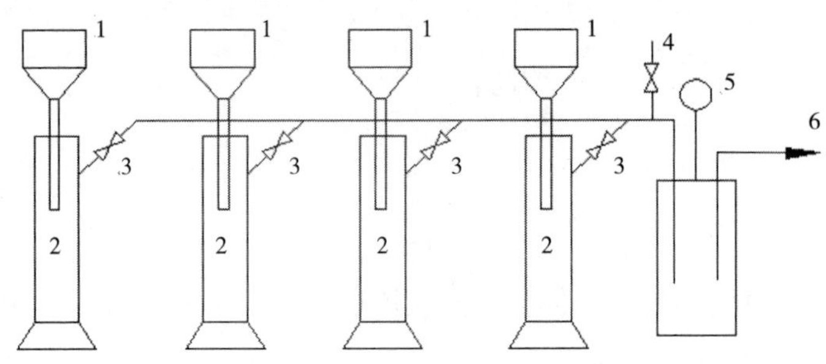

图7-7　污泥比阻测定装置示意图

②实验仪器。

A. 真空泵 1 台。

B. 250mL 量筒 4 个。

C. 抽气接管 4 套 。

D. 布氏漏斗 4 个。

E. 吸滤筒 1 个。

F. 真空表 1 只。

G. 称量瓶若干。

H. 橡皮塞 4 个。

I. 缓冲瓶 4 个。

J. 黏度计 1 台。

K. 分析天平 1 台。

L. 恒温箱 1 台。

M. 连接管道、电源开关等 1 套。

N. 烧杯 100mL 若干。

O. 滤纸（Φ110）。

（4）实验步骤

①测定污泥的含水率，测定其固体浓度 c_0 。

②配制 $FeCl_3$（10g/L）混凝剂或聚丙烯酰胺（0.3%）絮凝剂。

③调节污泥（每组加一种混凝剂），采用 $FeCl_3$ 混凝剂时加量分别为干污泥质量的 0（不加混凝剂）、2%、4%、6%、8%、10%；采用聚丙烯酰胺时，投加量分别为干污泥质量的 0、0.1%、0.2%、0.5%。

④在布氏漏斗（直径 65~80mm）上放置滤纸，用水润湿，贴紧周边。

⑤开动真空泵，调节真空压力，大约比实验压力小 1/3[实验时真空压力采用 266mmHg（35.46kPa）或 532 mmHg（70.93kPa）] 时关掉真空泵。

⑥将 100mL 需实验的污泥加入布氏漏斗中，开动真空泵，调节真空压力至实验压力；启动秒表，并记下开动时计量管内的滤液体积 V_0。

⑦每隔一段时间（开始过滤时可每隔 10s 或 15s，滤速减慢后可每隔 30s 或 60s）记下计量管内相应的滤液量。一直过滤至真空破坏，如真空长时间不破坏，则过滤 20min 后即可停止。

⑧关闭阀门，取下滤饼放入称量瓶内称量，并于 105℃烘箱内烘干后再次称重。

⑨计算滤饼的含水率，求单位体积滤液的固体量 ω。

⑩将实验结果记录于表 7–17 中。

表7–17　污泥比阻实验数据记录表

日期：　年　月　日
原污泥的含水率/%：　　原污泥的固体浓度/mg/L：
不加混凝剂的滤饼的含水率/%：　　加混凝剂滤饼的含水率/%：
实验真空度/mmHg：

时间/s	计量筒滤液量V_1/mL	实际滤液量（$V=V_1-V_0$）/mL	$\frac{t}{V}$/（s/mL）	备注

（5）实验数据处理

①以 $\frac{t}{V}$ 为纵坐标、V 为横坐标作图，其直线斜率为 b，代入（7–32）可求出相应的比阻 r。

②根据原污泥的含水率及滤饼的含水率求出 ω。

③列表计算比阻值。

④以比阻值为纵坐标、混凝剂投加量为横坐标作图，求最佳投加量。

（6）注意事项

①检查计量管与布氏漏斗之间是否漏气。

②滤纸称量烘干，放到布氏漏斗内，要先用蒸馏水湿润，而且用真空泵抽吸一

下。滤纸要贴紧，不能漏气。

③污泥倒入布氏漏斗内时，有部分滤液流入计量筒，所以正常开始实验后记录量筒内的滤液体积。

④污泥中加混凝剂后应充分混合。

⑤在整个过滤过程中，调节真空度调节阀，使真空度确定后始终保持一致。

（7）思考题

①判断生污泥、硝化污泥脱水性能好坏，并分析其原因。

②测定污泥比阻在工程上有何实际意义？

第8章
噪声污染控制实验

8.1 常用指标

人们对噪声的主观感觉与噪声强弱、噪声频率、噪声随时间的变化、人的生理和心理等因素有关，如何把噪声的客观物理量与人的主观感觉结合起来，得出与主观响应相对应的评价量，用以评价噪声对人的干扰程度，这是一个复杂的问题。噪声的评价量就是在研究了人对噪声反应的方方面面的不同特征，通过统计方法在实验的基础上得出来的。

噪声的主观评价方法很多，下面介绍常用的几种。这些评价方法既是独立的，又是相互联系的。

8.1.1 响度级和响度

在噪声的物理量度中，声压和声压级是评价噪声强弱的常用物理量度。人耳对噪声强弱的主观感觉，不仅与声压级的大小有关，而且与噪声频率的高低、持续时间的长短等因素有关。人耳对高频率噪声较敏感，对低频率噪声较迟钝。两个具有相同声压级但频率不同的噪声源，高频声音给人的感觉比低频的声音更响。比如，毛纺厂的纺纱车间的噪声和小汽车内的噪声，声压级均为 90dB，可前者是高频，后者是低频，听起来会感觉前者比后者响得多。为了用一个量来反映人耳对噪声反应的这一特点，人们引出了响度这个概念。响度是人耳判别噪声由轻到响的强度概念，它不仅取决于噪声的强度（如声压级），还与它的频率和波形有关。响度用 N 表示，单位是“宋（sone）”，定义声压级为 40dB、频率为 1000Hz 的纯音为 1 宋。如果另一个噪声听起来比 1 宋的声音大 n 倍，即该噪声的响度为 n 宋。

为了既考虑声音的物理量效应，又考虑声音对人耳听觉的生理效应，把声音的强度和频率用一个量统一起来，人们仿照声压级引出了一个响度级（L_N）的概念。响度级的概念是建立在两个声音的主观比较上的。定义 1000Hz 纯音声压级的分贝值为响度级的数值，任何其他频率的声音，当调节 1000Hz 纯音的强度使之与这个声音一样响时，则这个 1000Hz 纯音的声压级分贝值就定为这一声音的响度级值。响度级的单位叫方（phon）。例如，某噪声听起来与声压级为 80dB、频率为 1000Hz 的纯音一样响，则该噪声的响度级就是 80 方。响度级是一个表示声音响度的主观量。它把声压级和频率用一个概念统一起来，既考虑声音的物理效应，又考虑声音对人耳的生理效应。

利用与基准声音比较的方法，通过大量的实验，可以得到整个可听声范围内一系列响度相等的声压级与频率的关系曲线，即等响曲线（见图 8-1），其由 D.W. 鲁宾森和 R.S. 达德森提出。该曲线为国际标准化组织所采用，所以又称 ISO 等响曲线。

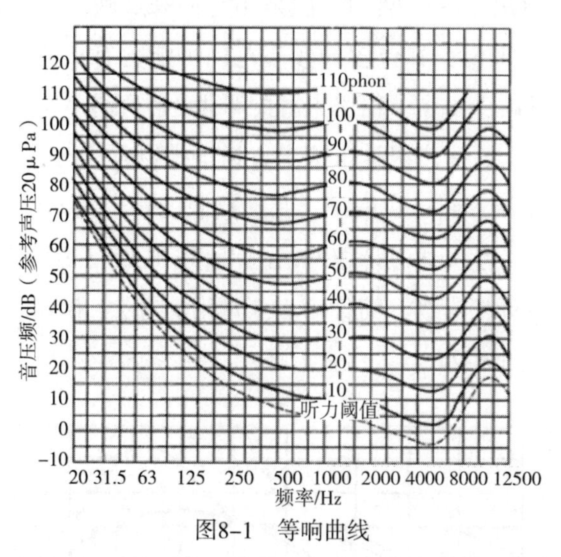

图8-1　等响曲线

从等响曲线可以看出：人耳对 1000~4000Hz 的声音最敏感。对低于或高于这一频率范围的声音，灵敏度随频率的降低或升高而下降。当响度级比较低时，低频段等响曲线弯曲较大，也就是不同频率的响度级（方值）与声压级（dB 值）相关很大，例如同样是 40 方响度级，对 1000Hz 声音来说声压级是 40dB，对 100Hz 声音是 50dB，对 40Hz 声音是 70dB，对 20Hz 声音是 90dB；当响度级高于 100 方时，等响曲线变得比较平坦，也就是声音的响度级主要取决于声压级，与频率关系不大。

响度与响度级的关系：根据大量实验得知，响度级每改变 10phon，响度加倍或减半。例如：响度级为 30phon 时响度为 0.5sone；响度级为 40phon 时响度为 1sone；响度级为 50phon 时响度为 2sone，以此类推。它们的关系可用下列数学式表示：

$$N=2(\frac{L_N-40}{10}) \tag{8-1}$$

或：

$$L_N=40+33\lg N$$

式中：N 为为响度；L_N 为响度级。

响度级的合成不能直接相加，而响度是可以相加的。所以计算响度级合成时先将响度级转化成响度进行合成，然后换算成响度级。

8.1.2 计权声级

声压级只能反映声音强度对人响度感觉的影响，不能反映声音频率对响度感觉的影响。响度级和响度解决了这个问题，但是用它们来反映人们对声音的主观感觉过于复杂，因为对于声源来说，其包含的频率范围可能含有从低频到高频的一系列声波，这种噪声进入人耳就失真了。由于人耳的听觉无法测定声音的频率成分和相应的强度，只能利用测量仪器——声级计来测定，为了模拟人耳的听觉特性，在声级计中安装了一个特殊的滤波器，叫计权网络。其使接收的声音按不同程度进行频率滤波，以模拟人耳的响度感觉特性。通过计权网络测得的声压级已不再是客观物理量的声压级，而叫计权声压级或计权声级，简称声级。常用的有 A、B、C 和 D 四种计权网络，各计权网络频率特性见图 8–2。

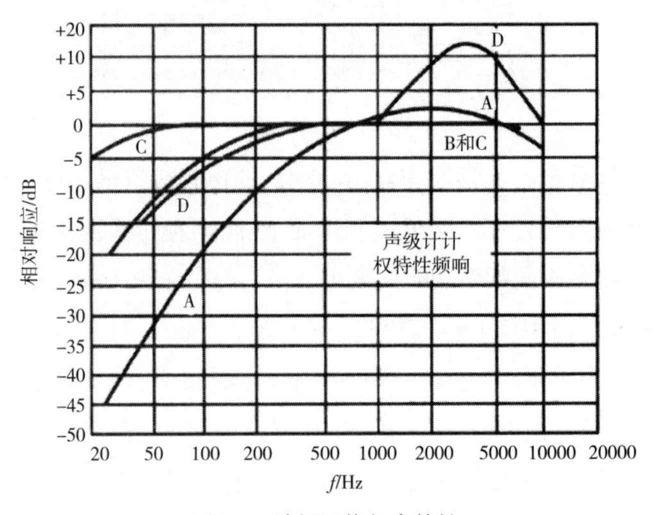

图8–2　计权网络频率特性

A 计权网络是模拟人耳对 55dB 以下低强度噪声的频率特性；

B 计权网络是模拟 55~85dB 的中等强度噪声的频率特性；

C 计权网络是模拟高强度噪声的频率特性；

D 计权网络是对噪声参量的模拟，专用于飞机噪声的测量。

计权网络是一种特殊滤波器，当含有各种频率的声波通过时，它对不同频率成分的衰减是不一样的。A、B、C 计权网络的主要差别是对低频成分的衰减程度，A 衰减最多，B 其次，C 最少。由于 A 计权网络表征人耳主观听觉较好，故常用 A 计权网络来表示计权声级，以 L_{PA} 或 L_A 表示。使用什么计权网络应在测量值后面注明，如 70dB（C）或 C 声级 70dB。如果没有注明，通常就是指 A 声级。表 8–1 列举了几种常见声源的 A 声级。

表8–1　几种常见声源的A声级（测点距离声源1~1.5m）

A声级[dB（A）] 声源

声级	声源
0~30	轻声耳语
40~60	普通室内
60~70	普通交谈声，小空调机
80	大声交谈，收音机，较吵的街道
90	空压机站，泵房，嘈杂的街道
100~110	织布机，电锯，砂轮机，大鼓风机
110~120	凿岩机，球磨机，柴油发动机
120~130	风铆，高射机枪，螺旋桨飞机
130~150	高压大流量放风，风洞，喷气式飞机，高射炮
160以上	宇宙火箭

在实际测量时到底用哪一种计权网络呢？以前曾有规定，声级小于 70dB 时用 A 网络测量，声级大于 70dB 但小于 90dB 时用 B 网络测量，声级大于 90dB 时用 C 网络测量。

近年研究表明，不论噪声强度是多少，利用 A 声级都能较好地反映噪声对人吵闹的主观感觉和人耳听力损伤的影响。因此，现在基本上都以 A 声级来作为噪声评价的基本量，而且如果不另作说明，都是指的 A 声级。

C 声级只作为可听声范围的总声压级的读数来使用，B 声级基本上不用了。有时只是为了判断噪声的频率特性，才附带测量 C 声级。因为如果 A、C 两种声级基本相同，该噪声特性是高频特性；如果 C 声级小于 A 声级，该噪声为中频特性；如果 C 声级大于 A 声级，则该噪声为低频特性。

在有些声学测量仪器中还具有 D 计权网络。它主要用于航空噪声的测量。用 D 计权网络测得的 D 声级再加上 7dB，就直接得到飞机噪声的感觉噪声级。目前，D 计权网络也已不使用，有关标准也已不再规定它们的特性。

8.1.3 等效连续 A 声级

A 声级能够较好地反映人耳对噪声的强度和频率的主观感觉，对于一个连续的稳定噪声，它是一种较好的评价方法。但是人们所处的环境中大都是随时间变化的不连续的非稳态噪声，如果用 A 声级来测量和评价就显得不合适了。例如，我们测量交通噪声，当有汽车通过时噪声可能是 75dB，但当没有汽车通过时可能只有 50dB，这时就很难说交通噪声是 75dB 还是 50dB。又如，一个人在噪声环境下工作，间歇接触噪声与直接接触噪声对人的影响也不一样，因为人所接触的噪声能量不一样。为此提出了用噪声能量平均的方法来评价噪声对人的影响，这就是时间平均声级或等效连续声级，用 Leq 表示。这里仍用 A 计权，故亦称等效连续 A 声级 L_{Aeq}（equivalent continuous A-weighted sound pressure level，Leq 或 LAeq.T）。

国际标准化组织（ISO）对等效连续 A 声级定义为：在声场中某一定位置，某一时间内，对间歇暴露的几个不同 A 声级，以能量平均的方法，用一个 A 声级来表示该段时间内噪声的大小，便称这个 A 声级为此时间段的等效连续 A 声级。用 L_{eq} 表示，单位是 dB（A）。其计算公式为：

$$L_{Aeq},\ _{T}=10\lg\left[\frac{1}{T}\int_{0}^{T}10^{0.1L_{PA}}\,dt\right] \quad (8\text{-}2)$$

式中：L_{PA} 为某时刻 t 的瞬时 A 声级；T 为规定的测量时间。

实际测量噪声是通过不连续的采样进行测量，假如采样时间间隔相等，则：

$$L_{eq}=10\lg\left(\frac{1}{n}\sum_{i=1}^{n}10^{0.1L_{Ai}}\right) \quad (8\text{-}3)$$

式中：N 为测量的声级总个数；L_{Ai} 为采样到的第 i 个 A 声级。

等效连续声级是用噪声能量按时间平均方法来评价噪声对人的影响，它是用一个相同时间内声能与之相等的连续的稳定的 A 声级来表示该段时间内的噪声的大小。对于连续的稳定噪声，等效连续声级就等于测得的 A 声级。

8.1.4 噪声污染级

许多非稳态噪声的实践表明，涨落的噪声所引起的烦恼程度比等能量的稳态噪声要大，并且与噪声暴露的变化率和平均强度有关。实验证明，在等效连续声级的基础上加一项表示噪声变化幅度的量，更能反映实际污染程度，即噪声污染级。噪声污染级也是用以评价噪声对人的烦恼程度的一种指标，它既包含了对噪声能量的评价，同时也包含了噪声涨落的影响。噪声污染级是综合能量平均值和标准偏差来反映噪声的涨落，标准偏差越大，表示噪声的离散程度越大，即噪声的起伏越大。噪声污染级（L_{NP}）表达式为：

$$L_{NP} = L_{eq} + K\sigma \tag{8-4}$$

$$\sigma = \sqrt{\frac{1}{n-1}\sum_{i=1}^{n}(L_{PAi} - \overline{L}_{PAi})} \tag{8-5}$$

式中：K 为常数，对交通和飞机噪声取 2.56；σ 为测定过程中瞬时声级的标准偏差；L_{PAi} 为测得第 i 个瞬时 A 声级；$\overline{L}_{PAi}$为所测声级的算术平均值，即 $\overline{L}_{PAi} = \frac{1}{n}\sum_{i=1}^{n}L_{PAi}$；$n$ 为测得声级的总个数。

从噪声污染级 L_{NP} 的表达式可以看出：式中第一项取决于干扰噪声能量，累积了各个噪声在总的噪声暴露中所占的分量；第二项取决于噪声事件的持续时间，平均能量难以反映噪声起伏，起伏大的噪声 $K\sigma$ 项也大，对噪声污染级的影响也大，也即更引起人的烦恼。

对于随机分布的噪声，噪声污染级和等效连续声级或累计百分声级之间有如下关系：

$$L_{NP}=L_{eq}+（L_{10}-L_{90}）(\mathrm{dB}) \tag{8-6}$$

或：

$$L_{NP}=L_{50}+（L_{10}-L_{90}）+\frac{1}{60}（L_{10}-L_{90}）^{2}(\mathrm{dB}) \tag{8-7}$$

从以上关系式可看出，L_{NP} 不但和 L_{eq} 有关，而且和噪声的起伏值（$L_{10}-L_{90}$）有关，当（$L_{10}-L_{90}$）增大时 L_{NP} 明显增加，说明 L_{NP} 比 L_{eq} 能更显著地反映噪声的起伏作用。

噪声污染级的提出，最初是试图对各种变化的噪声作出一个统一的评价量，但到目前为止的主观调查结果并未显示出它与主观反映有良好相关性。事实上，噪声污染级并不能说明噪声环境中许多较小的起伏和一个大的起伏（如短促的声音）对人的影响的区别。但它对许多公共噪声的评价，如道路交通噪声、航空噪声以及公共场所噪声是非常适当的，它与噪声暴露的物理测量具有很好的一致性。

8.1.5　昼夜等效声级

1978 年美国 T.J. 舒尔茨总结了各国 11 项噪声调查结果，发现高烦恼人数的百分率同昼夜等效声级有很好的相关性。会话干扰、睡眠干扰以及广播电视收听干扰等效应与昼夜声级之间也有依赖关系。通常噪声在晚上比白天更显得吵，尤其是对睡眠的干扰。评价结果表明，晚上噪声的干扰通常比白天高 10dB。为了把不同时间噪声对人的干扰不同这一因素考虑进去，在计算一天 24h 的等效声级时，要对夜间的噪声加上 10dB 的计权，这样得到的等效声级为昼夜等效声级，以符号 L_{dn}（day-time equivalent sound level/ night-time equivalent sound level, L_{dn}）表示。昼间等效用 L_d 表示，指的是在早上 6 点后到晚上 22 点前这段时间的等效值，可以将在这段时间内的 L_{eq} 通过式（8-8）计算；夜间等效用 L_n 表示，指的是在晚上 22 点后到早上 6 点前这段时间的等效值，可以将在这段时间内的 L_{eq} 通过式（8-9）计算。

$$L_d=10\lg\left(\frac{1}{N}\sum_{i=1}^{n}10^{0.1L_{eqi}}\right) \tag{8-8}$$

$$L_n=10\lg\left(\frac{1}{N}\sum_{i=1}^{n}10^{0.1L_{eqi}}\right) \tag{8-9}$$

$$L_{dn}=10\lg\left[\frac{16\times10^{0.1L_d}+8\times10^{0.1(L_n+10)}}{24}\right] \tag{8-10}$$

式中：L_d 为白天的等效声级，时间从 6:00~22:00，共 16h；L_n 为夜间的等效声级，时间从 22:00~ 第二天 6:00，共 8h；L_{eqi} 为一小段时间的等效值；n 为等效值的个数。

白天与夜间的时间定义可依地区和季节的不同而稍有变更。昼夜等效声级自使用以来，获得了较大的成功。

8.1.6 噪声暴露级

对于单次或离散噪声事件，如锅炉超压放气，飞机的一次起飞或降落过程，一辆汽车驶过等，可用“声暴露级”L_{AE} 来表示这一噪声事件的大小。如果用积分式声级计进行声暴露级的自动测量，就可按此原则进行设计。声暴露级本身是单次噪声事件的评价量，此外，知道了单次噪声事件的声暴露级，也可用它计算 T 时段内的等效声级。

8.1.7 噪声暴露量（噪声剂量）

一个人在一定的噪声环境下工作，也就是暴露在噪声环境下时，噪声对人的影响不仅与噪声的强度有关，而且与噪声暴露的时间有关。为此，提出了噪声暴露量，并用 E 表示，单位是 $Pa^2\cdot h$。

我国《工业企业噪声卫生标准》（试行草案）中，规定工人每天工作 8h，噪声声级不得超过 85dB，相应的噪声暴露量为 $1Pa^2\cdot h$。如果工人每天工作 4h，允许噪声声级增加 3dB，噪声暴露量保持不变。有的国家用噪声剂量来表示噪声暴露量，并以规定的允许噪声暴露量作为 100%。

8.1.8　累计百分声级

环境噪声，如街道、住宅区的噪声，往往呈现不规则且大幅度变动的情况。为了反映起伏的噪声，特别是道路交通噪声及评价与人的烦恼有关的噪声暴露，记录噪声随时间变化的特性，在噪声评价中采用累计概率来表示，称为累计百分声级，用 L_N 表示。其定义为表示某一 A 声级且大于此声级的出现概率为 N%。一般用 L_{10}、L_{50}、L_{90} 表示。

L_{10} 表示在测量时间内 10% 的时间超过的噪声级，相当于噪声平均峰值。

L_{50} 表示在测量时间内 50% 的时间超过的噪声级，相当于噪声平均中值。

L_{90} 表示在测量时间内 90% 的时间超过的噪声级，相当于背景噪声值或本底噪声值。

其计算方法是将测得的 100 个或 200 个数据由大到小顺序排列，第 10 个数据或总数为 200 个的第 20 个数据即为 L_{10}，第 50 个数据或总数为 200 个的第 100 个数据即为 L_{50}，第 90 个数据或总数为 200 个的第 180 个数据即为 L_{90}。

如果噪声级的统计特性符合正态分布，那么：

$$L_{eq}=L_{50}+d^2/60 \tag{8-11}$$

式中：$d=L_{10}-L_{90}$。

实验证明：对于车流量较大的道路，L_{50} 数值和人们对吵闹的感觉程度有较好的相关性，有些国家直接用 L_{50} 来评价交通噪声。

8.1.9　交通噪声指数

交通噪声指数是英国建筑研究局提出的一种交通噪声评价参数。通常，起伏的噪声比稳态的噪声对人的干扰更大，交通噪声指数就是考虑了噪声起伏的影响，加以计权而得到的，通常记为 TNI。因为噪声级的测量是用 A 计权网络，所以它的单位为 dB（A）。其数学表达式为：

$$TNI=L_{90}+4(L_{10}-L_{90})-30 \quad (\text{dB}) \tag{8-12}$$

式中：TNI 表示交通噪声指数。第一项“L_{90}”表示本底噪声；第二项“$4(L_{10}-L_{90})$”表示“噪声气候”的范围，说明噪声的起伏变化程度；第三项“−30”是为了获得比较习惯的数值而引入的修正值。可见，*TNI* 与噪声的起伏变化有很大的关系，噪声的涨落对人影响的加权数为 4，这在与主观反应相关测试中获得较好的相关系数。

对于正态分布的交通噪声，等效声级可用下式简化计算：

$$L_{Aeq} \approx L_{50}+0.115\sigma^2 \quad 或 \quad L_{Aeq} \approx L_{50}+d^2/60 \tag{8-13}$$

其中：$d=L_{10}-L_{90}$。

TNI 反映了交通噪声起伏的程度，噪声干扰亦同噪声的本底有关，L_{90} 越高，即本底值越大，对人的干扰就越大。

TNI 评价量只适用于机动车辆噪声对周围环境干扰的评价，而且限于车流量较多及附近无固定声源的环境。对于车流量较少的环境，L_{10} 和 L_{90} 的差值较大，得到的 *TNI* 值也很大，使计算数值明显地夸大了噪声的干扰程度。例如，在繁忙的交通干线处，L_{90}=70dB，L_{10}=84dB，*TNI*=96dB; 在车流量较少的街道，L_{10} 可能仍为 84dB，但 L_{90} 却会降低到 55dB 的水平，*TNI*=141dB，显然后者因噪声涨落大，引起的烦恼比前者大，但两者的差别不会如此大。

8.1.10　感觉噪声级和噪度

随着航空事业的发展，飞机噪声对人的危害日趋严重，由于飞机噪声声级高，又属于高频，有时还伴有纯音和窄带噪声，给人造成更为烦躁和讨厌的感觉。为了评价航空噪声的影响，人们提出了感觉噪声级（L_{PN}）和噪度（*PN*）的概念。感觉噪声级的单位是 PNdB，噪度的单位是呐，它们与响度级及响度相对应，但它们是以复合声音作为基础的，而响度级和响度则是以纯音或窄带噪声为基础的。

某一噪声的感觉噪声级是在“吵闹”上与该声音相同的中心频率为 1000Hz 的窄带噪声的声压级。它是基于“烦恼”而不是基于“响度”的主观分析。同样，响度的声音使人感到烦恼的程度并不完全一致，人们对于频带宽度较窄的、断断续续的、频率高的和突发的噪声，特别感到烦躁不安。噪度的分贝标度记为 *LPN*，它的分贝数就是等感觉噪度曲线上 1000Hz 所对应的声压级的分贝数，单位是（PNdB）。感觉噪声级大约每增减 10（PNdB），噪度增减 1 倍。

计算感觉噪声级的步骤如下：首先借助等噪度曲线（图 8-3）查出频带声级压对应的噪度，再计算总噪度。对于倍频带：

$$N_t=0.3\sum_{i=1}^{N}N_i+0.7N_m \tag{8-14}$$

对于 1/3 倍频带：

$$N_t=0.15\sum_{i=1}^{N}N_i+0.85N_m \tag{8-15}$$

式中：N_t 为总噪度，单位是呐；N_i 为第 i 个频带声压级相应的噪度，单位是呐；N_m 为 N_i 中的最大值，单位是呐。

然后按照总噪度计算感觉噪声级：

$$LPN=10\lg 2N_t+40 \tag{8-16}$$

感觉噪声级反映了声音吵闹厌烦的主观感觉程度，突出了高频声的作用，常作为飞机噪声的评价参数。在实际应用中，可以用 A 声级加 13dB（L_A+13）或 D 声级加 7dB（L_D+7）来估算。

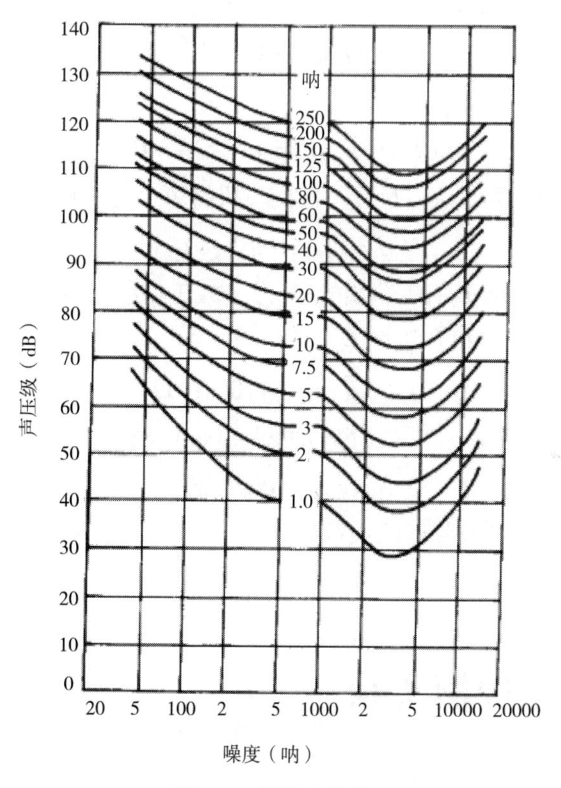

图8-3　等噪度曲线

在感觉噪声级的基础上，考虑持续时间和纯音修正，建立有效感觉噪声级（*EPNL*），其定义为：

$$EPNL=PNLT_{max}+D \tag{8-17}$$

式中：$PNLT_{max}$ 为考虑噪声频谱中的纯音成分而得到的最大感觉噪声级；D 为噪声作用持续时间的修正值。

$$PNLT_{max}=PNL+F \tag{8-18}$$

式中：F 为考虑噪声中纯音成分的修正值。

在有效感觉噪声级 *EPNL* 的基础上，考虑白天、晚上、夜间的不同效应等因素，对飞机噪声应用计权用效连续感觉噪声级（*WECPNL*）表示，其定义为：

$$WECPNL=EPNL+10\lg(N_1+3N_2+10N_3)-39.4 \quad (8\text{-}19)$$

式中：*EPNL* 为 *N* 次飞行的有效感觉噪声级的能量平均值，单位是 dB；N_1 为白天（7:00~19:00）的飞行次数；N_2 为晚上（19:00~22:00）的飞行次数；N_3 为夜间（22:00~次日 7:00）的飞行次数。

式中所需参数如飞机噪声的 *EPLNL* 与距离的关系，采用设计数据和飞机制造厂家的实测声学参数或通过类比实测。

大多数飞机的有效感觉噪声级可用下式近似求得：

$$EPNL=L_A+13 \quad (8\text{-}20)$$

而计权有效感觉噪声级为：

$$WECPNL=L_A+10\lg(N_1+3N_2+10N_3)-27 \quad (8\text{-}21)$$

对于一定时间内（如一天）反复多次的飞机噪声，可用噪声和数量指数 *NNI* 评价：

$$NNI=\overline{L}_{PN}+10\lg N-80 \quad (8\text{-}22)$$

式中：$\overline{L}_{PN}$ 为重复的 L_{PN} 的平均值；*N* 为飞机在一定时间内反复出现的次数。

此外，还有众多的飞机和机场噪声评价量，如：

$$CNR=\overline{L}_{PN}+10\lg N-12 \quad (8\text{-}23)$$

$$NEF=EPNL+10\lg N-88 \quad (8\text{-}24)$$

$$N=\overline{L}_{PN}+10\lg N-30 \quad (8\text{-}25)$$

式中：*N* 为飞机起飞或降落的次数。

8.2 噪声污染控制实验

8.2.1 驻波管测定材料吸声系数实验

（1）实验目的

工程中普遍采用吸声材料和吸声结构来降低噪声。吸声材料按其吸声机理可分为多孔性吸声材料和共振吸声结构两大类。材料的吸声特性采用吸声系数来描述。不同材料或结构的吸声特性不同，了解吸声材料或吸声结构的吸声特性，才能在噪声控制中选择恰当的材料，从而达到降低噪声的目的。

材料的吸声系数可由实验测出，常用的方法有混响室法和驻波管法两种。用混响室法测得的吸声系数是材料的不规则入射吸声系数，而用驻波管法测得的吸声系数是材料的垂直入射吸声系数。本实验采用的是驻波管法，有实验条件的也可采用混响室法。

通过本实验希望达到以下目的：

①加深对吸声系数的理解，了解不同材料的吸声系数。

②掌握用驻波比法（阻抗管法）测量材料的吸声系数、声阻抗率的原理及操作方法。

③掌握影响材料吸声性能的因素。

（2）实验原理

在驻波管中传播平面波的频率范围内，声波入射到管中，再从试件表面反射回来，入射波和反射波叠加后在管中形成驻波。由此形成沿驻波管长度方向声压极大值与极小值的交替分布。用试件的反射系数 r 来表示声压极大值与极小值，可写成：

$$p_{max}=p_0(1+|r|) \tag{8-26}$$

$$p_{min}=p_0(1-|r|) \tag{8-27}$$

根据吸声系数的定义，吸声系数与反射系数的关系可写成：

$$\alpha_0=1-|r|^2 \tag{8-28}$$

定义驻波比 S 为：

$$s=\frac{|p_{min}|}{|p_{max}|} \tag{8-29}$$

吸声系数可用驻波比表示为：

$$\alpha_0=\frac{4s}{(1+s)^2} \tag{8-30}$$

因此，只要确定声压极大值和极小值的比值，即可计算出吸声系数。如果实际测得的是声压级的极大值和极小值，计两者之差为 Lp dB，则根据声压和声压级之间的关系，可由下式计算吸声系数：

$$\alpha_0=\frac{4\times10^{(Lp/20)}}{\left(1+10^{(Lp/20)}\right)^2} \tag{8-31}$$

（3）实验装置与设备

①实验装置。典型的测量材料吸声系数的驻波管装置如图 8-4 所示。其主要部分是一根内壁坚硬光滑、截面积均匀的管子（圆管或方管），管子的一端用以安装被测试

的材料样品，管子的另一端为扬声器。当扬声器向管中辐射的声波频率与管子截面的几何尺寸满足式（8–32）或式（8–33）的关系时，在管中只有沿管轴方向传播的平面波。

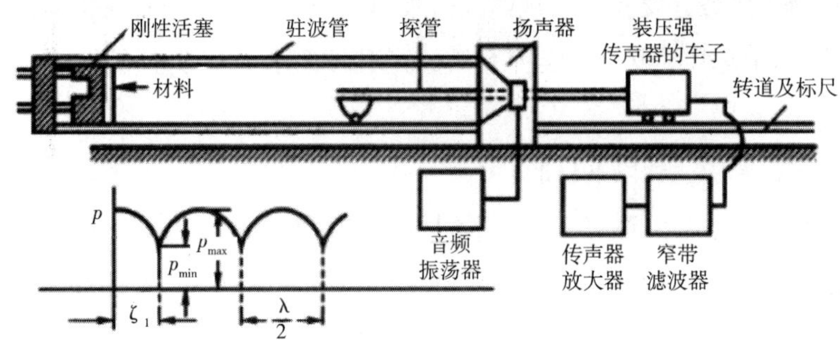

图8–4　驻波管的结构及测量装置简图

$$F < \frac{1.84c_0}{\pi D} \qquad （圆管） \qquad (8\text{–}32)$$

$$f < \frac{c_0}{2L} \qquad （方管） \qquad (8\text{–}33)$$

式中：D 为圆管直径，单位是 m；L 为方管边长，单位是 m；c_0 为空气中声速，单位是 m/s 。

平面波传播到材料表面再反射回来，其结果是在管中建立了驻波声场。从材料表面算起管中出现了声压极大值和极小值的交替分布，利用可移动的探管传声器接收管中驻波声场的声压，就可通过测试仪器测出声压极大值与极小值的差（或极大值与极小值的比值），即可根据式（8–30）或式（8–31）计算垂直入射吸声系数。

为在管中获得平面波，驻波管测量所采用的声信号为单频信号，但扬声器辐射波中包含了高次谐波成分，因此在接收端必须进行滤波才能去掉不必要的高次谐波成分。由于要满足在管中传播的声波为平面波以及必要的声压极大值、极小值的数目，常设计有低、中、高频三种尺寸和长度的驻波管，分别用于不同的频率范围 。

②实验仪器及材料。

A. AWA6122 型智能电声测试仪。

B. AWA6122A 驻波管测试软件。

C. 待测吸声材料：海绵样品腈纶毛毡。

（4）实验步骤

①将固定驻波管的滑块移到最远处。

②移动仪器屏幕上的光标到所要测量的频率第一个峰值处，缓慢移动固定驻波管的滑块，同时读取光标位置显示的声压级，将滑块停在声压级为一个极大值的位置。此位置即为峰值位置，输入此时滑块所在位置的刻度。

③移动仪器屏幕上的光标到所要测量的频率第一个谷值处，缓慢移动固定驻波管的滑块，同时读取光标位置显示的声压级，将滑块停在声压级为一个极小值的位置。此位置即为谷值位置，输入此时滑块所在位置的刻度。

④移动仪器屏幕上的光标到所要测量的频率第二个峰值位置、第二个谷值位置，或到所要测量的第三个峰值位置、第三个谷值位置，重复第②③个步骤。可以测量到第二个峰谷值和第三个峰谷值。

⑤重复步骤①～④操作，可以测量到各个频率点的声压级峰谷值。

（5）注意事项

①测过数据后，光标不要返回，驻波管的瞬时数据会覆盖原有记录数据；由于扬声器密封性能不是特别好，故标尺首尾数据不要记录，避免因漏声造成的测量误差。

②安装样品时，不要和后板之间留有间隙，否则曲线上会出现吸收峰。

③交叉校准时，完全松开固紧螺栓，轻轻拿出传声器，然后轻轻放到位后固紧。

（6）实验数据记录与处理

①实验数据记录。将测得的数据记录在表 8-2 中。

表8-2　吸声系数测定实验数据记录表

被测材料：

频率		1		2		3		吸声系数
		峰	谷	峰	谷	峰	谷	
31.5Hz	声级/dB							
	距离/mm							
63Hz	声级/dB							
	距离/mm							
125Hz	声级/dB							
	距离/mm							
250Hz	声级/dB							
	距离/mm							
500Hz	声级/dB							
	距离/mm							
1000Hz	声级/dB							
	距离/mm							
2000Hz	声级/dB							
	距离/mm							

续表

频率		1		2		3		吸声系数
		峰	谷	峰	谷	峰	谷	
4000Hz	声级/dB							
	距离/mm							
8000Hz	声级/dB							
	距离/mm							

②数据处理。

A. 根据实验结果，计算材料的平均吸声系数。

B. 比较同种阻性材料在不同厚度下吸声性能的变化趋势，并作出材料吸声系数频率特性曲线。

C. 比较分析不同种类吸声材料的吸声原理的不同之处。

扫码查阅“工业企业厂界噪声排放测量”

8.2.2 设备辐射噪声频谱的现场测量

（1）实验目的

环境噪声控制中通常需要进行设备的噪声控制，以达到环境质量标准的要求。在进行设备噪声控制前，需要掌握设备辐射噪声的频谱特性，才能提出合理的噪声治理措施。

通过本实验希望达到以下目的：

①加强对噪声频谱概念的理解。

②掌握机器设备噪声的现场测量方法，以近似估计或比较机器噪声的大小，为设备噪声控制提供依据。

（2）实验原理

对于机器设备产生的噪声，通常 A 声级、C 声级的测量不足以全面反映机器设备噪声的特性，这时就需要对噪声的频谱进行测量。通过频谱测量，可以得到噪声源在不同频带内的噪声辐射特性。环境噪声测量中最常用的噪声频谱测量的滤波器带宽为 1/3 倍频程和 1/1 倍频程。以 1/1 倍频程为例，常用的测量中心频率为 31.5 Hz、63 Hz、125 Hz、250 Hz、500 Hz、1kHz、2 kHz、4 kHz 和 8 kHz。

在进行设备噪声频谱测量时，首先要正确选定测定的位置。测点的位置和数量可根据机器的外形尺寸来确定，一般遵循以下原则：

①外形尺寸长度小于 30cm 的小型机器，测点距其表面 30cm。

②外形尺寸长度为 30~100cm 的中型机器，测点距其表面 50cm。

③外形尺寸长度大于 100cm 的大型机器，测点距其表面 100cm。

④特大型机器或有危险性的设备，可根据具体情况选择较远位置为测点。

⑤各类型机器噪声的测量，均须按规定距离在机器周围均匀选取测点，测点数目视机器尺寸大小和发声部位的多少而定，可取 4 个、6 个或 8 个。

⑥测量各种类型的通风机、鼓风机、压缩机等空气动力机械的进、排风噪声和内燃机、燃气轮机的进、排风噪声时，进气噪声测点应选在进风口轴向上，与管口平面距离不能小于管口直径，也可选在距离管口平面 0.5m 或 1m 的位置；排气噪声测点应取在与排风口轴线成 45° 角的方向上，或在管口平面上距管口中心 0.5m、1m 或 2m 处。

测点的高度以机器高度的一半为准，或者选择在机器水平轴的水平面上。测量时，传声器应对准机器表面，并在相应的测点上测量背景噪声值。

必须设法避免或减少环境背景噪声的影响，为此，应使测点尽可能接近噪声源，除待测机器外，应关闭其他无关的机器设备。对于室外或高大车间的机器噪声，在没有其他声源影响的条件下，测点可以选在距离机器稍远的位置。需要减少测量环境的反射面时，可以通过增加吸声面积来实现。选择测点时，原则上使被测机器的直达声大于背景噪声 10dB（A），否则应对测量值进行修正，测量若在室外进行，传声器应加防风罩。当风速超过 5m/s 时，应停止测量。

（3）实验装置与设备

①准确度为 2 型（包括 2 型）以上的带 1/3 倍频程和 1/1 倍频程滤波器的积分式声级计或噪声频谱分析仪，其性能符合 GB 3785 的要求。

②声级校准器（应按 JJG 699、JJG 176、JJG 778 的规定定期检查，测量前后使用声级校准器校准测量仪器的示值偏差不大于 2dB, 否则测量无效）。

（4）实验步骤

①选定被测设备，根据实验原理部分给出的 6 条原则来确定测点位置和数目。

②采用声级计校准器对测量设备进行校准，记录校准值。

③测量设备的 1/1 倍频程频谱（频率范围为 63~8kHz）以及 A 计权声级。

④测量设备停止运行时对应测点的背景噪声。

⑤测量完成后对测量设备进行再一次校准，记录校准值。

（5）实验数据记录与处理

①实验数据记录。

A. 记录实验基本参数。

实验日期：__________　温度：__________　相对湿度；____________

测量设备名称、型号：____________　测量后校准值：______________

被测设备参数（机器名称、型号、功率、转速、工况、安装条件等）：

____

测点位置（包括距离、测点高度等）：______________________________

B. 将设备噪声频谱测量数据记录在表 8–3 中。

表8–3　噪声频谱测量实验数据记录表

频率6/Hz		63	125	250	500	1000	2000	4000	8000	A	背景
声压级/dB	测点1										
	测点2										
	测点3										
	测点4										
	测点5										
	测点6										
	测点7										

C. 根据所测得的设备噪声频谱数据，绘制如图 8–5 所示的设备噪声频谱曲线。

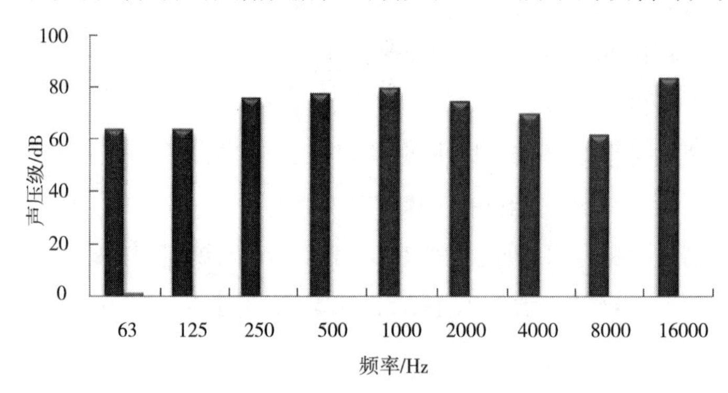

图8–5　噪声频谱图示例

②实验数据处理。

A. 根据所测得的设备噪声频谱数据，分析设备的噪声辐射特征。

B. 计算辐射噪声的平均值。

将各测量数据按规定对背景噪声进行修正，计算得到设备辐射噪声的平均值，公式如下：

$$\overline{L}_A=10\lg \frac{1}{n}(10^{0.1L_1}+10^{0.1L_2}+\cdots+10^{0.1L_n}) \tag{8–34}$$

式中：$\overline{L}_A$ 为平均 A 声级，单位是 dB（A）；L_1，L_2，…，L_n 为各测点的声级或倍频带声压级的测量值，单位是 dB（A）；n 为测点数。

将测得的噪声频谱数据按式（8-34）叠加，得到设备噪声的总线性辐射声级。通常现场测量时应采用简单的声级计测量出 A 计权和 C 计权声级。C 计权声级的结果与线性声级的结果接近。从测试结果的线性声级和 A 计权声级的比较，讨论在现场根据 A 计权和 C 计权声级测试结果，粗略判断设备噪声频谱特征（噪声辐射是高频成分还是低频成分占主要部分）的方法。

扫码查阅“正交实验常用正交表”“F 分布表”“相关系数检验表”

参考文献

[1] 章非娟，徐竞成．环境工程实验 [M]. 北京：高等教育出版社，2006.
[2] 雷中方，刘翔．环境工程实验 [M]. 北京：化学工业出版社，2007.
[3] 张莉，余训民，祝启坤．环境工程实验指导教程基础型、综合设计型、创新型 [M]. 北京：化学工业出版社，2011.
[4] 王兵．环境工程综合实验教程 [M]. 北京：化学工业出版社，2011.
[5] 潘大伟，金文杰．环境工程实验 [M]. 北京：化学工业出版社，2014.
[6] 银玉容，朱能武．环境工程实验 [M]. 广州：华南理工大学出版社，2014.
[7] 卞文娟．环境工程实验 [M]. 南京：南京大学出版社，2011.
[8] 尹奇德，王琼，夏畅斌．环境工程设计性、研究性实验技术 [M]. 北京：化学工业出版社，2009.
[9] 陆永生．环境工程专业实验教程 [M]. 上海：上海大学出版社，2019.
[10] 奚旦立．环境监测 [M].5 版．北京：高等教育出版社，2019.
[11] 国家环境保护总局．水和废水监测分析方法 [M].4 版．北京：中国环境科学出版社，2002.
[12] 国家环境保护总局．空气和废气监测分析方法 [M].4 版．北京：中国环境科学出版社，2003.
[13] 邓晓燕，初小宝，赵玉麟．环境监测实验 [M]. 北京：化学工业出版社，2015.
[14] 严金龙，潘梅．环境监测实验与实训 [M]. 北京：化学工业出版社，2014.
[15] 戴竹青，牛显春，赵霞，等．环境监测实验与实践 [M]. 北京：中国石化出版社，2018.
[16] 陈井影．环境监测实验 [M]. 北京：冶金工业出版社，2018.
[17] 邹美玲，王林林．环境监测与实训 [M]. 北京：冶金工业出版社，2017.
[18] 邹渝，王怡．环境监测实训指导书 [M]. 北京：中国水利水电出版社，2016.
[19] 成官文．水污染控制工程实验教学指导书 [M]. 北京：化学工业出版社，2012.
[20] 吕松，牛艳．水污染控制工程实验 [M]. 广州：华南理工大学出版社，2012.
[21] 郝吉明．大气污染控制工程实验 [M]. 北京：高等教育出版社，2004.
[22] 陆建刚，陈敏东，张慧．大气污染控制工程实验 [M]. 北京：化学工业出版社，2012.